Wegweiser durch die Natur

Pilze

Mitteleuropas

Texte und fachliche Beratung
Dr. Hans Haas

Praktische Pilzkunde (Seite 282–296)
Walter Pätzold

Wegweiser durch die Natur

Pilze

Mitteleuropas

EIN
ADAC
BUCH

Dieses Buch entstand in Zusammenarbeit
zwischen dem ADAC Verlag GmbH, München,
und dem Verlag Das Beste GmbH, Stuttgart

Sonderausgabe für den ADAC Verlag GmbH, München

Printed in Germany
ISBN 3-87003-313-4

Inhalt

Einführung

Pilze unterscheiden sich von Pflanzen mit grünen Blättern und bunten Blüten so sehr, daß ihnen die Biologen in neuerer Zeit neben Einzellern, Pflanzen und Tieren einen eigenen Rang – eben den der Pilze – zuerkannt haben. Tausende der Pilze rechnet man zu den Kleinpilzen, die als Parasiten mit feinem Fadengeflecht, das man äußerlich nicht sieht, Sprosse, Blätter und Früchte lebender Pflanzen durchziehen und bei allen Kulturgewächsen weltweit gewaltige Schäden anrichten.

In diesem Buch wird aber das Thema der Pflanzenkrankheiten durch Pilze nicht behandelt. Das Buch wendet sich an den Pilz- und Naturfreund; mit Farbbildern und Beschreibungen will es ihn mit den Gewächsen, die man als Pilze bezeichnet, bekannt machen.

Der Mensch interessierte sich schon früh dafür, ob Pilze eßbar oder giftig sind. Daher werden auch in diesem Buch Pilzarten vor allem unter diesem Gesichtspunkt ausgewählt. Den Naturfreund interessieren aber auch solche Arten, die als Speisepilze keine Bedeutung haben. Ihm fallen leuchtende Farben, bizarre Formen und absonderliche Wuchsorte auf, und so will er sich einen Überblick über die Pilzflora zumindest in der Umgebung seines Wohnortes verschaffen. Wo immer er sich auf Pilzsuche begibt: Stets wird er dabei auf Pilze stoßen, die in seinem Sammelgebiet häufig vorkommen, anderwärts jedoch selten sind oder ganz fehlen. Es kann auch passieren, daß man in einer fremden Umgebung auf Pilze stößt, die man in den heimatlichen Wäldern kaum je zu sehen bekommt. Je genauer der Pilzsammler ähnliche Arten zu unterscheiden gewohnt ist, desto deutlicher wird ihm bewußt, daß es nur wenige Arten sind, die auf allen Böden, in allen Klimaten und in allen Wald- und sonstigen Vegetationsformen Europas in gleicher Häufigkeit wiederkehren.

Man hätte sich bei der Auswahl von Pilzen in diesem Buch auf Arten beschränken können, die überall verbreitet sind. Darunter hätten sich aber auch viele kleine, unscheinbare Pilze befunden. Sie sind aber erst dann interessant, wenn der Naturfreund sehr viele Arten kennt und den Wunsch hat, nun auch die weniger bekannten Pilze kennenzulernen. So schien es geraten, eine gewisse Anzahl nur regional vorkommender Arten mit ins Buch aufzunehmen. Autoreisen sind heutzutage selbst über weite Strecken ganz alltäglich, und es gibt manchen Niederländer im Schwarzwald oder Bayern in der Lüneburger Heide, die dort auf Pilzsuche gehen.

Wie man dieses Buch benutzt

Wenn man Pilze sammelt, sollte man auch wissen, welche Art von Gewächsen man vor sich hat. Deshalb befaßt sich der Abschnitt „Was sind Pilze, und wie leben sie?“ (Seite 10–29) mit der Biologie der „Höheren Pilze“. Darin werden Aufbau, Ernährung und Fortpflanzung kurz abgehandelt.

Auskunft darüber, wie die Pilze im Buch angeordnet sind, gibt eine systematische Übersicht (Seite 48–49).

Der Laie wird manchmal nicht umhin können, zur Bestimmung eines ihm unbekannten Pilzes einen Fachmann zu Rate zu ziehen. Wer aber sein Wissen erweitern und Pilze selbst „vorbestimmen“ möchte, braucht dazu einen bebilderten Bestimmungsschlüssel. Im Abschnitt „Wie man Pilze bestimmt“ (Seite 30–47) sind die Pilze nach sichtbaren Merkmalen in sieben Gruppen eingeteilt. Wenn man einen Pilz als einer Gruppe zugehörig identifiziert hat, wird man auf die in Frage kommenden Pilzarten im Hauptteil verwiesen.

Der Hauptteil des Buches enthält die wirklichkeitsgetreuen Aquarelle und Fotos der Pilze mit den Beschreibungen. Man sollte aber stets bedenken, daß Pilze Farbe und Form sehr verändern können und deshalb ständig wiederholte Vergleiche notwendig machen. Wenn eine Pilzart in großer Zahl auftritt, sollte man also jede Gelegenheit nützen, möglichst viele Exemplare gründlich zu betrachten und so mögliche Unterschiede zu erfassen.

Wie man Pilze sammelt, verwertet, selber züchtet usw., steht im Kapitel „Praktische Pilzkunde“ (Seite 282–296).

Pilznamen

Volksnamen für Pilze gibt es schon seit Jahrhunderten. Der Pfifferling hat seinen Namen nach dem leicht pfefferigen Geschmack des rohen Pilzes. Auf seine gelbe Farbe deuten Eierschwamm und Gehling, auf sein Vorkommen in dichten Jungwäldern, in denen auch Rehe einstehen, die Namen Rehling und Reherl. Habichtspilz, Hahnenkamm, Schafeuter, Ochsenzunge und Schweinsohr geben treffende Vergleiche aus dem Tierreich wieder. Butterpilz, Eierbovist und Hörnling erinnern an tierische Produkte. Und Baumschwamm, Wurzeltöter und Nadelschwindling beziehen sich auf den Wuchsort. Saupilz und Zigeuner bedeuten – je nach der Gegend – ganz verschiedene Pilze, und auch Sammelnamen sind nicht selten: Scharf schmeckende Milchlinge heißen allesamt Reizker, und als Kapuziner gelten alle Mitglieder der Unterfamilie Rauhstielröhrlinge. Als Satanspilz bezeichnet der Volksmund gar alle Röhrlinge, die blau anlaufen, auch wenn sie sonst noch so verschieden sind.

Schließlich ist es angebracht, auf den vielgebrauchten Namen Champignon hinzuweisen: Er stammt aus Frankreich und bezeichnet dort ganz allgemein jede Art von Pilz. Im deutschen Sprachgebiet wird darunter nur der Kulturchampignon samt seinen wilden Gattungsverwandten verstanden. Egerling als alter deutscher Name für die Gattung *Agaricus* setzt sich nur langsam durch.

Wissenschaftliche Namen erhielten die Pilze erst vom 18. Jahrhundert an. Die Väter der mykologischen Nomenklatur sind C. H. Persoon und E. M. Fries.

Ein schönes Beispiel für die Namengebung ist der Riesenschirmpilz. Als älterer Name war früher Regenschirmpilz in Gebrauch. Heute nennt man ihn auch Parasol, und das bedeutet Sonnenschirm

Die Krause Glucke sieht gar nicht wie ein Pilz aus. Man denkt eher an einen Badeschwamm – oder eben an eine Glucke, eine Henne, die auf ihrem Gelege sitzt und brütet. Die Krause Glucke ist ein guter Speisepilz

PILZE IN WALD, FELD UND FLUR

Was sind Pilze, und wie leben sie?

Pilze sind formenreich

Ein paar Regentage im Herbst haben dafür gesorgt, daß der Waldboden durchfeuchtet wurde, und nun erscheinen allenthalben Pilze: manche mit schönfarbigen Hüten auf kurzen oder langen Stielen, andere klein und zierlich mit unauffälligen Farben, die einen in dichten Büscheln an altem Holz, andere in Trupps zwischen den Blättern und Nadeln oder in Moospolstern. Gestielte Hüte sind zwar für gewöhnlich in der Überzahl; doch bald wird man auch ganz andere Pilzformen antreffen: an Baumstümpfen seitlich hervorsprießende Konsolen, am Boden verästelte Gebilde, die Korallen ähneln oder Birnen. Manchmal sind nur weiße oder farbige Krusten zu sehen, so daß es Zweifel geben kann, ob man diese auch zu den Pilzen rechnen soll. Einen Eindruck von der Formenfülle im Reich der Pilze erhält man, wenn man nacheinander die im letzten Drittel des Hauptteils dargestellten Pilzarten betrachtet.

Pilze haben kein Blattgrün

So verschieden alle diese Pilze sein mögen, so sind sie doch durchweg frei vom grünen Blattfarbstoff, dem Chlorophyll, den alle Moose, Farne, Gräser, Sträucher und Bäume wie auch mit wenigen Ausnahmen alle krautigen Blattpflanzen besitzen.

Auch die Algen an quelligen Orten, in Tümpeln, Bächen, Seen und weltweit in den Meeren führen Blattgrün, selbst jene, die als Tange braun oder rot gefärbt erscheinen; ihr Blattgrün wird durch einen braunen Farbstoff überdeckt. Ähnliches gilt für Blutbuchen und andere blutrotblättrige Pflanzen. Das Chlorophyll, ein komplizierter organischer Stoff, befähigt die grünen Pflanzenteile, die zugestrahlte Lichtenergie zum Aufbau ihrer körpereigenen Substanzen zu verwenden: Die Pflanze setzt in ihren chlorophyllführenden Zellen Wasser aus dem Boden mit Kohlendioxid aus der Luft zu Traubenzucker zusammen. Der Vorgang heißt Photosynthese. Bei der Assimilation des Kohlendioxids wird Sauerstoff frei und durch die Blätter ausgeschieden. Ein Teil des Sauerstoffs wird aber zugleich benötigt, um den erzeugten Zucker zu veratmen. Auf diese Weise wird die chemisch gebundene Energie wieder frei und zur Erzeugung von Fett, Eiweiß und anderen organischen Verbindungen aus nicht verbrauchtem Zucker und mit der Bodenlösung zugeführten Mineralsalzen verwendet. Beim Atmungsvorgang wird Kohlendioxid frei; er unterscheidet sich also nicht von der Atmung von Tier und Mensch.

Als chlorophyllfreie Lebewesen sind die Pilze wie Tiere und Menschen nicht in der Lage, sich unmittelbar von anorganischen Verbindungen zu ernähren. Sie nehmen wohl Mineralsalze aus dem Substrat (z.B. Holz) auf, erzeugen aber die zu Nährstoffsynthesen benötigte Energie nicht selbst. Deshalb sind sie auf energiereiche Substanzen aus ihrer Umgebung angewiesen: Sie sind heterotroph.

Die grünen Pflanzen hingegen sind autotroph; sie ernähren sich ausschließlich von anorganischen Stoffen, die sie teils aus der Luft durch die Blätter, teils mit den Wurzeln aus dem Boden aufnehmen.

Auf feuchtliegendem Obst, wie hier auf einem Apfel, breitet sich rasch Schimmelmyzel aus

Wie sich die Pilze ernähren

Es stellt sich nun die Frage, womit denn die Pilze ihre Nahrung aufnehmen. Was sich bei einem Gang durch den Pilzwald darbietet, sind nur die Fruchtkörper, jene fleischigen oder auch korkigen Gebilde, die zum Essen, zum Schmücken von Kränzen usw. oder aus wissenschaftlichen Gründen gesammelt werden. Sie stehen in Zusammenhang mit der Fortpflanzung der Pilze, die auf Seite 18 und 19 erklärt wird.

Um etwas vom Ernährungsorgan eines Pilzes zu Gesicht zu bekommen, sucht man stark vermoderte Baumstümpfe, die von Pilzen bewachsen sind. Wenn man vorsichtig gräbt, wird man in vielen Fällen feine weiße Fäden entdecken, die vom Pilzfruchtkörper, sich verzweigend, in das moderige Holz hineinziehen und dort immer dünner und schließlich unsichtbar werden. Ein solches Fadengeflecht wird Myzel (Betonung auf dem e) genannt; es stellt das vegetative System des Pilzes dar.

Auch im gehäuften Fallaub sind Myzelien zu finden, wenn man die zusammengepreßten Blätter voneinander abhebt. Myzelien von Schimmelpilzen treten ab und zu auf eingemachten Früchten, feucht liegenden Brotresten und Pflanzenabfällen in Erscheinung. Sie bilden anfangs kreisrunde, flache, meist weiße Rasen, die rasch heranwachsen und das Substrat völlig überwuchern können. Unter dem Mikroskop sieht man, daß ein solches Myzel zusammengesetzt ist aus äußerst feinen Fäden, die durch Querwände in meist langgestreckte Zellen unterteilt sind. Ein solcher Zellfaden wird Hyphe genannt (siehe Seite 15, Abb. 1).

Hexenringe ziehen unweigerlich den Blick auf sich, besonders wenn sie wie hier von hellfarbigen Pilzen dicht bestanden sind oder sich durch dunkleres Grün der Gräser abheben

Unter der von einem Ast abgehobenen Borke hat sich ungewöhnlich dichtes Pilzmyzel entwickelt

Alle Fäden eines solchen Pilzgeflechts beteiligen sich an der Aufnahme der Nährlösung nach Art der feinen Saugwürzelchen bei den Blütenpflanzen. Im Wald- oder Wiesenboden können Pilzmyzelien jahrelang fortwachsen und an ihren jüngeren Teilen immer wieder Fruchtkörper hervorbringen.

Werden Wiesen nur mit Stallmist gedüngt oder nur als Viehweiden benützt, dann siedeln sich nicht selten Pilzarten wie Champignons, Feldschwindlinge, Boviste und viele andere an. Ihre Myzelien wachsen vom Ansiedlungsort zentrifugal weiter. Im Bereich des äußeren Myzelrandes werden in Abständen und meist gleichzeitig zahlreiche Fruchtkörper gebildet. Die Pilze stehen dann im engeren oder weiteren Ring.

Solche Pilzringe haben schon immer die Phantasie angeregt. Elfen oder aber Hexen hatten in der Nacht auf der Wiese getanzt. Wo ihre Füße den Boden berührten, da sprossen die Pilze hervor. Noch heutzutage nennt man sie Hexenringe. Auffallend ist eine regelmäßig zu beobachtende Erscheinung: Dort, wo die Pilze im Ring angeordnet stehen, ist das Gras höher und saftiger als darum herum. Sind sie vergangen, dann bleibt der dunkler grüne Grasring bestehen. Im Stoffwechsel des Pilzmyzels wird Ammoniak frei und wirkt sich als Düngung für die Grasnarbe aus. In sehr trockenen Jahren tritt jedoch das Gegenteil ein: Das Myzel hat eine Saugkraft, die derjenigen der Gräser weit überlegen ist. Infolgedessen werden die letzten Wasserreserven vom Myzel gespeichert, während das Gras völlig verdorrt.

Wieder heben sich die Hexenringe von der gelbgrün gewordenen Wiesenfläche weithin sichtbar ab, diesmal aber durch ihre braune Farbe. Wenn nach wochenlanger Trockenheit mit sommerlichen Tagestemperaturen eine solche ausgebrannte Weidefläche durch einen leichten Nachmittagsregen benetzt wird, dann stehen am nächsten Vormittag auf dem Hexenring schon die ersten Wiesenchampignons, davon einige mit fünf Zentimeter Hutbreite. Tags zuvor war von den Pilzen noch nicht das geringste zu sehen gewesen. Das Myzel des Hexenrings wächst alljährlich weiter; der Durchmesser vergrößert sich ständig und kann viele Meter erreichen. Auch von Pilzen, die nicht Hexenringbildner sind, kennt man das Weiterrücken ihrer Bodenmyzelien. So verlagerte sich der Wuchsort von Spitzmorcheln an einer Waldstraßenböschung von Jahr zu Jahr um einige Meter.

Auf Zapfen von Nadelbäumen spezialisiert sind die Zapfenrüblinge. Ihre Myzelien besiedeln abgefallene Zapfen, die wenigstens seit einem Jahr am oder im Boden liegen. Ihrer Ausbreitung sind also Grenzen gesetzt.

Saprophyten, Parasiten und Symbionten

Pilze, die zu Ringen oder Reihen angeordnet wachsen oder in großen Scharen auftreten, sind zumeist Humuszehrer, Saprophyten. Sie ernähren sich, indem sie abgestorbene Pflanzenteile wie Fallaub, Nadelstreu und Holzreste abbauen und damit humifizieren. Saprophyten sind auch die Besiedler von toten Stämmen und Stümpfen. Zu ihnen gehört die überwiegende Zahl der Baumschwämme oder Porlinge. Eine Gruppe baut den Holzstoff, das Lignin, ab und erzeugt so die Weißfäule; in der Folge wird auch der Zellstoff, die Zellulose, aufgezehrt. Die Vertreter einer zweiten Gruppe von Holzpilzen leben nur von der Zellulose, so daß das braune Lignin erhalten bleibt; sie rufen die Braunfäule hervor. Einige unter ihnen befallen und zerstören auch lagerndes Schnittholz oder Pfosten und Zäune. Sie sind die Erreger der Lagerfäule.

Fäulnis entsteht durch die Zerlegung hochmolekularer organischer Stoffe in Verbindungen einfacherer Struktur, die ihrerseits schließlich bis zu Mineralsalzen und Kohlendioxid abgebaut werden. An diesen Prozessen sind Bakterien und Pilze beteiligt, wobei die Bakterien mehr im alkalischen, die Pilze im sauren Bereich tätig sind. Mit der Mineralisierung ist diese Tätigkeit beendet; die Endprodukte stehen den grünen Pflanzen wieder zu neuem Stoffaufbau, zur Synthese organischer Substanzen, zur Verfügung. In diesem Kreislauf der Stoffe kommt den saprophytischen Pilzen eine überragend wichtige Rolle zu.

Riesengroß ist aber auch die Zahl jener Pilze, die lebende Pflanzen befallen, schädigen und zum Absterben bringen können. Sie werden Schmarotzer oder Parasiten genannt. Nicht nur das lebende Holz der Bäume, sondern Wurzeln, Stengel, Blätter, ja sogar Blüten und Früchte fast aller Pflanzen sind ständig der Gefahr eines Befalls durch Pilze ausgesetzt. Besonders betroffen sind davon die Kulturpflanzen. Zu den gefährlichen Pilzen gehören Rebenmehltau, Maisbrand, Getreiderost und Mutterkorn.

Die Erreger bilden zwar Myzelien, nicht aber Fruchtkörper nach Art der gängigen Wald- und Wiesenpilze. Die Ordnungen der Mehltaupilze, *Erysiphales,* Brandpilze, *Ustilaginales,* und Rostpilze, *Uredinales,* werden im Buch nicht behandelt. Ihre Zahl ist Legion.

Für den Forstbetrieb wichtig sind vor allem Stamm- oder Kernfäule verursachende Pilze, allen voran der Hallimasch und der Wurzelschwamm. Besonders Nadelbäume sind gefährdet, da sie oft in Gegenden angepflanzt wurden und noch werden, deren Klima- oder Bodenverhältnisse von denen der natürlichen Wuchsgebiete zu stark abweichen. So können Pilzarten, die für gewöhnlich nur totes Holz besiedeln, zu Großschädlingen werden.

Steigendes Interesse und wachsende Beach-

Unter den zahllosen Baumschwämmen fällt besonders der prächtig gelbe Schwefelporling auf

tung hat in den letzten Jahrzehnten die Wurzelverpilzung der meisten bestandbildenden Waldbäume gefunden. Aufmerksamen Pilzsammlern war schon seit langem bekannt, daß manche Speisepilzarten nur in der Nähe bestimmter Waldbäume zu finden sind, so der Birkenröhrling oder Kapuziner nur bei Birken, der Goldröhrling nur bei Lärchen, der Fichtenreizker nur bei Fichten und der Butterpilz nur bei Kiefern.

Neben diesen streng an eine einzige Baumart gebundenen Pilzen gibt es eine große Zahl von Arten, die unter mehreren Baumarten gedeihen können, so der Grüne Knollenblätterpilz unter Eichen, aber selten auch unter Buchen, oder der Fliegenpilz unter Fichten, Kiefern und Birken. Diese Abhängigkeit fand erst in den 20er Jahren des 20. Jahrhunderts ihre Erklärung, nachdem entdeckt worden war, daß die feinen Saugwurzeln der meisten Waldbaumarten von einem dichten Geflecht aus Pilzfäden eingehüllt sind. Es zeigte sich, daß zahlreiche Pilzfäden aus dem Mantel durch die Wurzelrinde in die Zellen der äußeren Zellschicht eindringen und hier als kleine Knäuel enden. Man vermutete schon bald, daß es die baumgebundenen Waldpilze sein könnten, deren Myzelien die Wurzelverpilzung, Mykorrhiza genannt, bilden.

Der experimentelle Nachweis gelang Elias Melin in Schweden, indem er aus Fruchtkörperstückchen gewonnenes Myzel auf sterilisiertem, künstlichem Nährboden kultivierte. Er verwendete dazu unter anderem auch den Goldröhrling. Gleichzeitig wurden Lärchenkeimlinge aus Samen gezogen, und zwar in sorgfältig steril gehaltenen Kulturgefäßen. Nach einigen Monaten wurden die jungen Bäumchen mit dem Myzel des Goldröhrlings beimpft, worauf sich im Verlauf weiterer Wochen an den Wurzelenden die Mykorrhiza ausbildete. Damit war der wissenschaftlich einwandfreie Beweis erbracht, daß der Goldröhrling Mykorrhizapilz der Lärche ist.

Auch Steinpilz, Schmerling, Fliegenpilz und andere Arten konnten als Mykorrhizabildner bestätigt werden. Fruchtkörper der untersuchten Arten wurden allerdings in den Kulturgefäßen nie erhalten. Hammarlund, ein Schüler Melins, wiederholte die Goldröhrlingversuche, um die Bedeutung der Mykor-

Als Holzzerstörer berüchtigt ist der Hallimasch, der oft in großen Massen zu finden ist

Der Schmetterlingsporling kann nur totes Holz besiedeln. Seine hübschen Fruchtkörperrosetten werden getrocknet zum Schmücken von Kränzen und Gebinden verwendet

Birke, Kiefer und Fichte sind die Baumarten, mit denen der Fliegenpilz Mykorrhiza bildet

rhiza aufzuklären. Er setzte die beimpften Bäumchen nach einiger Zeit in Blumentöpfe und erhielt tatsächlich in einem der Töpfe einen Fruchtkörper des Goldröhrlings. Daß das Myzel auch ohne den Baum wachsen kann, haben Kulturversuche immer wieder bewiesen. Allerdings wächst es nur sehr langsam. Zusätze zum Kultursubstrat aus Wurzelextrakten des zugehörigen Mykorrhizabaumes bewirken ein erheblich rascheres Wachstum.

Die Mykorrhiza ist inzwischen eines der meistgenannten Beispiele für die Lebensgemeinschaft zweier pflanzlicher Organismen geworden. Eine solche Symbiose bietet beiden Partnern Vorteile bei ihrer Ernährung. Der Baum nimmt ganz über den Pilzmantel die Bodenlösung auf. Die in ihr enthaltenen organischen Verbindungen kann nur das Pilzmyzel direkt verwerten. Die vom Pilz infizierten Wurzelzellen sind aber fähig, Pilzhyphen (siehe Seite 15, Abb. 1) zu verdauen und sich damit zusätzlich Nährstoffe zu verschaffen, vor allem in Zeiten erhöhten Nahrungsbedarfs, etwa bei der Fruchtreife. Umgekehrt profitiert das Pilzmyzel davon, daß die von den Blättern des Baumes erzeugten Assimilate, Zucker oder Stärke, über die Leitbahnen in die Wurzeln befördert werden müssen, da diese ja chlorophyllfrei und deshalb auf die Zufuhr von oben angewiesen sind.

Man darf annehmen, daß dann, wenn die Zeit der Fruchtkörperbildung da ist, das Myzel die Wurzelzellen sozusagen anzapft und ihnen die Stoffe für die Fruchtbildung entzieht. Die Myzelien der Mykorrhizapilze sind offensichtlich ohne ihren Partnerbaum nicht mehr in der Lage, zu fruktifizieren.

Die Mykorrhiza mit einem Pilzgeflechtmantel um die Saugwurzeln von Blütenpflanzen nennt man ektotrophe Mykorrhiza. Das Gegenstück findet sich bei Orchideen, Heidekrautgewächsen und vielen anderen Pflanzen: Ihre Wurzelpilze leben innerhalb ihrer Wirtszellen und sind durch Ernährungshyphen mit dem Erdreich verbunden. Hier handelt es sich um endotrophe Mykorrhiza. Unter den Orchideen gibt es einige Arten, die kein Chlorophyll ausbilden. Das bekannteste Beispiel ist die Nestwurz. Die Pflanze ist wie ihr Pilz heterotroph und in der Ernährung ganz auf den Wurzelpilz angewiesen, weil sie nicht wie dieser organische Nährstoffe aus dem Humus unmittelbar verwerten kann. Die Orchideenpilze und alle anderen endotroph lebenden Wurzelpilze erzeugen nie Fruchtkörper. Daher lassen sie sich nicht immer bestimmten Pilzgruppen zuweisen.

Fruchtkörper- und Sporenbildung

Wenn das Pilzmyzel, die eigentliche Pilzpflanze, den Nährboden – Holz, Humus, Mist – durchwachsen hat, beginnt es unter günstigen Bedingungen, Fruchtkörper auszubilden. Sie sind es, die allgemein als Pilze bezeichnet, als Speisepilze geschätzt, als Giftpilze gefürchtet und als eigenartige Naturformen bewundert werden. Die Fruchtkörper der Pilze dienen dazu, Fortpflanzungszellen, die Sporen, hervorzubringen. Sie werden am Myzel in der Weise angelegt, daß Zellfäden oder Hyphen (siehe Seite 15, Abb. 1) des Myzels sich dicht zusammenschließen und durch fortgesetzte Sprossung und Verzweigung neue Zellreihen ausbilden. Diese bleiben eng beisammen und bauen so den Fruchtkörper auf. Unter dem Mikroskop erkennt man im Stiel eines Hutpilzes das Geflecht aus hauptsächlich parallel verlaufenden Hyphen mit gelegentlichen Querverbindungen (siehe Seite 15, Abb. 2).

Im Hut ziehen sie unter weiterer Zellvermehrung in die Lamellen oder Röhrenwände bis an deren Oberfläche. Die letzten Zellverzweigungen liefern kürzere, unregelmäßig miteinander verflochtene Zellen. Sie bilden das sogenannte Subhymenium (siehe Seite 15, Abb. 3), eine dünne Schicht, aus der das Hymenium, die Fruchtschicht, hervorgeht. Sie besteht aus den charakteristisch geformten Endzellen, an oder in welchen die Sporen gebildet werden. Hierin unterscheiden sich die beiden im Buch behandelten Pilzklassen grundsätzlich. Die Ständerpilze, *Basidiomycetes*, sind durch keulenförmige Ständerzellen, Basidien, ausgezeichnet. Sie erzeugen je vier – selten mehr oder weniger – einzellige Sporen, die am Ende der Basidie an einem Stielchen sitzen (siehe Seite 15, Abb. 4). Sie heißen Basi-

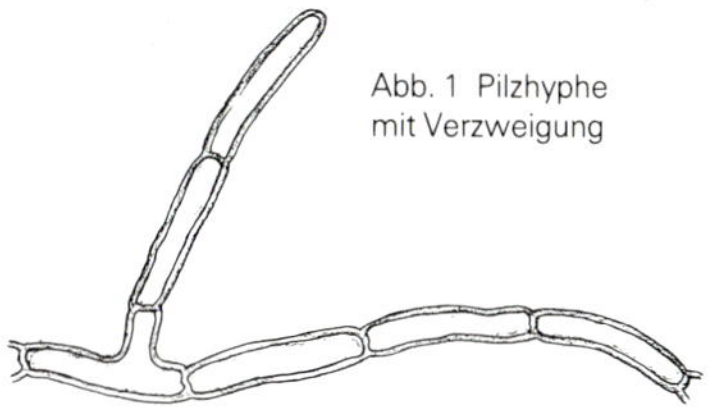

Abb. 1 Pilzhyphe mit Verzweigung

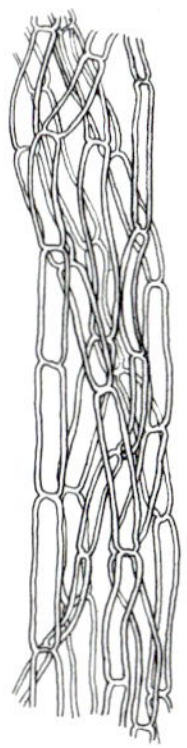

Abb. 2 Stielhyphen eines Hutpilzes

Abb. 3 Hymenium (H) mit Subhymenium (S)

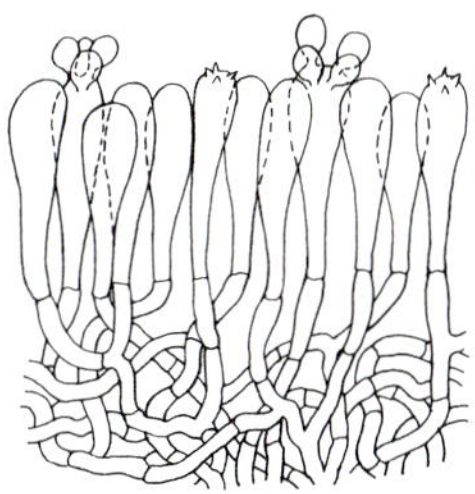

diosporen. Zwischen ihnen oder an der Lamellenschneide stehen mitunter sehr abweichend aussehende Zellen, die Zystiden. Sie dienen der Ausscheidung (siehe Seite 15, Abb. 5).

In der Klasse der Schlauchpilze, *Ascomycetes*, werden je acht Sporen – auch hier selten mehr oder weniger – in einer langkeuligen Schlauchzelle, dem *Ascus*, ausgebildet (siehe Seite 15, Abb. 6).

Erst die verbesserten Mikroskope ließen im letzten Jahrhundert den Aufbau der Pilzfruchtkörper und die Entstehung der Sporen deutlich sichtbar werden.

Wie werden die Pilzsporen verbreitet?

Bei einem Blätterpilz, zum Beispiel dem Fliegenpilz, sind die Lamellenflächen vom Hymenium, der Fruchtschicht, überzogen (siehe Seite 15, Abb. 3). Dicht drängen sich die abgerundeten Enden der Basidien, je Quadratzentimeter etwa 250 000, die eine Million Sporen erzeugen. Der ganze Hut bringt es auf ungefähr 2 Milliarden. Zwei einander gegenüberstehende Lamellen sind rund 2 mm voneinander entfernt. In diesen Zwischenraum stoßen die Basidien ihre Sporen aktiv ab. Jede Spore ist etwa 10 Mikrometer (μm) lang und 8 μm breit. 2 mm (= 2000 μm) zwischen den Lamellen genügen vollauf, um den Sporen den freien Fall in die umgebende Luft zu gestatten. Ein ausgewachsener Pilz streut tagelang ununterbrochen seine herangereiften Sporen aus. Man kann sie leicht auf Papier auffangen und erhält dann ein Sporenfallpräparat (siehe Seite 34–35).

Nur bei völliger Windstille lagern sich die Sporen im Freien unter dem Pilz oder in seiner Nachbarschaft ab. Den Sporenfall selbst kann man allerdings bei Ständerpilzen nicht wahr-

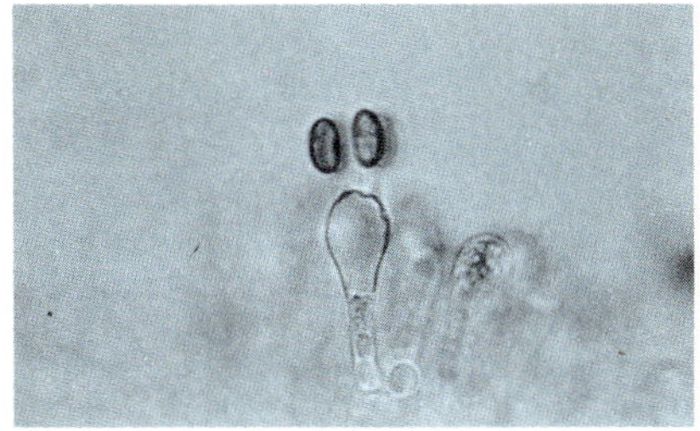

Abb. 4 Mikrofoto einer Basidie mit dunklen Sporen; bei den meisten Basidienpilzen sind es vier je Basidie

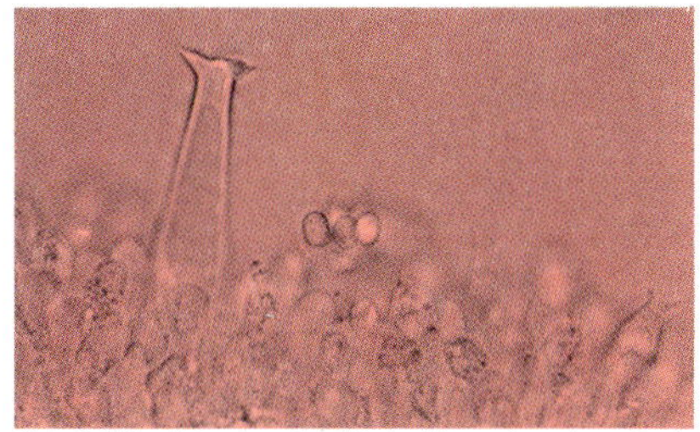

Abb. 5 Mikrofoto einer Zystide im Hymenium eines Dachpilzes. Sie unterscheidet sich stark von Basidien

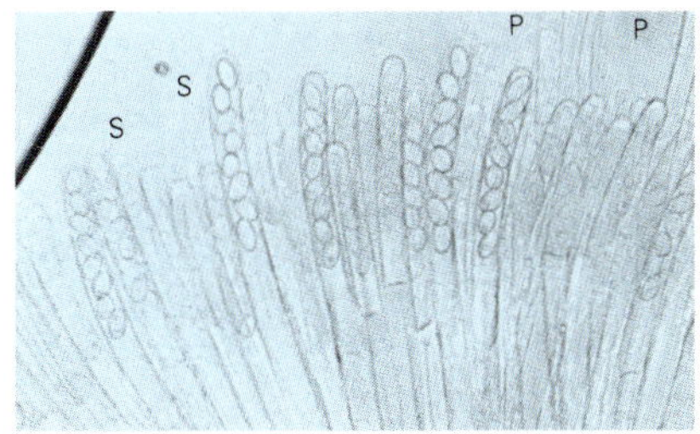

Abb. 6 Mikrofoto von Schlauchzellen (Asci) im Hymenium eines Becherlings. Schläuche (S) und Paraphysen (P)

Hier sieht man schön, wie beim Fliegenpilz die durchlaufenden Lamellen mit kürzeren untermischt sind. Die Lamellen stehen dicht und nehmen die ganze Hutunterseite ein. Die Lamellenflächen sind mit dem Hymenium überzogen

Braune Sporen liegen als Staub auf dem unteren Hut; sie sind vom oberen herabgefallen

Bei den Bovisten zerreißt mit der Zeit die Außenhülle; dadurch werden die Sporen frei

nehmen. Anders dagegen steht es mit den Schlauchpilzen. Als Beispiel kann jeder größere Becherling dienen. Die Becherinnenfläche, hier Scheibe genannt, ist vom Hymenium überzogen. Die acht Schlauchsporen in jedem der dicht gedrängt stehenden Schläuche werden durch einen Licht- oder Berührungsreiz sehr energisch ausgeschleudert, und dieser

Vorgang läßt sich leicht beobachten, da alle gerade reif gewordenen Schläuche gleichzeitig entleert werden.

Jeder Luftzug trägt die Sporen über weite Entfernungen fort, aber es stellt sich die Frage, welche biologische Bedeutung denn eine solche Milliardenzahl an Sporen hat, die von der Gesamtheit aller Pilze etwa auf einem Hexenring in einer Vegetationsperiode erzeugt werden. Es scheint so zu sein, daß die Voraussetzungen für das Keimen der allermeisten Pilzarten nur äußerst selten vollständig gegeben sind. Der größte Teil der Pilzsporen gelangt an ungeeignete Orte wie Wasserflächen, Ödstellen, Kulturland oder Waldtypen, die eine Ansiedlung ausschließen.

In natürlichen oder naturnahen Waldbeständen ist jeder Fleck längst von den Myzelien vieler Pilzarten besetzt. Neuansiedlung ist also namentlich für Humuszehrer und Mykorrhizapilze sehr erschwert. Sterben umgestürzte Bäume ab, dann erscheinen nacheinander in bestimmter Reihenfolge holzzersetzende Pilzarten, die nur mittels ihrer Sporen hier Fuß fassen können. Es ist reizvoll, solche Sukzessionen (Abfolgen) von Pilzgenerationen über Jahre hin zu beobachten. Auf Baumstümpfen und Brandstellen kann man sie verfolgen, da sie hier rasch ablaufen, während sie in Wäldern Jahrzehnte benötigen.

Die Verbreitung der Sporen durch den Wind ist im Reich der Pilze durchaus die Regel. Es gibt aber auch Ausnahmen. Bei den Tintlingen zerlaufen die Pilzhüte durch Selbstauflösung, und die Sporen gelangen mit den herabfallenden Tropfen auf den Boden, und bei den Stinkmorcheln sind es gar Insekten, die den sporenhaltigen Hutschleim auflecken und an den Füßen forttragen.

Das Foto zeigt Schopftintlinge in verschiedenen Stadien der Selbstauflösung: Bei den ältesten, die aber erst zwei Tage alt sind, sieht man Tropfen am Rand hängen; sie fallen auch auf die kleineren Pilze hinab

Sporenkeimung und Vermehrung

Noch im letzten Jahrhundert meinte man, die Pilze pflanzten sich ungeschlechtlich fort. Es gibt auch tatsächlich einzelne Pilzarten, deren Sporen zu Myzelien auskeimen, an welchen unmittelbar wieder Fruchtkörper entstehen. Sonst aber sind regelmäßig in den Entwicklungsgang nach der Keimung geschlechtliche Vorgänge eingeschaltet.

Bei den Ständerpilzen verläuft die Entwicklung von der keimenden Spore bis zum Fruchtkörper so: Die Spore keimt zu einem Keimschlauch aus (siehe Seite 18, Abb. 7), der sich vielfältig verzweigt. An diesem Primärmyzel können keine Fruchtkörper entstehen, wenn es nicht auf ein zweites Myzel aus einer Spore derselben Pilzart stößt. Treffen zwei geschlechtsverschiedene Hyphen aufeinander, verschmelzen ihre Endzellen.

Bei den Pilzen ist manches anders als bei Pflanzen und Tieren. Von den an der Basidie gebildeten Sporen sind entweder je zwei gleichen Geschlechts, oder aber alle vier sind geschlechtsverschieden. Von männlich und weiblich kann man hier nicht sprechen, da keine entsprechenden Organe vorhanden und die sich verbindenden Fäden äußerlich in nichts verschieden sind. Nur verschiedengeschlechtige Myzelien können sich verbinden: Sie sind, wie die Fachleute sagen, kompatibel. Gleichgeschlechtige hingegen sind inkompatibel, können also nicht verschmelzen.

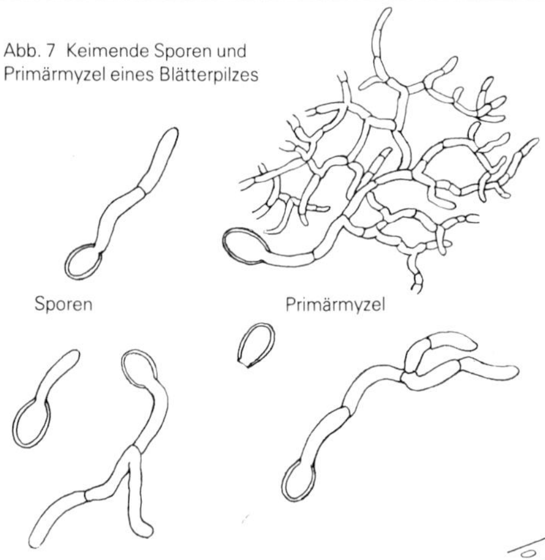

Abb. 7 Keimende Sporen und Primärmyzel eines Blätterpilzes

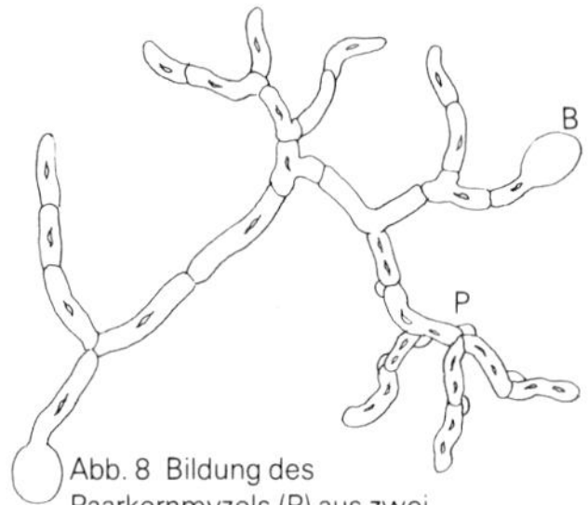

Abb. 8 Bildung des Paarkernmyzels (P) aus zwei verschiedengeschlechtigen Sporen A und B

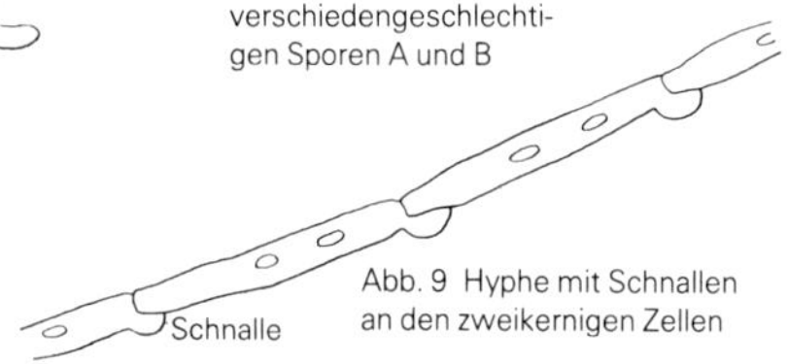

Abb. 9 Hyphe mit Schnallen an den zweikernigen Zellen

Alle Lebenserscheinungen sind an das Protoplasma, den aus Eiweißkörpern zusammengesetzten Lebensstoff in jeder Zelle, gebunden. Das Protoplasma der Zellen aller höher organisierten Lebewesen ist in das Zellplasma und, darin eingebettet, das Kernplasma aufgeteilt. Das Kernplasma oder kurz der Kern hat steuernde Funktion sowohl für den artspezifischen Aufbau des Körpers als auch für die Weitergabe der in ihm gespeicherten Erbinformation. Auch jede Pilzspore besitzt einen solchen Kern. Bei der Keimung wächst aus der Spore ein Keimschlauch heraus. Durch fortgesetzte Zellteilungen und Verästelungen entsteht daraus ein Fadengeflecht, das Primärmyzel.

Jede der neu entstandenen Zellen enthält einen Kern. Wenn nun, wie geschildert, Zellen von zwei verschiedengeschlechtigen Myzelien verschmelzen, dann erhält die Verschmelzungszelle zwei Kerne (siehe Seite 18, Abb. 8). Von nun an werden vor jeder neuen Zellteilung beide Kerne geteilt und zwei von den vier Kernen der neuen Zelle zugeführt, einer von ihnen über eine eigens zu diesem Zweck entstehende Brücke, die als Schnalle bezeichnet wird. Ein solches paarkerniges Schnallenmyzel ist charakteristisch für die Ständerpilze (siehe Seite 18, Abb. 9). Schnallenführende Hyphen gibt es neben schnallenlosen auch noch in vielen Fruchtkörpern. Die Fruchtkörper fast aller Ständerpilze sind aus Zellen mit zwei Kernen aufgebaut. Das gilt für den Steinpilz ebenso wie für Champignon, Pfifferling, Ziegenbart und den Riesenbovist. Die Verschmelzung von zwei Hyphenzellen erinnert daran, daß bei Pflanzen wie bei Tieren der Vereinigung zweier Geschlechtszellen die Entwicklung zum Embryo und weiter zum

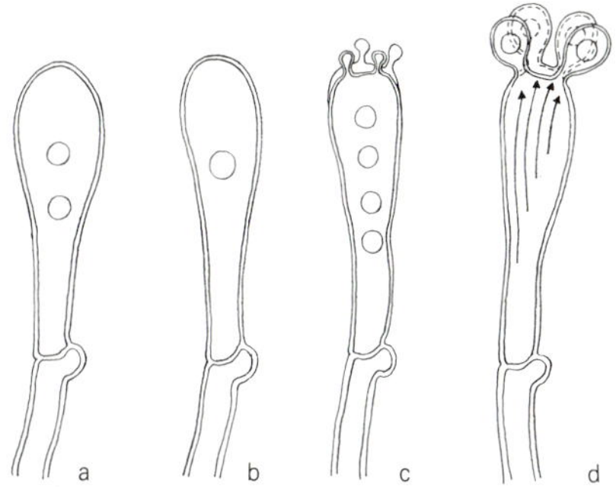

Abb. 10 a Junge Basidie mit zwei Kernen. b Die zwei Kerne sind verschmolzen. c Zwei Kernteilungen führen zu vier Tochterkernen. d Jede Spore erhält einen Kern

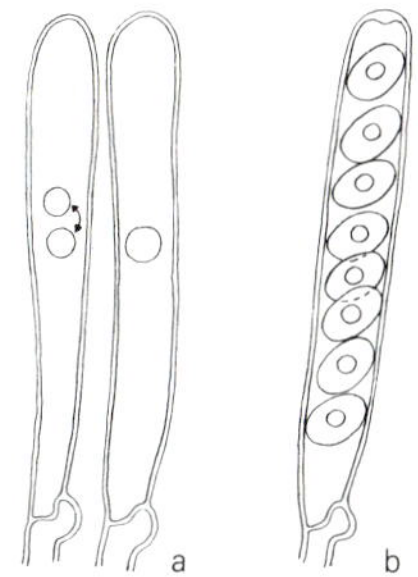

Abb. 11 a Zwei Kerne im Ascus verschmelzen. b Durch drei Kernteilungen entstehen acht Kerne; um jeden Kern bildet sich eine Spore

neuen Lebewesen folgt. Mit der Zellverschmelzung vereinigen sich aber zugleich auch die beiden Kerne, ein Vorgang, der als Befruchtung bezeichnet wird. Das aber ist gerade das Einzigartige bei den Ständerpilzen, daß nach der Zellverschmelzung die beiden Kerne sich nicht vereinigen, sondern miteinander „konjugiert", geteilt, werden, und das so fort durch Hunderte von Zellteilungen, bis endlich die Ständerzelle, die Basidie, angelegt wird. Und hier, in der Basidie, verschmelzen die beiden Kerne, teilen sich aber sofort wieder, und zwar gleich zweimal. Damit sind vier Kerne entstanden (siehe Seite 19, Abb. 10). Alsbald stülpen sich vier Auswüchse aus, in die je ein Kern einwandert. Der Auswuchs schwillt zur Spore an, diese wird abgestoßen: Der Kreislauf kann erneut beginnen.

Hier bietet sich nun ein Vergleich mit den entsprechenden Verhältnissen bei den Schlauchpilzen, den Ascomyceten, an. Was geschieht, wenn die aus dem Ascus ausgeschleuderten Sporen irgendwo zum Keimen kommen? Wieder entsteht ein Keimschlauch, der sich durch wiederholte Zellteilungen zu einem Myzel auswächst. Dessen Zellen enthalten wie die der Ständerpilze jeweils nur einen Kern. Bei einigen Becherlingen, die zu den artenreichsten Gruppen der Schlauchpilze gehören, werden an diesem einkernigen Myzel Fruchtkörper angelegt; sie zeigen bereits die künftige Becherform, sind aber noch winzig klein, und vom Hymenium ist noch nichts zu bemerken. In diesem Stadium bildet das junge Fruchtkörpermyzel weibliche und männliche Geschlechtsorgane aus, vergleichbar denen, die von Algen, Moosen und anderen Sporenpflanzen bekannt sind. Wie bei diesen wird das männliche Organ Antheridium genannt. Es liefert Befruchtungszellen, die zum Ascogon, dem weiblichen Organ, gelangen. Es findet hier also eine Selbstbefruchtung statt. Aus dem Ascogon sprossen zweikernige Hyphen, die das Hymenium aufbauen und hier als Schlauchzellen (Asci) enden. Im Ascus verschmelzen die beiden Kerne, worauf drei Kernteilungen erfolgen. Sie führen zu acht Tochterkernen (siehe Seite 19, Abb. 11). Um diese herum bildet sich je eine Zellwand, womit acht Sporen abgegrenzt sind.

Damit enthält jede Spore einen einzigen Kern. Bei vielen Ascomyceten gibt es aber wie bei den Basidiomyceten keine Geschlechtsorgane. Die Paarkernigkeit der schlauchbildenden Zellen wird bei ihnen unter anderem dadurch erreicht, daß der benötigte zweite Kern aus einer Zelle des eigenen oder eines anderen Myzels bezogen wird.

Der weiße Belag auf den Zweigenden der Geweihförmigen Holzkeule rührt von Konidien her

Der recht verwickelte Ablauf der geschlechtlichen Fortpflanzung kann bei manchen Pilzen in verschiedener Weise abgewandelt sein. Außerdem gibt es in allen Pilzgruppen Arten, die sich auch ungeschlechtlich vermehren können. Manche Myzelien sind fähig, Zellen abzuschnüren, die wieder zu neuen Myzelien auswachsen. Solche ungeschlechtlich erzeugten Sporen heißen Konidien. Ein Beispiel dafür ist der Pinselschimmel, der oft Marmelade, Gemüse und andere Nahrungsmittel mit graugrünem Rasen überzieht. Die grüne Farbe rührt von massenhaft erzeugten Konidien her. Konidien können aber auch auf eigens hierfür entstehenden Fruchtkörpern gebildet werden. So trifft man nicht selten auf Baumstümpfen die verzweigten Konidienfruchtkörper der Geweihförmigen Holzkeule an. Sie sind schwarz und an den Enden durch die weißen Konidien bestäubt.

Pilze in ihrer Umwelt

Für alle Pilzsporen gilt, daß sie nur keimen können, wenn es um sie herum feucht genug ist. Auf geeigneten Nährböden lassen sich viele Arten züchten, so die meisten Holz- und Streubewohner (siehe Praktische Pilzkunde, Seite 282–296). Die Mykorrhizapilze jedoch haben bisher jedem Versuch, ihre Sporen zum Keimen zu bringen, widerstanden. Unter ihnen befinden sich so bekannte Pilze wie Pfifferling, Steinpilz und Fliegenpilz. In der freien Natur treffen die aus gekeimten Sporen hervorgehenden Myzelien nur selten die Verhältnisse an, die für ihre Weiterentwicklung erforderlich sind. An ihren natürlichen Wuchsorten sind allerdings exakte Beobachtungen so gut wie unmöglich, da die Myzelien kaum aufzufinden sind. Man bleibt auf Feststellungen an den sichtbar werdenden Fruchtkörpern angewiesen. An ihnen läßt sich erkennen, ob ihr Myzel sehr saure oder nur schwach saure Reaktion im Substrat erträgt bzw. braucht. Das sind die azidiphilen Pilze wie der Kuhröhrling und der Reifpilz. Neutrophil heißen solche, die nur auf milden Lehm- und Kalkböden vorkommen. Sie sind neutrophil bis basiphil. Beispiele hierfür sind die Spitzmorchel, der Satanspilz und der Märzschneckling.

Für viele Pilzarten ist es entscheidend, daß sie im Jahresablauf genügend Wärme bekommen, da sie sonst keine Fruchtkörper bilden können. Besonders wärmebedürftige Arten wie der Kaiserling und der Gitterling kommen in Mitteleuropa entweder nur ganz im Süden oder zerstreut und dann nur in extrem warmen Jahren vor. Andererseits werden in Nordeuropa beheimatete Pilze nach Süden zu immer seltener und beschränken sich hier auf kühlfeuchte Wuchsorte in Mooren des Berglandes.

In trockenwarmen Steppenländern gehören die Erdsterne zu den markantesten Beispielen der an Pilzen sonst armen Vegetation. Ihre Artenzahl nimmt in Europa von Osten nach Westen erheblich ab; auch die hier vorkommenden Erdsterne werden immer seltener.

Dabei sind Menge und Verteilung der Niederschläge von großer Bedeutung. Pfeffermilchling, Wollschwamm, Zinnoberroter Täubling erscheinen auch bei trockener Witterung; Schnecklinge und Ritterlinge brauchen hingegen reichliche Regenfälle, um Fruchtkörper zu bilden. Ihre Myzelien überdauern aber Trockenzeiten. Für den Wiesenchampignon oder Feldegerling muß es sogar längere Zeit trocken sein. Es genügt dann eine leichte Benetzung, und die Pilze erscheinen über Nacht in großer Zahl.

Holzbewohner reagieren durchweg rasch auf die Durchfeuchtung des Substrats. Aber auch unter ihnen gibt es neben Arten, die Trockenheit ertragen, wie der Zaunblättling, solche, die längere Austrocknung nicht aushalten. Ein Beispiel für viele ist der Zinnoberrote Kelchbecherling.

Für alle Bodenbewohner ist es wichtig, daß die Humusdecke gut durchlüftet wird, da ja auch die Pilzmyzelien atmen müssen. Bodenverdichtung führt dazu, daß das Regenwasser nach Trockenzeiten zunächst oberflächlich abläuft und es lange dauert, bis der Untergrund wieder durchfeuchtet ist. Umgekehrt hält dichter Boden, wenn er einmal durchnäßt ist, die Feuchtigkeit lange zurück. Beide Extremfälle sind für das Pilzwachstum ungünstig, und so kommt es, daß mitunter wochenlang, trotz günstiger Jahreszeit und anscheinend besten Wetterbedingungen, nur ganz wenige Pilze zu finden sind. Die meisten Pilzmyzelien bilden dann Fruchtkörper aus, wenn das Substrat langsam austrocknet. Stellt sich Ostwind ein, dann verdorren schon die jungen Pilze, und nach wenigen Tagen hört das Pilzwachstum wieder auf.

Wald- und Wiesenböden können aber auch durch den Pflanzenwuchs abgedichtet werden. Es sind vor allem horstbildende Süß- und Sauergräser, deren Wurzelwerk die Durchlüftung herabsetzt. Die Pflanzen selbst nehmen den Sauerstoff mit der Atemluft durch Spaltöffnungen auf der Unterseite der Blätter auf und leiten ihn den Wurzeln im Boden zu. Die Pilzmyzelien jedoch sind auf die im Boden zirkulierende Luft angewiesen. Behinderte At-

Ernte von Zuchtchampignons, die ohne Konkurrenz mit anderen Pilzarten das Substrat für sich ausnützen können. Der Betrieb kommt ohne künstliche Beleuchtung aus, da die Pilze kein Licht brauchen

mung bedeutet für sie weniger Fruchtkörper, und so wird es verständlich, daß in Riedwiesen und in Wäldern mit einem Unterwuchs von Seegrasseggen oder Waldschwingelgras viel weniger Pilze wachsen als auf Schafweiden, in lockerrasigen – aber nicht kunstgedüngten – Wiesen oder in locker-humosen Laub- und Nadelwäldern.

Die Moosdecke in den Wäldern dagegen stellt für die Pilze kein Hindernis dar. Da Moose Wasser zurückhalten oder gar speichern, verbessern sie das Kleinklima für die Pilze. Daher sind moosreiche Wälder immer auch reich an verschiedenen Pilzarten. Nur die halbkugeligen, grünweißen Polster des Weißmooses, die sich gern auf Sandboden ansiedeln, können Pilze nicht durchdringen.

Wo auf engem Raum viele Pflanzen leben, stehen sie unter ständigem Konkurrenzdruck; sie machen sich gegenseitig Licht und Nahrung streitig. Pilze brauchen Licht nur, um die Fruchtkörper normal ausbilden zu können. Nur der Zuchtchampignon macht da eine Ausnahme; er kann selbst im Dunkeln normal Fruchtkörper erzeugen. Bei manchen Arten, zum Beispiel bei etlichen Täublingen, wird die Hutfarbe erst im Tageslicht ausgebildet; andernfalls bleibt sie blaß. Auf der anderen Seite ist das satte Grün des Papageigrünen Saftlings so lichtempfindlich, daß es unter dem Einfluß direkten Sonnenlichtes rasch gelb wird.

Für die Myzelien im Substrat ist Belichtung unwichtig, hingegen um so bedeutsamer die Nährstoffversorgung. Wie sich hierbei Myzelien verhalten, läßt sich nur im Laborversuch unmittelbar beobachten. Treffen zwei artverschiedene Myzelien im Kulturgefäß aufeinander, dann entsteht eine Hemmungszone. Die beiden Geflechte wachsen nicht weiter. Damit stimmen Freilandbeobachtungen überein, denen zufolge sich die radial ausbreitenden Hexenringe zweier Humuspilze, etwa der Graukappe und des Violetten Rötelritterlings, sich nie überschneiden. Auch gruppenweise wachsende Arten verhalten sich so: Wenn sie Mykorrhizabildner an derselben Baumart sind, wird man sie stets in getrennten Gruppen finden, zum Beispiel Butterpilz und Schmerling. Auf einem Baumstumpf ist das ebenso: Stockschwämmchen und Schwefelkopf können sehr wohl gemeinsam vorkommen, nehmen aber stets getrennte Areale ein.

Je weniger Arten sich in einen gegebenen Lebensraum teilen müssen, desto mehr kann sich die einzelne Art ausbreiten und desto größer ist die Zahl der Fruchtkörper. So kann es geschehen, daß eine große Dunglege vom Umrollenden Krötentintling allein in Beschlag genommen wird. Über Nacht erscheinen dann Tausende zarter, weißer Pilze, die den ganzen Dunghaufen besetzt halten. Nicht anders ist es mit der Kultur von Zuchtchampignons in Beeten. Sofern die Beete vorschriftsmäßig vorbereitet sind, entwickelt sich darin nur das Myzel des Champignons, und so werden Massenernten erzielt.

Doch zur Umwelt der Pilze gehören auch Tiere: Da sind vor allem die Schnecken, große rote und schwarze oder kleine weißliche und graue. Sie machen auch vor den für Menschen höchst gefährlichen Knollenblätterpilzen nicht halt und stellen den Hauptanteil pilzverzehrender Tiere. Dann folgen die Pilzfliegen, Pilzmücken und Pilzkäfer. Die Weibchen legen ihre Eier oft an ganz bestimmten Stellen des jungen Pilzfruchtkörpers ab; die ausschlüpfenden Larven zerfressen in wenigen Tagen, bei harten Baumschwämmen in meh-

Fraßspuren am Hutrand dieses jungen Steinpilzes zeigen, daß ein anderer Nutznießer vorher da war – ein dem Pilzsammler wohlbekanntes Bild. Hier hat es sich eine Schnecke schmecken lassen

reren Wochen, das Pilzfleisch und verpuppen sich dann am Pilz oder aber in dessen Nähe.

Nicht selten entdecken Vögel die Maden und zerhacken die Pilze, um sich daran gütlich zu tun. Auch Säugetiere sind Pilzliebhaber. Rehe äsen sogar Fliegenpilze, Eichhörnchen hängen Hutpilze in Astgabeln auf oder zernagen sie schon am Boden, und schließlich verzehren Waldmäuse Pilze. Ihre Nagespuren sind gelegentlich auf Pilzhüten zu sehen.

Die Pilzgesellschaften

Pilze mit gleichen Ansprüchen an den Standort findet man oft im selben Waldstück beieinander. Erfahrene Pilzsucher wissen, daß in der Nachbarschaft von Fliegenpilzen oftmals auch Steinpilze wachsen. Im sandigen, bodensauren Fichtenwald gesellen sich noch weitere, weniger auffällige Pilzarten dazu, z.B. Mehlräsling, Pfefferröhrling, Zimthautkopf, Tannenreizker.

Im Kapitel Praktische Pilzkunde, Seite 289–290, wird am Beispiel eines Fichtenwaldes gezeigt, wie sich Artenbestand und Individuenreichtum vom Jungholz über das Stangenholzalter bis zum Altholz hin wandeln. Dabei sind solche Arten berücksichtigt, die für den Speisepilzsammler wichtig sind.

Die Erforschung der Pilzgesellschaften (Mykozönosen) steht erst am Beginn. Um den Artenbestand eines Fichten- oder Buchenbestandes vollständig zu erfassen, reicht ein Jahrzehnt kaum aus. Selbst in guten Pilzjahren kann man längst nicht alle Arten erwarten, die mit ihren Myzelien im Boden oder Holz vorhanden sind. Alle Pilze setzen mit der Fruchtkörperbildung während eines oder mehrerer Jahre aus; zudem hat jede Pilzart ihre bevorzugte Erscheinungszeit. Eine bestimmte Untersuchungsfläche muß alle 14 Tage begangen werden. Die Pflanzen machen es da dem Fachmann leichter: Sie erscheinen an ihren Wuchsorten alljährlich und sind auch im nichtblühenden Zustand erkennbar. Es genügen daher in der Regel zwei Begehungen, um alle Pflanzen zu erfassen. Kehrt eine bestimmte Artenkombination auf einem abgrenzbaren Wuchsgebiet immer wieder, dann erhält sie einen Namen, der von einer charakteristischen Pflanze abgeleitet ist.

So gibt es zum Beispiel den sternmierenreichen Eichen-Hainbuchen-Wald, das *Querceto-Carpinetum stellarietosum,* als eine der vielen Gesellschaften im Verband der mitteleuropäischen Eichenmischwälder. Und eine bestimmte Trockenrasengesellschaft, das *Brometum erecti*, ist durch die Aufrechte Trespe, *Bromus erectus*, ein charakteristisches Gras, ausgezeichnet.

Wie bei der Pflanzensoziologie werden Pilzgesellschaften unterschieden. Ihnen übergeordnet ist der Verband, diesem die Ordnung und als oberste Einheit die Klasse.

Pilzgesellschaften der Laubwälder

Die bestandbildenden Laubbäume Eiche, Buche, Hainbuche, Birke haben durchweg Mykorrhizen, die ihnen beigemischten Baumarten wie Espe, Ahorn, Linde, Ulme, Esche und Sträucher wie Haselnuß, Holunder, Heckenkirsche, Weißdorn nur zum Teil. Die Pilzflora setzt sich demgemäß aus bodenbewohnenden Mykorrhizapilzen der im Bestand vertretenen Mykorrhizapartner zusammen. Zu ihnen gesellen sich die im Humus, in der Laubstreu, an Holzresten und an Ästen und Stämmen lebenden Saprophyten.

Im Eichen-Hainbuchen-Wald auf mäßig saurem Boden sind Hainbuchenröhrling und Gebänderter Milchling die charakteristischsten Arten, da sie an die Hainbuche gebunden sind. Auch der absolut eichentreue Eichenreizker fehlt nie in dieser Gesellschaft. Die Täublinge sind darin sehr zahlreich vertreten. Zu günstiger Zeit kann man über 20 Arten zugleich antreffen. Von ihnen sind der Speisetäubling und der Grüngefelderte Täubling für den Speisepilzsammler von besonderem Interesse. Die Laubstreu wird von Arten besiedelt, die auch anderwärts anzutreffen sind; darunter befinden sich mehrere giftige Rißpilze. Auch der überaus gefährliche Grüne Knollenblätterpilz kann als Eichenbegleiter zum Massenpilz werden. Am Grunde der Eichenstämme ist der Spindelige Rübling nicht selten, während die Stümpfe mit dichten Büscheln des Mützenhelmlings besetzt sein können.

Sommerwarme Eichenwälder auf besseren Böden sind durch mehrere sonst seltene Röhrlinge und Wulstlinge ausgezeichnet; dazu gehören unter anderem der Schwarze Steinpilz und der Fransenwulstling. An Baumstümpfen sind Porlinge häufig, von denen der Abgeflachte Porling durch seine Größe sehr auffällig werden kann.

Buchenwälder haben deshalb eine besonders reiche Pilzflora, weil die Buche eine große Zahl von Mykorrhizasymbionten aus den verschiedensten Pilzgattungen besitzt. Auf saurem Boden sind Schönfußröhrling, Trompetenpfifferling und Kleiner Zichorienmilchling zu Hause. Kalkreiche Buchenwälder überraschen im Herbst oft mit einer Fülle von Schleierlingen. Sie treten in Hexenringen auf, in denen sich Pilz an Pilz drängt. Bei den Gerandetknolligen Schleierlingen sieht man besonders schön die spinnwebige Cortina zwischen Stiel und Hutrand. Trotz der markanten Form und der schönen Farben sind nur einige wenige davon leicht bestimmbar. Die Schnecklinge sind mit dem Starkriechenden, dem Goldzahn- und dem Isabellrötlichen Schneckling vertreten. Graugrüner und Bleicher Milchling zusammen mit dem Süßlichen und dem Orangefuchsigen Milchling sind nur einige der Milchlingarten des kalkreichen Buchenwaldes. An Buchenholz wachsen unter anderen der Beringte Schleimrübling, der Austernseitling und der Violette Schichtpilz. In der Laubstreu dominiert schon im Mai der Waldfreundrübling. Andere Rüblinge, Trichterlinge und Schwindlinge schließen sich an.

Sind Birkenbestände vorhanden oder auch nur einzelne Birken in Laubwälder eingestreut, dann wird der kundige Pilzsammler auf Birkenpilze und Rotkappen stoßen. Duftmilchling und Birkenreizker, Geschmückter Gürtelfuß und Grasgrüner Täubling gehören gleichfalls zur Begleitflora der Birke. In Waldmooren stellen sich Birkenspeitäubling und Gelber Graustieltäubling ein. Der auffallendste Porling an Birken ist der Birkenporling.

In Erlen- und Auwäldern mit Esche, Ahorn, Ulme, Weide, Pappel und einem artenreichen Unterwuchs treten die Mykorrhizapilze zurück. Erlenbegleiter sind der Erlenkrempling, der Erlengrübling und der Erlenmilchling, dazu auf Erlenlaub und Moder mehrere Schnitzlingarten. Dem Haselstrauch angeschlossen sind der Beißende Milchling und, an noch stehenden, toten Stämmen, der Punktierte Baumschwamm.

Pilzgesellschaften der Nadelwälder

In Mitteleuropa ist die Zahl der bestandbildenden Nadelbäume bescheiden. Fichte, Tanne und Kiefer dominieren je nach Höhenlage und Klima. Im Alpenraum kommen Lärche und Arve hinzu. Gebietsweise ist auch der Wacholder nicht selten. In den letzten 200 Jahren wurden diese Baumarten forstwirtschaftlich in Gebieten gepflanzt, in denen sie nicht heimisch sind. Vor allem nehmen Fichtenforste in immer noch wachsender Ausdehnung weite Flächen ein, die ehemals von Laubwäldern bestanden waren. Was die Pilzflora der Nadelwälder anbetrifft, so lassen sich wie bei den Laubhölzern mehr oder weniger streng gebundene Mykorrhizapilze als Charakterarten verschiedener Pilzgesellschaften hervorheben.

Im „Artenarmen Nadelmischwald" der Pflanzensoziologen auf sauren Böden ist die Fichte der vorherrschende Baum. Ihr ist bei einem Jahresmittel der Niederschläge von über 1000 mm im klimatisch begünstigten Südwesten die Weißtanne beigemischt, örtlich auch jetzt noch als dominierende Baumart. Andererseits nimmt in trockeneren Gebieten mit mehr kontinentalem Klima der Anteil der Kiefer erheblich zu. Säurezeiger unter den Mykorrhizapilzen der Fichte sind Fichtensteinpilz, Pfefferröhrling, Wieseltäubling, Stahlblauer Rötling, Olivgestiefelter Schneckling. Der „Artenreiche Nadelmischwald" auf lehmigen und kalkreichen Böden mit seiner reicheren Krautflora hat auch unter den Pilzen neutrophile Vertreter. Stachelbeertäubling, Grubiger Erdschieber, Getropfter Schleimschirmling, Semmelgelber Schleimkopf, Schleierritterling und Abgestutzte Keule sind einige davon.

Die Pilzflora auf Nadelstreu besteht zumeist aus kleinwüchsigen Arten. Sie fallen besonders im Herbst auf, wenn sie zu Tausenden auftreten. Es sind vor allem kleine Helmlinge, die das Herbstbild der Fichtenmischwälder bestimmen. Reine Fichtenforste können ganz ohne Pflanzenunterwuchs sein. Der Anteil fichtengebundener Pilzarten ist erheblich geringer als im naturnahen Bergfichtenwald. Die Streuzersetzer stellen aber eine große Gruppe, die auf den besseren Böden zum Beispiel durch mehrere Waldchampignonarten bereichert wird.

Bei der Kiefer fühlen sich sehr viele Pilzarten wohl. Wo die Kiefer das Waldbild bestimmt, ist die Pilzflora stark von der des Fichtenwaldes unterschieden. Auf sauren Böden erscheinen Kuhröhrlinge und Sandpilze, Reifpilze, Buckeltäublinge und Kiefernsteinpilze gelegentlich in großer Zahl. Kiefernnadeln und Kiefernstümpfe haben ebenfalls ihren eigenen Pilzbestand; sogar die abgefallenen Zapfen werden von Kiefernzapfenrüblingen besiedelt, die sonst nirgends anzutreffen sind. Auf Kalkböden sind charakteristische Kiefernbegleiter: Schmerling, Fastberingter und Orangeflockiger Ritterling, dazu mehrere schönfarbige Korkstachelinge.

Lärchen bilden nur in den Alpen natürliche Wälder. Hier wie an den Orten, an denen sie forstlich angepflanzt werden, finden sich Pilze zusammen, die an die Lärche gebunden sind. Man kennt vier beringte Röhrlinge, von denen der Goldröhrling der bekannteste ist; es gibt einen Lärchenmilchling, Lärchenritterling, Lärchenschneckling und zwei nur unter Lärchen wachsende Gelbfüße. Sie alle bilden Mykorrhizen, wogegen der Lärchenporling das Holz selbst besiedelt.

Als Begleiter der aus Nordamerika stammenden Weymouthskiefer ist nur ein, allerdings recht auffälliger, Röhrling bekannt, der

Elfenbeinröhrling. Er kommt auch unter der alpinen Arve vor, hier in Gesellschaft des Arvenröhrlings und des Sibirischen Röhrlings. Eigenständige Pilzgesellschaften mit Lärche und Arve sind noch nicht beschrieben und benannt worden. Für die Weymouthskiefer oder Strobe dürfte sich dies erübrigen, da außer ihrem Röhrling in Europa keine anderen Pilzarten mit diesem Baum in enger Gemeinschaft zu leben scheinen.

Pilzgesellschaften der Wiesen und Weiden

Grünland im landwirtschaftlichen Sinn ist nicht gerade pilzreich. Viele Wiesen sind bis auf ein paar unscheinbare dünnstielige Blätterpilze praktisch pilzfrei. Wo noch Stalldünger statt Mineraldünger ausgebracht wird, bieten auch Wiesen zeitweise charakteristische Pilze. Der Feldegerling oder Wiesenchampignon kann nach dem zweiten Grasschnitt einer Wiese mit seinen zahlreichen Hexenringen zum auffälligsten Pilz werden.

Meist finden sich zur gleichen Zeit Eierbovist und Flacher Stäubling ein. Im Spätherbst folgen der Marmorierte Ritterling und der Lilastiel. Trockenrasen sind gekennzeichnet durch den Maipilz und den Nelkenschwindling, während auf Schafweiden, namentlich über Kalk, eine vielfältige Pilzflora aus Ellerlingen, Saftlingen und Rötlingen auftritt. Die stattlichsten unter ihnen sind der Größte Saftling und der Blaue Rötling. Auch die bis 30 cm Durchmesser erreichenden Hüte des Kurzstieligen Weichritterlings und des Weißen Krempentrichterlings kommen in dieser Rasengesellschaft vor. Ab und zu trifft man sogar auf Hexenringe des Parasols oder Riesenschirmpilzes, eine gewöhnlich in lichten Wäldern wachsende Art.

Pilzgesellschaften auf Sonderstandorten

Tote, liegende Stämme und Äste besitzen ihre eigene Pilzflora. Sie ist verschieden je nach dem Alter des liegenden Holzes und seinem Zersetzungszustand, verschieden auch auf Laubholz und auf Nadelholz. Liegende Eichenstämme können weithin vom Striegeligen Schichtpilz und vom Echten Schmutzbecher besetzt sein. Auf Buchenholz stellen sich ein der Violette Schichtpilz, die Gebuckelte Tramete, der Striegelige Porling, der Zinnoberporling, der Gegabelte Hörnling. Fichten und Tannen können ganz und gar vom Gemeinen Violettporling überzogen sein. Ihm folgt häufig der Rotrandige Baumschwamm.

Stümpfe der Laub- und Nadelbäume sind Substrate, auf denen holzzerstörende Pilze wachsen. Deshalb wurde die Abfolge der schädlichen Arten gründlich untersucht. Auf Buchenstümpfen machen der Fleischrote Gallertbecher und der Gemeine Spaltblättling den Anfang. Es folgen Porlinge, am häufigsten der Schmetterlingsporling. An Blätterpilzen wachsen das Stockschwämmchen, der

Einer der häufigen Frühbesiedler von Buchenstümpfen ist der Violette Schichtpilz. Er bereitet die Nachfolge von anderen Pilzarten vor

Auf diesem stärker zersetzten Eichenstumpf hat sich der Schmetterlingsporling breitgemacht. Rechts daneben wächst der Herbe Knäueling

Grünblättrige oder der Ziegelrote Schwefelkopf, regelmäßig auch der Wurzelnde Schleimrübling. An Eichenstümpfen ist der Eichenwirrling, eine Porlingsart, sehr häufig. Ebenso kommt hier regelmäßig der Herbe Knäueling vor. An Fichtenstümpfen gedeihen der Wurzelschwamm, der Fenchelporling, der Rauchblättrige Schwefelkopf und, in manchen Jahren in Riesenmengen, der Hallimasch. Auf Nadelholz findet sich die dunkelschuppige Form mit weißem, wattigem Schleier. Einige Kiefernstumpfpilze sind der Kiefernporling, Kiefernfältling und der Wurzelnde Schwefelkopf. Nur auf Tannenstümpfen im Kalkgebiet wächst der Tannenstielporling.

Brandstellen größeren Ausmaßes entstehen durch Waldbrände. Auf ihnen siedelt sich eine Pilzgesellschaft an, die sich scharf von dem Artenbestand der unversehrten Umgebung unterscheidet. Um sie zu studieren, genügen die quadratmetergroßen Brandstellen auf Schlagflächen, wo Holz- und Rindenabfälle verbrannt wurden. „Kohlenpilze" gibt es in vielen Gattungen, so den Kohlenbecherling, Kohlenflämmling, Kohlentrichterling, Kohlentintling. Doch auch Spitzmorcheln besiedeln Brandflächen.

Wuchsorte eigener Art sind auch Dungstellen, Losung von Wildtieren, auf Felder und Wiesen ausgebrachter Stallmist, Kot von Weidetieren oder die Dungstätten bei Bauernhöfen. Tintlinge und Düngerlinge stellen den Hauptanteil der auf Dung spezialisierten Arten; aber auch kleine, unscheinbare Becherlinge gehören dazu. Wie auf vermodernden Baumstümpfen gibt es auf verrottendem Tierkot eine Abfolge (Sukzession) einander ablösender Pilzarten. So stehen beispielsweise Düngerling und Träuschling am Anfang, der Schopftintling und der Goldmistpilz am Ende einer solchen Reihe.

Nährstoffreiche Rasenflächen, auch in Vorgärten, sind oft von Schopftintlingen übersät

Unter Pilzen gibt es einen Parasitismus besonderer Art. Einige Pilzarten wachsen ausschließlich auf anderen Pilzen. Die Zungenförmige und die Kopfige Kernkeule parasitieren stets auf Hirschtrüffeln und verraten durch ihre schwarzen Fruchtkörper ihre unterirdisch lebenden Wirte. Auf Kartoffelbovisten lebt der Schmarotzerröhrling und, viel seltener vorkommend, auf der Graukappe der Parasitische Scheidling.

Sonderlinge unter den Pilzen sind auch die Adermooslinge, kleine, graue, seitlich an lebenden Moosen angeheftete Blätterpilzchen. Auf toten Schmetterlingspuppen und Wespen leben zierliche Kernkeulen, und sogar auf Hornresten siedelt sich ein Spezialist an, die *Oxygena equina*, ein Schlauchpilz. Seine Fruchtkörperchen sind nur wenige Millimeter hohe, gestielte, bräunliche Köpfchen.

Spezialisten sind auch jene Pilze, die in den extrem sauren Mooren, in den Torfmoosrasen und Torfmoospolstern leben. Es sind vor allem dünnstielige Blätterpilze, zum Beispiel das Sumpfgraublatt, der Langstielige Schwefelkopf und der Sumpfnabeling. Mit dem Sumpfhaubenpilz und dem sehr seltenen Torfgallertbecherling sind auch die Schlauchpilze hier vertreten.

Schon diese wenigen Beispiele zeigen, wie die Pilze durch Anpassung auch an extreme Lebensbedingungen alle nur denkbaren organischen Nahrungsquellen zu erschließen vermögen und damit überall am Abbau und an der Wiederaufbereitung aller von Organismen erzeugten Naturstoffe beteiligt, wenn nicht sogar allein dazu befähigt sind.

Die Verbreitung der Pilze

Die Zahl der Großpilze schätzt man in Europa auf etwa 3500 Arten. In den übrigen Erdteilen dürfte sie ein Mehrfaches dieser Zahl betragen. Weltweit verbreitet sind nur wenige Pilze, zum Beispiel der Schmetterlingsporling und der Gemeine Spaltblättling. Demgegenüber gibt es sehr viele Pilze mit einem eng begrenzten Areal. Manchmal kennt man überhaupt nur einen einzigen Fundort: So kommt der Trockene Schwindling, *Marasmius siccus,* in Europa nur an einer Stelle in Finnisch-Lappland vor. Die Verbreitungsgrenzen selbst häufiger Arten kannte man bis in die neuere Zeit hinein nur sehr ungenau. Deshalb wurde auf dem Europäischen Mykologenkongreß in Prag 1960 ein Komitee gegründet, das die Kartierung der Großpilze Europas in die Wege leiten und deren Durchführung koordinieren sollte. Die Karten, die bis heute vorliegen, erfassen über 200 Arten und geben so bereits ein zutreffendes Bild vom Vorkommen der Pilze in Mitteleuropa.

Man sollte annehmen, daß sich die als häufig geltenden Pilzarten in Mitteleuropa überall finden lassen, wobei etwa Waldpilze dort naturgemäß spärlicher zu erwarten sind, wo die Landschaft von Wiesen und Feldern beherrscht wird. Aber sie kommen dann doch in den wenigen Waldinseln vor. Rettichhelmling, Violetter Rötelritterling und Rotfußröhrling sind solche Allround-Waldpilze.

Es gibt aber auch viele Pilze, die selbst in waldreichen Gebieten, die sich aus unterschiedlichsten Baumbeständen zusammensetzen und stark wechselnde Bodenverhältnisse haben, nur selten auftreten; trotz intensiver Suche sind von ihnen nur ganz wenige Fundplätze bekannt. Solche Pilze, wie der Rosenrote Baumschwamm oder der Adernleistling, konnten in dieses Buch nicht aufgenommen werden. Sie kommen dem Pilzsucher nämlich kaum jemals in die Hände.

Anders steht es mit jenen Arten, die in Mitteleuropa ihre Verbreitungsgrenze erreichen.

Hier hält der Gemeine Spaltblättling einen liegenden Buchenstamm in ganzer Länge besetzt. Die Lamellen des ziemlich zähen Pilzes sind in einzigartiger Weise an der Schneide gespalten. Der Pilz ist trockenresistent, und er kommt in allen Klimaten vor

Der Leuchtende Ölbaumpilz gehört der Flora des Mittelmeerraumes an. Nördlich der Alpen sind nur wenige Fundorte bekannt

Der Rostrote Lärchenröhrling ist streng an Lärchen gebunden; seine schön gefärbten Fruchtkörper erscheinen aber nur auf Kalkböden

Bis zu dieser kann man sie verhältnismäßig häufig finden. Beispiele dafür sind der Bergporling und die Abgestutzte Keule. Von Süden und Westen erreichen Mitteleuropa gerade noch der Ringlose Hallimasch und der Leuchtende Ölbaumpilz, von Osten der Haarstern, von Norden der Grindige Schüppling.

Es gibt viele Pilze, die an bestimmte Baumarten gebunden sind. Sie können nur dort vorkommen, wo es auch die entsprechenden Bäume gibt. Das gilt unter anderen für den Tannenstielporling und den Blutroten Borstenscheibling, die beide nur auf Tannenholz wachsen können. Unter den Milchlingen ist der Eichenreizker ein auffälliges Beispiel: Er ist streng an Eichen gebunden.

Mitunter nimmt eine Pilzart ein engeres Gebiet ein als der zugehörende Baum, dann nämlich, wenn der Pilz höhere Ansprüche an Boden oder Klima oder an beide stellt als der Baum. Man kennt kalkholde Pilze, die zwar streng an die Lärche gebunden, doch nur dort anzutreffen sind, wo Kalk- oder Mergelboden den Untergrund bilden, somit auf sauren Kieselsand- und Moorböden fehlen. Eine solche Art ist der Rostrote Lärchenröhrling. Umgekehrt findet man den Kuhröhrling nie auf Kalk, sondern nur auf sauren Böden. Innerhalb des Kiefernareals schließen sich also die beiden aus: Sie sind vikariierende Arten. Auch der Gedrungene und der Tränende Täubling sind solche vikariierende Arten: der erste nur auf Kalk, der andere nur auf Sand.

Aber auch die Temperatur hat Einfluß auf das Vorkommen der Pilze. Es gibt Pilze, deren Myzelien niedere Temperaturen brauchen, um Fruchtkörper ausbilden zu können, und andere, die auf Wärme angewiesen sind. So erreichen wärmebedürftige Pilze Südeuropas im Norden allenfalls solche Gebiete, in denen noch der Weinbau möglich ist. Außer dem Kaiserling läßt sich dafür als Beispiel der Leuchtende Ölbaumpilz anführen. Der Europäische Wabenporling hält sich an dieselben wärmebegünstigten Gegenden, wo er an Laubholzästen aller Art gedeiht.

Unter alpinen Pilzen versteht man solche, die vornehmlich oder ausschließlich in der subalpinen bis alpinen Stufe wachsen. Einer von ihnen ist der Alpenspeitäubling, ein anderer der Gelbe Flechtennabeling. Beide kommen auch im subarktischen Nordeuropa vor.

Sonderstandorte von ungewöhnlicher Beschaffenheit bedingen es, daß gewisse Pilzarten zwangsläufig selten sind. So haben Hochmoore ihre besondere Pilzflora. Verbreitungskarten etwa vom Gelben Graustieltäubling oder vom Sumpfgraublatt müssen daher Lükken aufweisen, wo Moore fehlen. Man sollte meinen, daß die Pilze des offenen Bodens, auf Ödland und an gedüngten Rasenstellen überall die gleichen Lebensbedingungen vorfinden. Aber die Weichritterlinge, Tintlinge, Düngerlinge und andere, die auf solche Orte spezialisiert sind, weisen dennoch recht unterschiedliche Verbreitungsbilder auf. Da gibt es den Beringten Düngerling, der auf Kuhfladen, jedoch nur in höheren Berglagen, auftritt. Im Tiefland ist er weithin unbekannt, obwohl es auch hier genug Weidevieh gibt. Zu den auffälligen Pilzen im Wegrandschotter gehört der hübsche Goldfellschüppling. Trotz der anscheinend fast überall gegebenen Voraussetzungen kommt der Pilz nur an wenigen Stellen und weit verstreut vor. Warum das so ist, weiß man noch nicht.

Erweist sich schon die mitteleuropäische Pilzflora regional als erheblich verschieden, so werden die Unterschiede immer größer, je weiter man sich in Europa von der Mitte entfernt. Im atlantischen Westeuropa gibt es auch in den Wintermonaten regelmäßig fleischige Pilze. Es handelt sich dabei vorwiegend um Humuszersetzer wie Graukappen, Trichterlinge, Helmlinge; auf Wiesen und Weiden zeigen sich Boviste und Egerlinge. Baumbegleiter, die in Symbiose leben, halten sich allerdings auch hier an den Rhythmus, den der Baum vorgibt: Ihre Fruchtkörper erscheinen je nach Pilzart im August, September oder Oktober, die Röhrlinge früher, die Schleierlinge später.

In den Dünen begegnet man einer zwar artenarmen, aber sehr bezeichnenden Pilzvegetation mit Arten der Gattungen Rißpilz, Faserling, Egerling, Lackpilz, die alle anderswo nicht vorkommen. Besonders auffällig ist die Dünenstinkmorchel; ihr Hexenei ist lilarosa gefärbt.

In den südlichen Breiten Europas überraschen den Pilzfreund bereits im ersten Frühjahr im Gefolge der Winterregen außer verschiedenen Morcheln sogar Ziegenbärte und Pfifferlinge. Den prächtigen Gitterling findet man in Südfrankreich ebenso regelmäßig wie den Frühlingsknollenblätterpilz. Von Mai bis September herrscht absolute Flaute: Die Sommerdürre hat auf die Pilze dieselbe Wirkung wie die winterliche Schneedecke in Mittel- und Nordeuropa.

Anklänge an die Pilzflora des Mittelmeerraumes zeigen die Oberrheinebene, die Täler am Südfuß der Alpen und das Wiener Becken. Hier bemerkt man aber auch Elemente der osteuropäischen Pilzflora. So nimmt die Zahl der Erdsternarten gegen Osten deutlich zu. Ausgesprochene Steppenpilze kennzeichnen die Tiefebenen Ungarns. Auf den Salzwiesen stehen riesige weiße Hüte mit groben Schuppen: Es sind Salzwiesenchampignons, und in den letzten Überresten der einstigen Pußta stehen wahrhaft abenteuerliche Gestalten der Gattungen *Montagnites, Gyrophragmium* und *Battarea.* Sie stecken mit langen, harten Stielen im Sand und lassen rätseln, ob es Blätterpilze oder gestielte Boviste sind.

Im nördlicheren Osteuropa nähert sich die Pilzflora immer mehr der mitteleuropäischen an. Erst in Skandinavien, wo sich die sommerliche Vegetationszeit praktisch auf drei Monate beschränkt, wo Eiche, Rotbuche und Hainbuche ihre Nordgrenze finden und wo im hohen Norden nur noch Zwergbirken und Kriechweiden den wenige Zentimeter hohen Pilzwald bilden, ändert sich vom Süden her das Aussehen der Pilzflora mehr und mehr. Beeindruckend wirken in den endlosen Wäldern die Massenvorkommen von Milchlingen, Täublingen, Röhrlingen, von Ritterlingen, Trompetenpfifferlingen, dazu in großer Zahl an stehendem und liegendem Faulholz die verschiedensten Baumschwämme – und nicht zu vergessen die prächtigen Fliegenpilze.

Wie man Pilze bestimmt

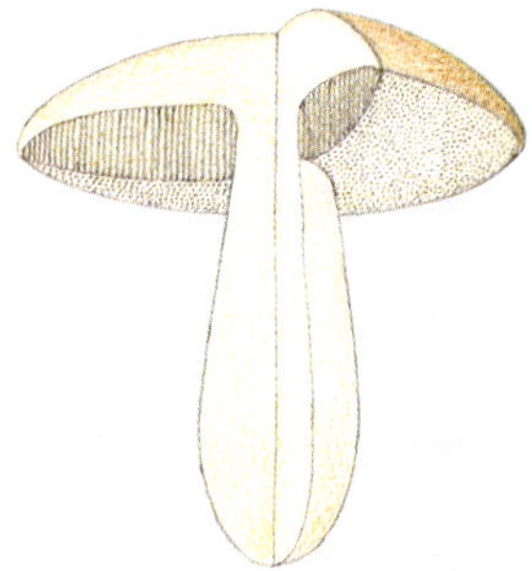

Abb. 1 Röhrenschicht mit Poren

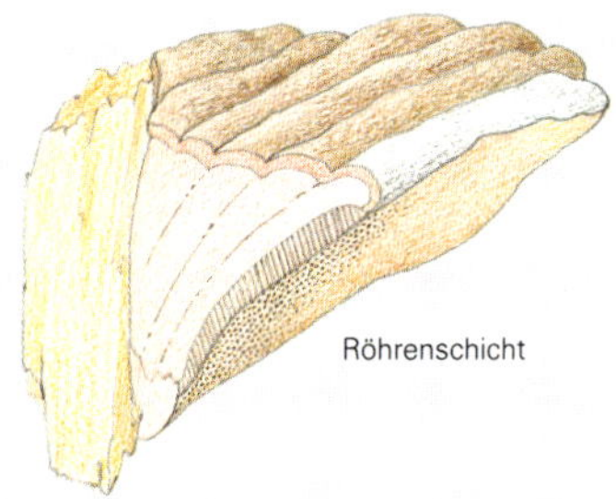

Abb. 2 Fruchtkörper als Konsole

Wenn man einen Pilz gefunden hat, den man nicht kennt, kann man ihn zu bestimmen versuchen, indem man den Hauptteil des Buches durchblättert, bis man die entsprechende Abbildung gefunden hat. Wichtig ist dann nur, daß man die auf den ersten Blick festgestellte Identität überprüft. Dazu sollte man den Text aufmerksam lesen und auf die angeführten Merkmale achten. Manche Pilze haben Doppelgänger; entsprechenden Hinweisen sollte man nachgehen und auf den speziellen Pilztafeln die Unterscheidungsmerkmale anschauen. Wenn man jedoch systematisch bei der Identifizierung vorgehen möchte, sollte man unbedingt den Bestimmungsschlüssel benutzen.

Wie man den Bestimmungsschlüssel benutzt

Im Bestimmungsschlüssel sind die Pilze nach sichtbaren Kennzeichen in sieben Gruppen eingeteilt. Diese Kennzeichen sind Unterschiede in den Formen der Fruchtkörper und in der Ausgestaltung ihrer Oberfläche. Die sieben Gruppen stellen keine verwandtschaftlich zusammengehörenden Einheiten dar, da diese durch mikroskopische Merkmale festgelegt sind.

Um einen Pilz zu bestimmen, geht man die sieben Gruppen der Reihe nach durch, bis man die passende Gruppe gefunden hat. Dann führt der zu dieser Gruppe gehörende Teil des Bestimmungsschlüssels weiter. Der Schlüssel leitet nach Art des anschließend aufgeführten Beispiels zum Namen der Pilzgattung, welcher der zu bestimmende Pilz angehört. Der hier verwendete deutsche Gattungsname tritt im Hauptteil des Buches nicht immer auf, weil Volksnamen oft den Namen der Gattung nicht enthalten. Man schlägt dann die dort angegebenen Seiten im Hauptteil des Buches auf und vergleicht die hier abgebildeten und beschriebenen Arten der ermittelten Pilzgattung mit dem Pilz, den man bestimmen möchte.

Die sieben Gruppen sind:

I Pilz unten mit einer Röhrenschicht; Röhrenmündungen (Poren) nadelstichfein, rundlich oder größer und eckig

II Pilz unten mit strahlig angeordneten Blättchen (Lamellen)

III Pilz unten dicht mit weichen Stacheln besetzt

IV Pilz mit deutlich abgesetztem Stiel und sehr verschieden geformtem Kopfteil, ohne Röhren, Lamellen oder Stacheln

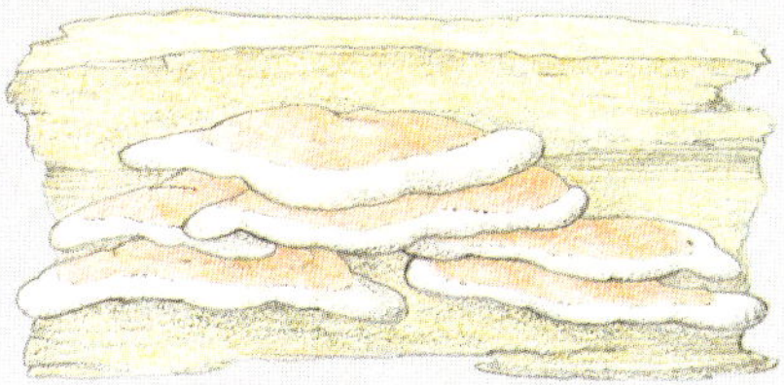
Abb. 3 Pilz dachziegelig

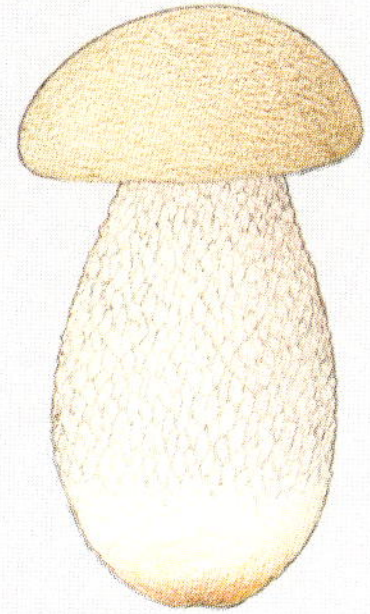
Abb. 4 Stiel fein genetzt

Abb. 5 Stiel mit Ring

V Pilz ohne Stiel, kugelig, birnenförmig, knollig oder kreiselförmig

VI Pilz keulenförmig, gefingert, strauchartig verzweigt oder korallenartig verästelt

VII Pilz flach hautartig oder krustenförmig aufgewachsen oder schalen-, becher-, krug- oder ohrförmig, ohne oder mit kurzem Stiel oder gelatineartig und dann gehirnartig wulstig gewunden oder lappig gefaltet

Wie man den Schlüssel benützt, ist nachfolgend am Beispiel des Fliegenpilzes dargestellt. Zur Bestimmung sollte man womöglich ein jüngeres und ein voll entwickeltes Exemplar der Art in Händen haben.

Der Fliegenpilz hat unter dem Hut strahlig angeordnete Blättchen, gehört somit der Gruppe II an. Der Gruppenschlüssel II führt von 1 a nach 6. Der in Längsfasern zerlegbare Stiel ohne Milchsaft ist bei 6 b erfaßt. Von dort wird auf 8 verwiesen, wo der Sporenstaub beschrieben ist: Legt man den abgeschnittenen Hut auf weißes, bei Pilzen mit weißen Lamellen auf hellblaues Papier, dann wird nach zwei bis vier Stunden die Farbe des angehäuften Sporenstaubs sichtbar. Zumeist erlaubt schon die Farbe sporenreifer Lamellen einen Schluß auf die Farbe des Sporenstaubs. Diese erweist sich beim Fliegenpilz als weiß und führt über 9 a und 10 a, unterstützt durch die Abbildungen 14 und 15, zu 19 a: Lamellen frei (Abb. 18), Wulstling, *Amanita*. Beim Vergleich der sieben Wulstlingstafeln im Buch ist der Fliegenpilz dann leicht auszumachen.

Fast alle Gattungen enthalten mehr Arten, als im Buch aufgenommen werden konnten. Es kann also vorkommen, daß ein als Wulstling richtig bestimmter Pilz keiner der sieben abgebildeten Arten genau entspricht. Man hat es dann mit einem der übrigen 21 mitteleuropäischen Wulstlinge zu tun. Pilzgattungen und -arten ohne Seitenangabe sind im Hauptteil des Buches nicht behandelt.

GRUPPE I:
Pilz unten mit einer Röhrenschicht; Röhrenmündungen (Poren) nadelstichfein, rundlich oder größer und eckig
(Abb. 1 und 2)

1 a Pilz mit ringsum gerandetem Hut und davon deutlich abgesetztem Stiel: → 2

b Pilz mit kurzem, exzentrischem oder seitlichem Stiel, der in den Hut übergeht, oder als Konsole (Abb. 2) ganz ohne Stiel dem Substrat, meist Holz, ansitzend: → 3

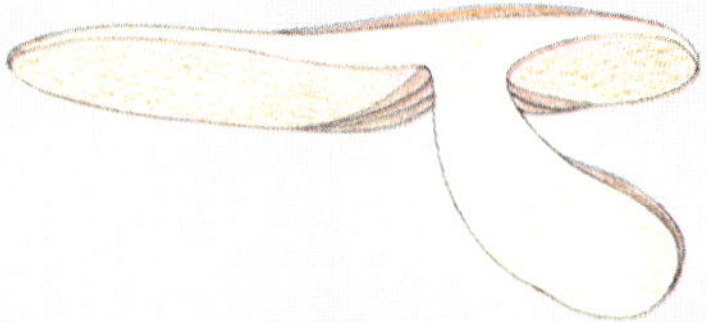

Abb. 6 Stiel exzentrisch

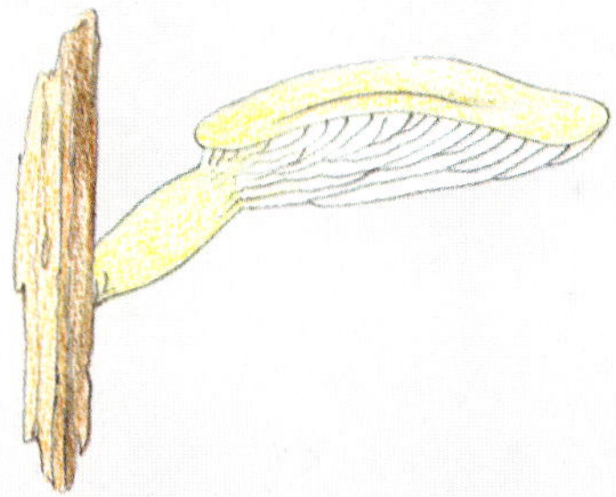

Abb. 7 Pilz seitlich ansitzend

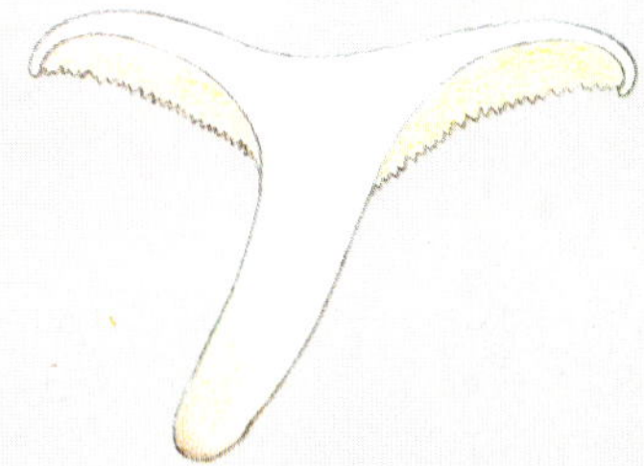

Abb. 8 Lamellen gesägt

2 a Pilz weichfleischig, Röhrenschicht vom Hut ablösbar (Abb. 1), fast nur auf dem Erdboden: → 13

b Pilz korkig zäh, Röhrenschicht nicht ablösbar, meist an Holz: Stielporling, *Polyporus,* Seite 219

(Auf dem Erdboden, Hut trichterförmig, konzentrisch gezont, braun: Dauerporling, *Coltricia*)

3 a Viele fast zentral gestielte Hütchen zu einem blumenkohlähnlichen Gebilde vereinigt: Vielhüter, *Grifola,* Seite 224

b Hüte zu wenigen verwachsen oder einzelnstehend: → 4

4 a Pilz auf dem Erdboden: Erdporling, *Scutiger* und *Albatrellus,* Seite 223

b Pilz an Holz: → 5

5 a Hut kurzgestielt, auffallend schuppig: Stielporling, Seite 218

b Hut ungestielt, konsolenförmig (Abb. 2), dachziegelig (Abb. 3) oder einzeln ansitzend: → 6

6 a Pilz jung mehr oder weniger saftig, leicht zerreißbar: → 7

b Pilz von Anfang an lederig, korkig oder holzig: → 8

7 a Fleisch rotsaftig: Reischling, *Fistulina,* Seite 227

b Fleisch weiß, blaßgelb, bald wergig: schön orangegelb, Röhrenschicht schwefelgelb, dachziegelig, an verschiedenen Laubbäumen: Schwefelporling, *Laetiporus,* Seite 226
(Konsolen mit gelbbrauner, weichlederiger Haut, nur an Birken: Birkenporling, *Piptoporus,* Seite 225)

8 a Substanz rostbraun: → 9

b Substanz weiß, gelblich oder zinnoberrot: → 10

9 a Derbknollige Konsolen (Abb. 2), oft an stehenden Stämmen: Braunporling, *Phellinus,* beim Blutroten Borstenscheibling, Seite 233

b Kleinere Konsolen, unten löcherig bis lamellig: Braunblättling, *Gloeophyllum,* Seite 229

10 a Große Konsolen mit harter, oft rissiger Kruste: Mehrjährige Porlinge, Seite 230–232

b Mittelgroße Konsolen ohne Kruste, kahl, samtig oder filzig: → 11

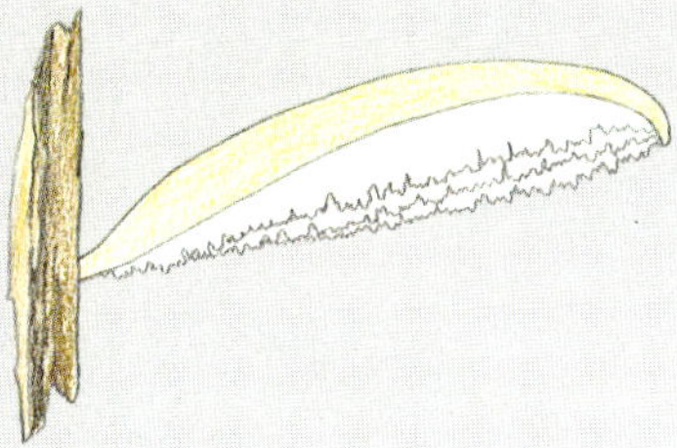

Abb. 9 Lamellen gesägt, zerrissen

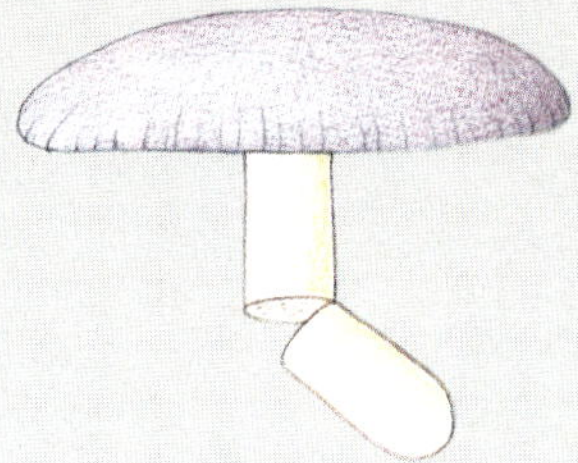

Abb. 10 Stiel querbrechend

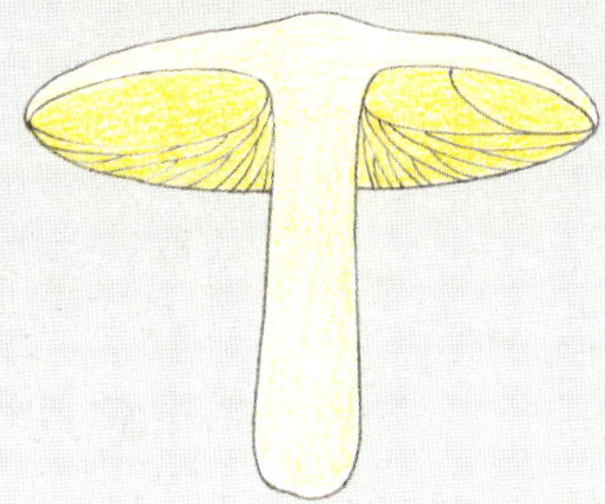

Abb. 11 Lamellen auf der Hutunterseite

11 a Substanz weiß, gelblich oder blaßbraun: → 12
b Substanz zinnoberrot: Zinnobertramete, *Pycnoporus*, beim Birkenporling, Seite 225

12 a Pilz unten mit Röhrenschicht: Korkporling, *Coriolus*, Seite 228
b Pilz unten ganz oder fast ganz lamellig: Blättling, *Lenzites*, beim Birkenporling, Seite 225

13 a Fleisch verfärbt sich nach Bruch: → 14
b Fleisch verfärbt sich nach Bruch nicht: → 23

14 a Fleisch und Röhren werden blau: → 15
b Fleisch verfärbt sich anders: → 20

15 a Röhren orange-, blut- bis purpurrot: Dickröhrling, *Boletus*, Seite 58–63
b Röhren gelb oder olivgrün: → 16

16 a Stiel fein genetzt (Abb. 4): → 17
b Stiel ohne Netzzeichnung: → 19

17 a Netz auf rotem Grund, Fleisch bitter: Dickröhrling, *Boletus*, Seite 57
b Netz auf gelbem Grund: → 18

18 a Hut blutrot: Königsröhrling, *Boletus regius*
b Hut braun: Anhängselröhrling, *Boletus appendiculatus*

19 a Fleisch verfärbt sich langsam hellblau: Filzröhrling, *Xerocomus*, Seite 64–65
b Fleisch wird sofort schwarzblau, Hut klebrig: Schwarzblauender Röhrling, *Boletus pulverulentus*
(Fleisch wird sofort kornblumenblau, Hut gelb, uneben: Kornblumenröhrling, *Gyroporus cyanescens*)

20 a Hut und Stiel schwarzbraun: → 21
b Hut und Stiel anders gefärbt: → 22

21 a Hut grobschuppig, Stiel mit Ring: Strubbelkopf, *Strobilomyces*, Seite 76
b Hut kahl, Stiel ohne Ring: Porphyrröhrling, *Porphyrellus pseudoscaber*

22 a Stiel ruppig rauhschuppig, Grundfarbe weiß: Rauhfußröhrling, *Leccinum*, Seite 66–67
b Ähnlich dem Hainbuchenröhrling, Seite 67, aber Grundfarbe gelb und Röhren gelb: Gelber Rauhfußröhrling, *Leccinum crocipodius*

Abb. 12 Stiel in Längsfasern zerteilbar

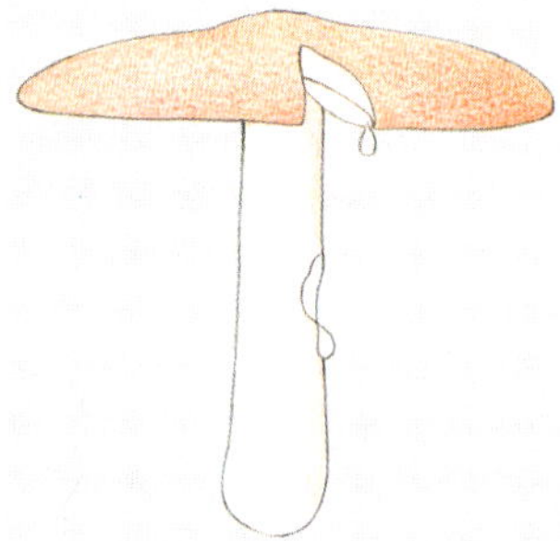

Abb. 13 Fleisch und Lamellen mit Milchsaft

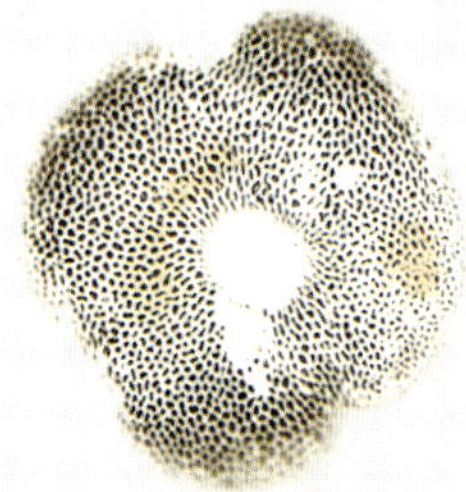

Abb. 14 Beispiele von farbigem Sporenstaub

23 a Stiel mit Ring (Abb. 5): → 24
b Stiel ohne Ring: → 25

24 a Hut dachziegelig schuppig: Hohlfußröhrling, *Boletinus,* Seite 68
b Hut glatt, schmierig: Schmierröhrling, *Suillus,* Seite 69–70

25 a Röhren rostgelb, Fleisch gelb, Geschmack scharf: Pfefferröhrling, *Chalciporus,* Seite 75
b Röhren nicht rostgelb: → 26

26 a Röhren weiß, werden fleischrosa, Fleisch bitter: Gallenröhrling, *Tylopilus,* Seite 63
b Röhren weiß oder gelb, werden olivgrün: → 27

27 a Stiel mit feiner Netzzeichnung (Abb. 4): Dickröhrling, *Boletus,* Seite 52–55
b Stiel ohne Netzzeichnung: → 28

28 a Hut samtig: Ziegenlippe, *Xerocomus subtomentosus,* beim Rotfußröhrling, Seite 65
b Hut schmierig: Schmierröhrling, *Suillus,* Seite 71, 73, 74

Gruppe II:

Pilz unten mit strahlig angeordneten Blättchen (Lamellen) (Abb. 11)

1 a Pilz mit Hut und mittelständigem Stiel: → 6
b Pilz mit Hut und stark exzentrisch bis seitlich stehendem Stiel (Abb. 6 und 7) oder ungestielt, meist an Holz: → 2

2 a Substanz von Anfang an sehr zäh, korkig, Pilz seitlich als Konsole ansitzend: → 5
b Substanz weniger zäh, zerreißbar oder fleischig: → 3

3 a Pilz seitlich, mehr oder weniger dachziegelig ansitzend, fleischig, später wergig: Seitling, *Pleurotus,* Seite 216

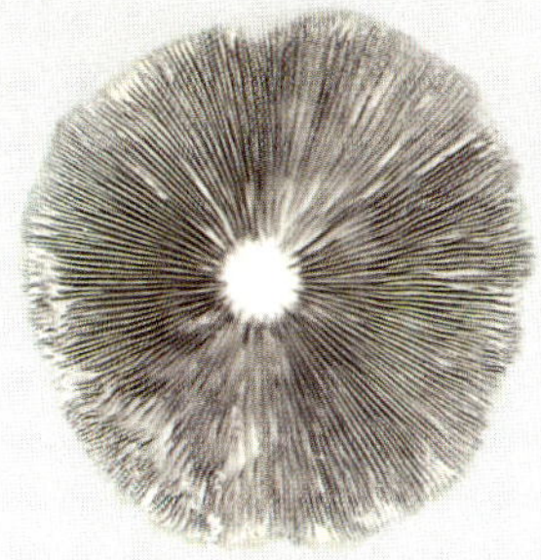

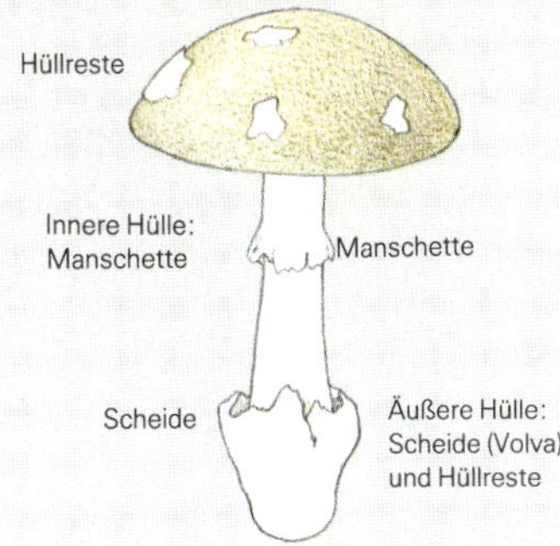

Abb. 15 Pilz mit zwei Hüllen

b Pilz exzentrisch gestielt, öfters büschelig: → 4

4 a Lamellen weiß, ganzrandig: Knäueling, *Panus,* Seite 217

b Lamellen gesägt oder zerrissen (Abb. 8 und 9): Sägeblättling, *Lentinus,* beim Getigerten Knäueling, Seite 217 (Hut fuchsrot, Pilz stark nach Anis riechend: Anis-Sägeblättling, *Lentinellus cochleatus)*

5 a Substanz und Lamellen weiß: Blättling, *Lenzites,* beim Birkenporling, Seite 225

b Substanz rostgelb, Lamellen rostbraun: Braunblättling, *Gloeophyllum,* Seite 229

6 a Stiel mürbfleischig, querbrechend (Abb. 10), nicht in Längsfasern zerteilbar, Lamellen brüchig splitternd, Pilz mit oder ohne Milchsaft: → 7

b Stiel in Längsfasern zerteilbar (Abb. 12), Hutfleisch und Lamellen stets ohne Milchsaft: → 8

7 a Fleisch und Lamellen im Anbruch mit Milchsaft (Abb. 13): Milchling, *Lactarius,* Seite 95–107

b Fleisch und Lamellen ohne Milchsaft: Täubling, *Russula,* Seite 81–94 (Mild, nußartig schmecken die Pilze auf Seite 81–89, fast mild der Dickblättrige Schwärztäubling, Seite 94, scharf die Pilze auf Seite 90–93)

8 a Sporenstaub weiß, selten ganz schwach gelblich oder rötlich getönt (Abb. 14): → 9

b Sporenstaub farbig (Abb. 14): → 41

9 a Pilz mit einer oder zwei Hüllen (Abb. 16, Abb. 15): → 10

b Pilz ohne Hülle: → 21

10 a Pilz mit zwei Hüllen: → 19

b Pilz nur mit einer Hülle: (Abb. 16, Abb. 17): → 11

11 a Nur eine äußere Hülle vorhanden: Streifling, *Amanita,* Seite 130

b Nur eine innere Hülle vorhanden (Abb. 17, Abb. 21): → 12

12 a Hut angefeuchtet schmierig: → 13

b Hut angefeuchtet nicht schmierig: → 15

13 a Lamellen frei (Abb. 18): Schmierschirmling, *Limacella,* Seite 135

b Lamellen am Stiel angewachsen (Abb. 19): → 14

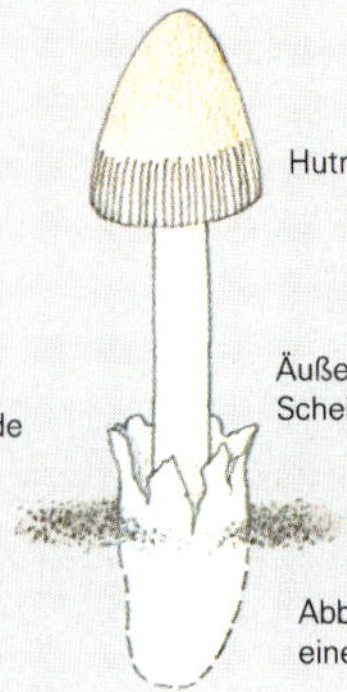

Abb. 16 Pilz mit einer äußeren Hülle

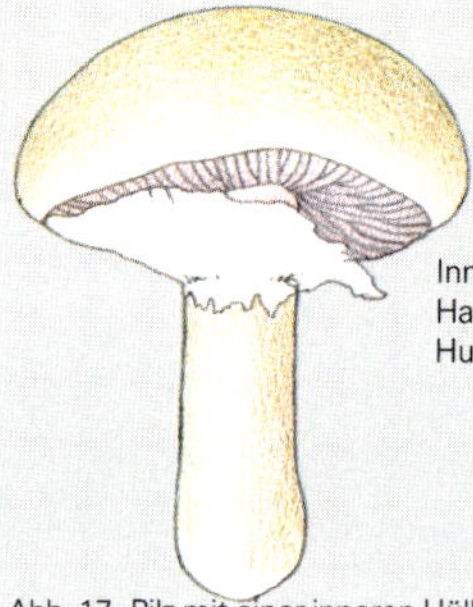

Abb. 17 Pilz mit einer inneren Hülle

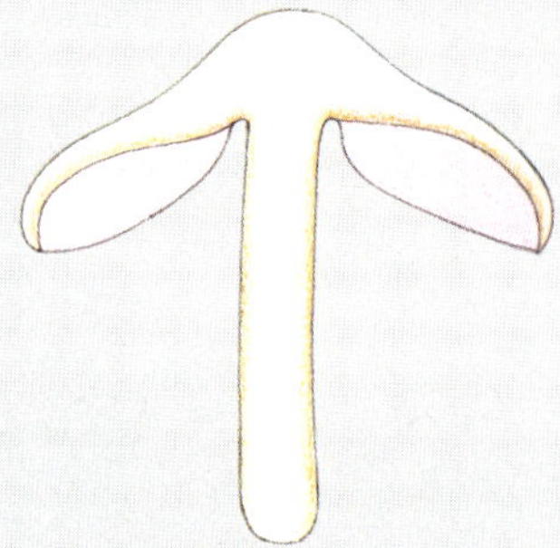
Abb. 18 Lamellen frei

14 a Lamellen am Stiel ausgebuchtet (Abb. 23): → 20
b Lamellen am Stiel herablaufend (Abb. 20): Schneckling, *Hygrophorus,* Seite 175
(Hut oliv, Lamellen und Stiel gelb, beringt: Frostschneckling, *Hygrophorus hypothejus,* beim Sandröhrling, Seite 72)

15 a Lamellen frei (Abb. 18): → 18
b Lamellen am Stiel angewachsen (Abb. 19): → 16

16 a Lamellen am Stiel herablaufend: Hallimasch, *Armillariella,* Seite 154
b Lamellen am Stiel nicht herablaufend: → 17

17 a Innere Hülle als Haarschleier (Abb. 21), Stiel gerandet knollig: Schleierritterling, *Leucocortinarius,* Seite 188
b Innere Hülle häutig, wie der Hut körnig bekleidet: Körnchenschirmling, *Cystoderma,* Seite 120

18 a Pilz groß, Hut schuppig, Ring am Stiel frei beweglich (Abb. 24): Großschirmling, *Macrolepiota,* Seite 115–116
b Pilz klein bis mittelgroß, kleinschuppig: Schirmling, *Lepiota,* Seite 117–119, und Glimmerschirmling, *Cystolepiota,* Seite 118

19 a Lamellen frei (Abb. 18): Wulstling, *Amanita,* Seite 122–129
b Lamellen herablaufend (Abb. 20): Möhrling, *Catathelasma,* Seite 156

20 a Pilz an Holz, Hut weiß bis hellgrau: Schleimrübling, *Oudemansiella,* Seite 161
b Pilz auf dem Erdboden, Hut braun: Halsbandritterling, *Tricholoma focale,* beim Fastberingten Ritterling, Seite 135

21 a Pilz an Holz oder Koniferenzapfen, oft im Boden verborgen: → 22
b Pilz auf dem Erdboden: → 29

22 a Kleine Pilze an Zapfen von Kiefern oder Fichten: Zapfenrübling, *Strobilurus,* Seite 163
(Zapfenhelmlinge, *Mycena seynii* und *M. strobilicola,* beim Flockenstieligen Helmling, Seite 167)
b Pilz an Holz: → 23

23 a Hut angefeuchtet schmierig: → 24
b Hut angefeuchtet nicht schmierig: → 25

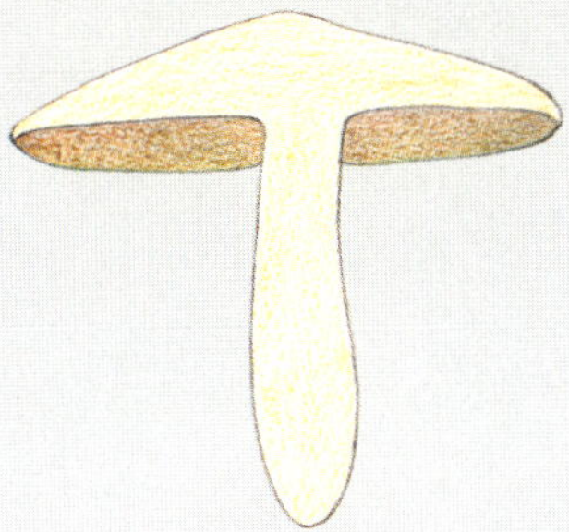

Abb. 19 Lamellen am Stiel gerade angewachsen

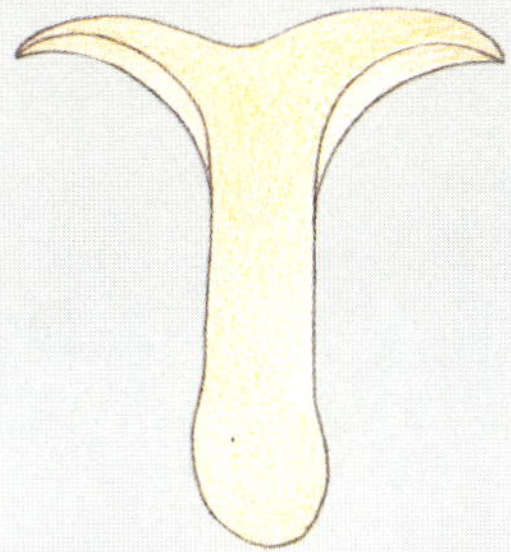

Abb. 20 Lamellen am Stiel herablaufend

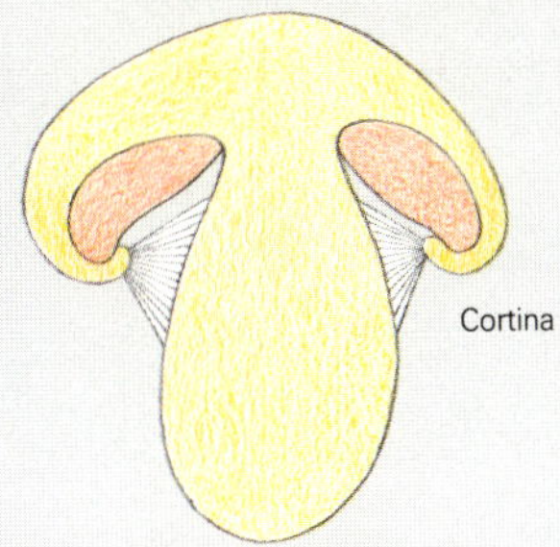

Abb. 21 Cortina: Haarschleier eines jungen Schleierlings

24 a Hut orangegelb, Stiel braunsamtig: Samtfußrübling, *Flammulina*, Seite 162
b Hut braun, Stiel sehr schlank: Wurzelnder Schleimrübling, *Oudemansiella radicata*, beim Beringten Schleimrübling, Seite 161

25 a Hut purpurfilzig oder olivbraunschuppig auf gelbem Grund: Holzritterling, *Tricholomopsis*, Seite 155
b Hut nicht filzig oder schuppig: → 26

26 a Hut grau, über 5 cm breit, Lamellen breit (Abb. 26): Holzrübling, *Megacollybia*, Seite 160
b Hut unter 5 cm breit: → 27

27 a Stiel sehr zäh, unten oder ganz braun: Schwindling, *Marasmius*, Seite 165
b Stiel nicht zäh, Pilze büschelig wachsend (Abb. 22): → 28

28 a Hut bald flach, Rand eingebogen (Abb. 27): Rübling, *Collybia*, Seite 159, und beim Gefleckten Rübling, Seite 158
b Hut kegelig, gebuckelt, Rand gerade (Abb. 28): Helmling, *Mycena*, beim Flockenstieligen Helmling, Seite 167

29 a Lamellen dick, wachsartig, meist entfernt stehend (Abb. 29): → 30
b Lamellen dünn, häutig, meist dichtstehend (Abb. 30): → 33

30 a Lamellen violett oder fleischrot: Lackpilz, *Laccaria*, Seite 153
b Lamellen andersfarbig oder weiß: → 31

31 a Stiel oben flockig punktiert oder fein überfasert, Hut schmierig: Schneckling, *Hygrophorus*, Seite 172–176
b Stiel oben glatt: → 32

32 a Hut schönfarbig rot, eigelb, grün, meist kegelig: Saftling, *Hygrocybe*, Seite 178–179
b Hut nicht auffallend farbig, meist flach, Lamellen herablaufend (Abb. 20): Ellerling, *Camarophyllus*, Seite 177

33 a Hut angefeuchtet schmierig, Lamellen ausgebuchtet (Abb. 23): → 40
b Hut angefeuchtet nicht schmierig: → 34

34 a Lamellen herablaufend (Abb. 20): → 35
b Lamellen ausgebuchtet (Abb. 23) oder gerade angewachsen (Abb. 19): → 36

35 a Lamellen fleischrot oder violett, dick-

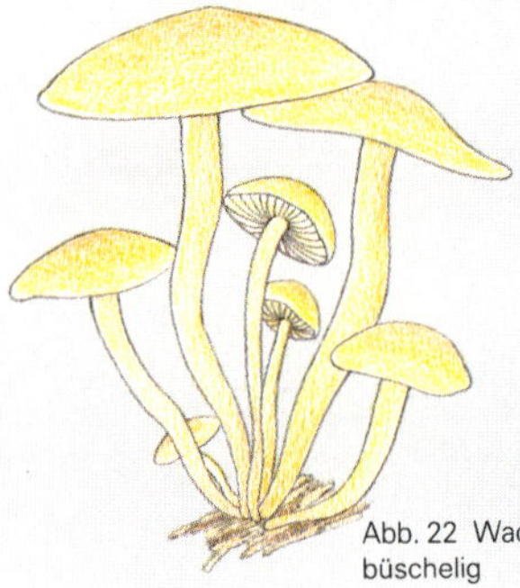

Abb. 22 Wachstum büschelig

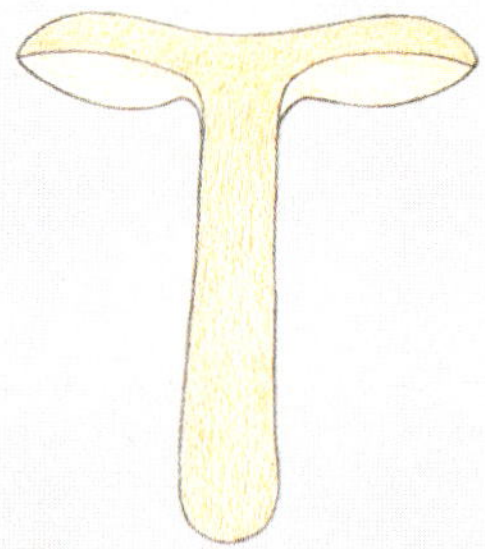

Abb. 23 Lamellen ausgebuchtet

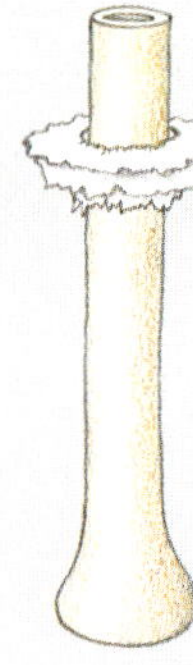

Abb. 24 Ring frei beweglich

lich, entferntstehend (Abb. 29): Lackpilz, *Laccaria,* Seite 153

b Lamellen andersfarbig oder weiß: Trichterling, *Clitocybe,* Seite 147–151, und beim Falschen Pfifferling, Seite 78, und Röteltrichterling, *Lepista,* Seite 139, und beim Kohlentrichterling, Seite 150

36 a Stiel röhrig, dünn (Abb. 31): → 37

b Stiel fleischig: → 39

37 a Hutrand beim jungen Pilz eingerollt, Hut verflacht (Abb. 32): → 38

b Hutrand beim jungen Pilz gerade (Abb. 28), Hut meist kegelig, Stiel gebrechlich bis zäh: Helmling, *Mycena,* Seite 166–168

38 a Stiel knorpelig bis hornartig, meist dunkel: Schwindling, *Marasmius,* Seite 164–165

b Stiel fest bis fast zäh, meist hellfarbig: Rübling, *Collybia,* Seite 157–159

39 a Hut schuppig (Abb. 25): Ritterling, *Tricholoma,* Seite 137–138

b Hut nicht schuppig: Ritterling, *Tricholoma,* Seite 136, und beim Grünling, Seite 134, dazu die makroskopisch schwer zu unterscheidenden Gattungen Rötelritterling, *Lepista,* Seite 141–142; Rasling, *Lyophyllum,* Seite 143; Schönkopf, *Calocybe,* Seite 144; Weichritterling, *Melanoleuca,* Seite 146

40 a Pilz im Habitus vom Weißmilchenden Helmling, Seite 168, aber Stiel gelb, mit abziehbarer, dehnbarer Schleimhaut: Überhäuteter Helmling, *Mycena epipterygia*

b Pilz viel kräftiger, Stielhaut nicht abziehbar: Ritterling, *Tricholoma,* Seite 134–135

41 a Sporenstaub gelb (Abb. 14), Pilz orangegelb, dottergelb, Lamellen gegabelt (Abb. 33), herablaufend (Abb. 20): Afterleistling, *Hygrophoropsis,* Seite 78 (Wenn Lamellen aderig, verzweigt: Leistling, *Cantharellus,* Seite 234–235)

b Sporenstaub anders gefärbt: → 42

42 a Sporenstaub rosa bis fleischrot (Abb. 14): → 43

b Sporenstaub anders gefärbt: → 46

43 a Häutige Außenhülle vorhanden, später als Volva am Stielgrund (Abb. 16):

Abb. 25 Hut schuppig

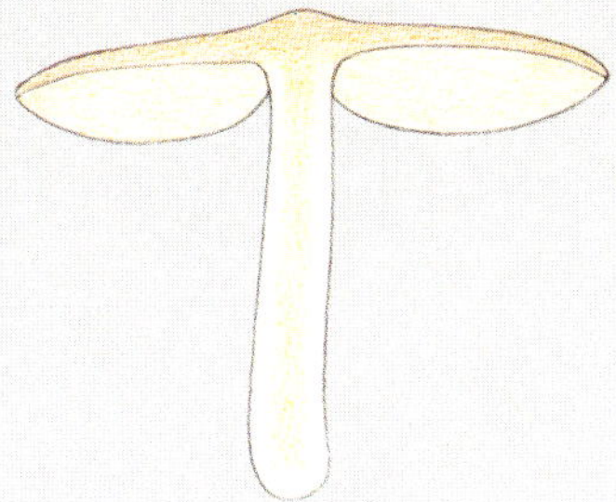

Abb. 26 Lamellen breit

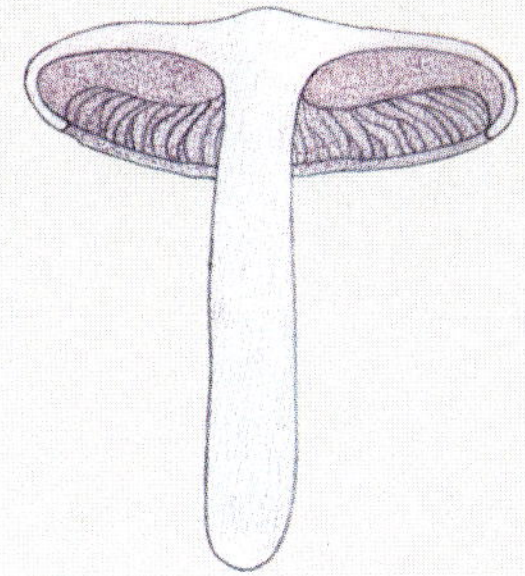

Abb. 27 Hutrand eingebogen

Scheidling, *Volvariella,* Seite 133
b Stiel ohne Volva: → 44

44 a Lamellen frei (Abb. 18), Pilz meist auf Holz: Dachpilz, *Pluteus,* Seite 132
b Lamellen nicht frei, Pilz meist auf dem Erdboden: → 45

45 a Hut weiß oder hellgrau, Stiel fleischig, Lamellen weit herablaufend (Abb. 20), Pilz auf dem Erdboden: Mehlräsling, *Clitopilus,* Seite 169
b Lamellen angewachsen (Abb. 19) oder ausgebuchtet (Abb. 23), höchstens kurz herablaufend: Rötling, *Entoloma,* Seite 170–171

46 a Sporenstaub braun (oliv-, lehm-, gelb-, rost-, dunkelbraun, Abb. 14): → 52
b Sporenstaub violettbraun oder schwarz: → 47

47 a Lamellen weit herablaufend (Ab. 20), Stiel mit Schleier, Sporenstaub schwarz: Gelbfuß, *Gomphidius,* Seite 79, und beim Kuhröhrling Seite 73; *Chroogomphus,* Seite 80
b Lamellen nicht herablaufend: → 48

48 a Sporenstaub schwarz: → 49
b Sporenstaub violettbraun bis schwarzviolett: → 50

49 a Hut über 3 cm breit, alt tintenartig zerfließend: Tintling, *Coprinus,* Seite 210–212
b Hut bis 3 cm breit, alt welkend: Tintling, *Coprinus,* Seite 213

50 a Hut angefeuchtet schmierig, Stiel mit häutigem Schleier (Abb. 17): Träuschling, *Stropharia,* Seite 200–201
b Hut angefeuchtet nicht schmierig: → 51

51 a Schleier (Velum) häutig (Abb. 17): Egerling, *Agaricus,* Seite 108–114
b Schleier spinnwebig, zartfaserig gewoben, vergänglich (Abb. 34): Schwefelkopf, *Hypholoma,* Seite 206–208, und Faserling, *Psathyrella,* Seite 214–215

52 a Sporenstaub trübbraun, lehmbraun (Abb. 14): → 57
b Sporenstaub rostgelb, rostbraun (Abb. 14): → 53

53 a Schleier (Velum) als Hautring (Abb. 17): → 54

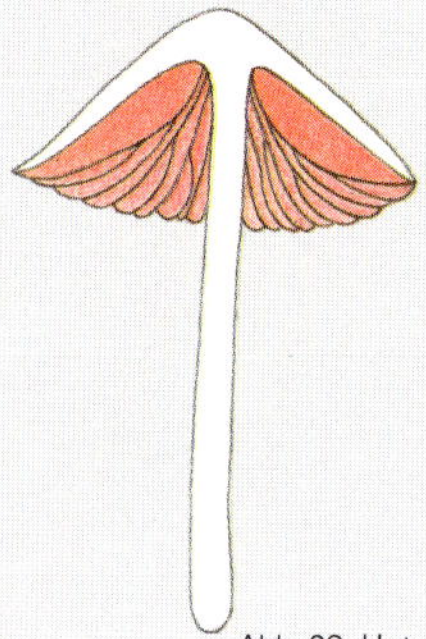

Abb. 28 Hutrand gerade

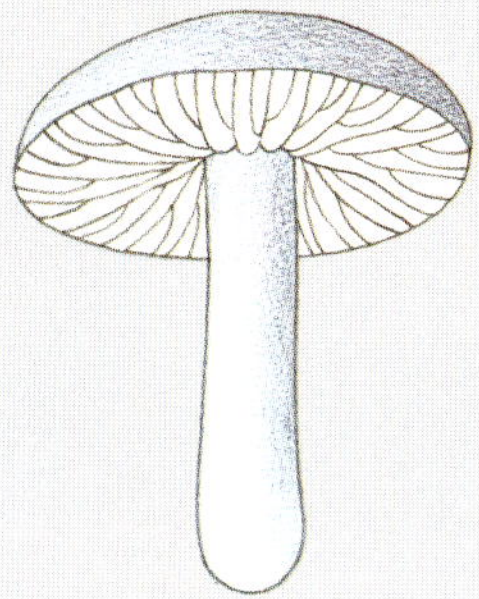

Abb. 29 Lamellen entferntstehend

Abb. 30 Lamellen dichtstehend

b Schleier spinnwebig (Abb. 21) oder fehlend: → 55

54 a Hut oder nur Stiel schuppig (Abb. 25), meist an Holz: Schüppling, *Pholiota*, Seite 202–203, beim Beringten Flämmling, Seite 198, und beim Ziegelroten Schwefelkopf, Seite 208; ebenso beim Stockschwämmchen, *Kuehneromyces*, Seite 204

b Hut bereift (Abb. 35), Pilz auf dem Erdboden: Reifpilz, *Rozites*, Seite 189

55 a Hut angefeuchtet schmierig: Schleimfuß und Schleimkopf, *Cortinarius*, Seite 180, 184, und beim Sandröhrling, Seite 72

b Hut angefeuchtet nicht schmierig: → 56

56 a Pilz an Holz: Nadelholzflämmling, *Gymnopilus*, Seite 197

b Pilz auf dem Erdboden: Schleierling, *Cortinarius*, Seite 181–183, 185–186, und Hautkopf, *Dermocybe*, Seite 187

57 a Stiel ohne Schleier, Lamellen herablaufend (Abb. 20), beim Zusammendrükken verschmierend, Sporenstaub olivbraun: Krempling, *Paxillus*, Seite 77

b Lamellen nicht herablaufend: → 58

58 a Schleier (Velum) spinnwebig (Abb. 21), flüchtig oder fehlend, dann Stiel oben fein mehlig: → 59

b Schleier (Velum) häutig, später als Ring am Stiel (Abb. 17): Ackerling, *Agrocybe*, Seite 209

59 a Hut angefeuchtet schmierig, sahnefarben, semmelgelb bis rotbraun: Fälbling, *Hebeloma*, Seite 195–196

b Hut faserig-rissig (Abb. 36), seidig oder feinschuppig, oft gebuckelt: Rißpilz, *Inocybe*, Seite 191–194

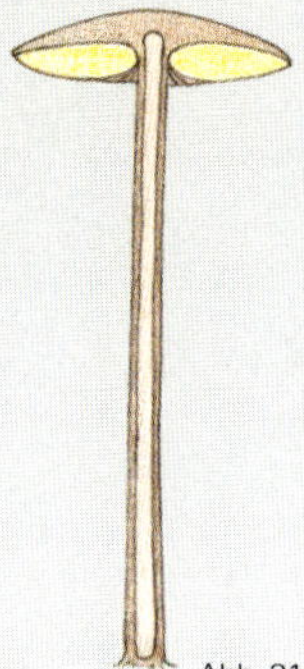

Abb. 31 Stiel röhrig

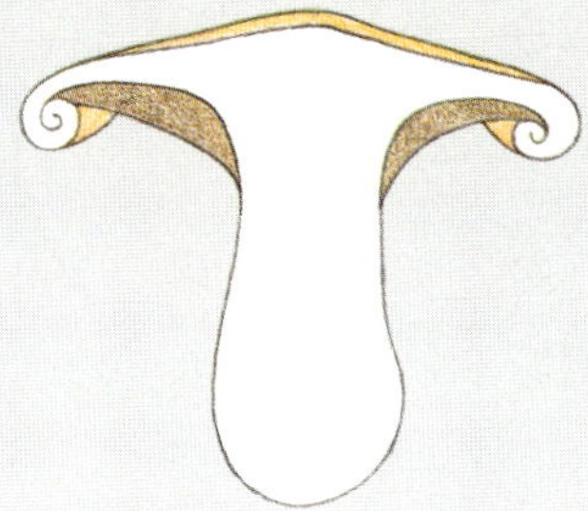

Abb. 32 Hutrand eingerollt

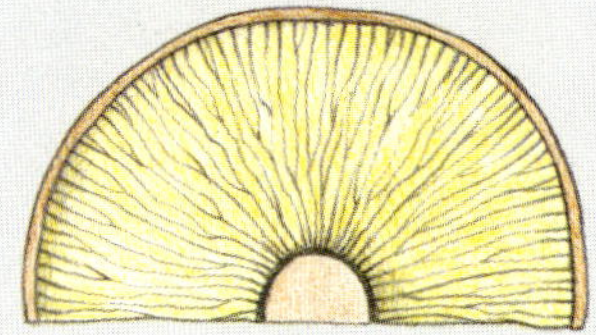

Abb. 33 Lamellen gegabelt

Gruppe III:

Pilz unten dicht mit weichen Stacheln besetzt (Abb. 37)

1 a Pilz mit Hut und Stiel: → 2
b Pilz konsolig seitlich an Holz: → 3

2 a Hut hellgelb, semmelfarben bis orangegelb: Stoppelpilz, *Hydnum,* Seite 237
b Hut braungrau, schuppig, fleischig-brüchig: Fleischstacheling, *Sarcodon,* Seite 222

(Wenn ganzer Pilz korkig-zäh, braun, hellblau oder rotgelb: Korkstacheling, *Hydnellum;* an Kiefernzapfen, dunkelbraun mit seitlich einem schlanken Stiel ansitzendem Hütchen: Ohrlöffelstacheling, *Auriscalpium vulgare)*

3 a Pilz fleischig, weißgelblich, dachziegelig: Dorniger Stachelseitling, *Creolophus cirrhatus*
(Wenn weiß, bis kopfgroß und mit überhängenden, langen Stacheln: Stachelbart, *Hericium*)
b Pilz gallertig, grauweiß: Zitterzahn, *Pseudohydnum,* Seite 248

Gruppe IV:

Pilz mit deutlich abgesetztem Stiel und sehr verschieden geformtem Kopfteil ohne Röhren, Lamellen oder Stacheln (Abb. 38)

1 a Kopfteil kugelig bis birnenförmig, bei der Reife durch zentrale Mündung ausstäubend: Stäubling, *Lycoperdon,* Seite 250–251
(Wenn Pilz zierlich, Stiel schlank, Kopfteil kugelig, nur 1 cm dick: Stielbovist, *Tulostoma)*
b Pilz nicht gestielt birnenförmig: → 2

2 a Pilz teilweise oder ganz gallertig: → 3
b Pilz nicht gallertig: → 4

3 a Stiel sehr brüchig, porös, in einer gal-

Abb. 34 Schleier (Velum) zartfaserig, gewoben

Abb. 35 Hutmitte bereift

Abb. 36 Stiel längsfaserig

lertfleischigen Eihülle (Hexenei, Abb. 39), mit olivschleimiger Kappe, Pilz mit Aasgeruch: Gichtmorchel, *Phallus,* Seite 257, und Hundsrute, *Mutinus,* Seite 258

b Pilz ganz gallertig, orangerot, gestielt löffel- bis ohrförmig: Gallerttrichter, *Guepinia,* Seite 247

4 a Pilz kreiselförmig, oben hellolivgrün, unten violett mit niedrigen, gegabelten Adern: Schweinsohr, *Gomphus clavatus*
(Wenn hutartig verbreitert, Adern leistenartig; Abb. 40: Leistling, *Cantharellus,* Seite 234–235)

b Pilz nicht kreiselförmig: → 5

5 a Pilz gestielt becherförmig (Abb. 41): → 6

b Pilz nicht becherförmig: → 8

6 a Stiel tief längsgerippt: Rippenbecherling, *Paxina,* Seite 271

b Stiel ohne Rippen: → 7

7 a Stiel kürzer als die Höhe des scharlachroten Bechers: Kelchbecherling, *Sarcoscypha,* Seite 267

b Stiel länger als die Höhe des Grauen Bechers: Langfußbecherling, *Macropodia,* bei der Elastischen Lorchel, Seite 270

8 a Pilz flach spatelförmig, gelb: Spatelpilz, *Spathularia,* Seite 277

b Stiel rund, hohl: → 9

9 a Kopfteil rundlich, mit wabenartig grubiger Oberfläche: → 10

b Kopfteil nicht wabenartig: → 11

10 a Unterrand des Kopfteils mit dem Stiel verwachsen: Morchel, *Morchella,* Seite 273–274

b Unterrand des Kopfteils glockig frei: Käppchenmorchel, *Mitrophora,* Seite 276

11 a Kopfteil aus gewundenen Wülsten gebildet: → 12

b Kopfteil aus teilweise frei abstehenden Lappen gebildet (Abb. 38): → 13

12 a Der Stiel geht in die Wülste des Kopfteils über: Lorchel, *Gyromitra,* Seite 272

b Der Kopfteil hängt als freie Glocke vom Stielende herab: Verpel, *Verpa,* Seite 275

13 a Stiel mit Längsrippen: Rippenlorchel, *Helvella,* Seite 268–269

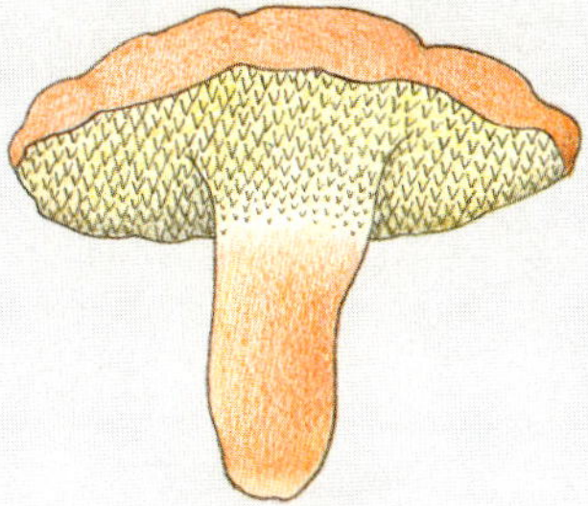

Abb. 37 Stacheln auf der Hutunterseite

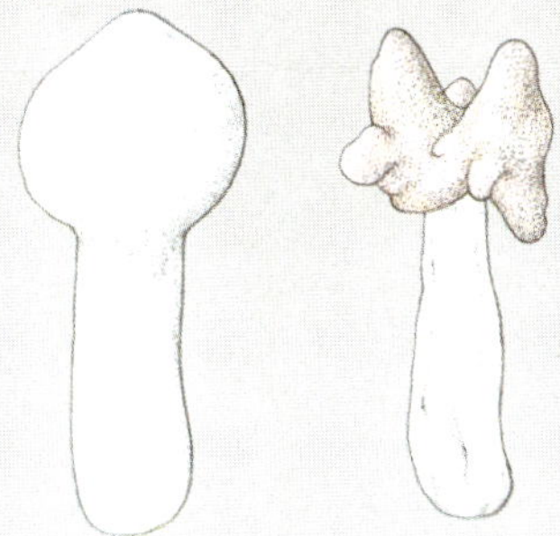

Abb. 38 Pilze mit abgesetztem Stiel- und Kopfteil

Abb. 39 Hexenei, aufbrechend

b Stiel glatt, nicht gefurcht: Glattstiellorchel, *Leptopodia,* Seite 270

GRUPPE V:

Pilz ohne Stiel, kugelig, birnenförmig, knollig (Abb. 42) oder kreiselförmig

1 a Pilz an Holz: → 2
b Pilz auf dem Erdboden oder in der Erde: → 6

2 a Pilz birnenförmig, später aus endständiger Öffnung stäubend: Birnenstäubling, *Lycoperdon pyriforme*
b Pilz nicht birnenförmig: → 3

3 a Pilz kugelig, orangefarben, innen orangemilchig, dann purpurviolett und staubig: Blutmilchpilz, *Lycogala epidendrum.* (Kein echter Pilz; gehört zu den Schleimpilzen, *Myxomycota)*
b Pilz anders: → 4

4 a Pilz bildet gallertige, orangegelbe Tropfen: Gallerttträne, *Dacrymyces,* beim Klebrigen Schönhorn, Seite 245
b Pilz nicht orangefarben: → 5

5 a Pilz bis 1 cm breit, kreiselförmig, durch eine Haut verschlossen, später als Becher mit linsenförmigen Innenkörperchen: Teuerling, *Cyathus,* Seite 256
b Pilz anders: → 17

6 a Pilz fleischig, kreiselförmig, bis 8 cm hoch, oben olivgelb, unten violett, schwach geadert: Schweinsohr, *Gomphus clavatus,* bei der Abgestutzten Keule, Seite 241
b Pilz anders: → 7

7 a Pilz bleibend flaschen-, birnen-, eiförmig oder knollig: → 8

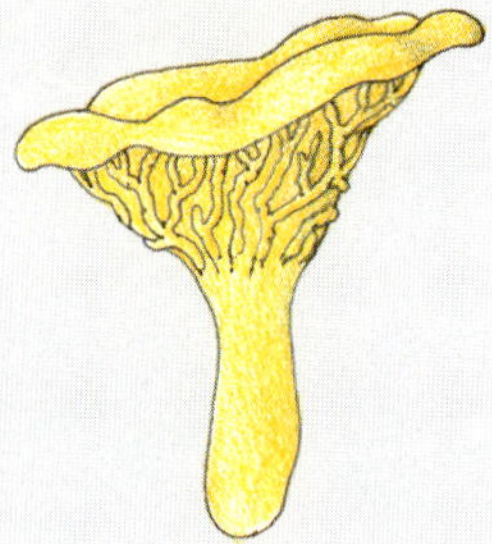

Abb. 40 Leisten an der Hutunterseite

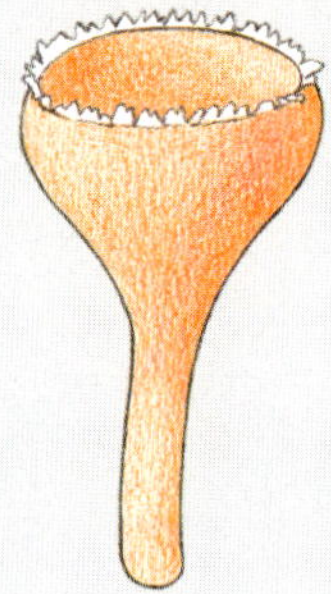

Abb. 41 Gestielter Becherpilz

Abb. 42 Pilz rundlich, knollig

b Pilz anfangs im Boden, kugelig, dann aufspringend, reif sternförmig (Abb. 43): → 15

8 a Pilz hart, nicht zusammendrückbar: → 9

b Pilz leicht eindrückbar, jung innen weiß, später oliv bis purpurbraun und staubig: → 12

9 a Pilz auf dem Boden, rundlich-knollig, innen bald violettschwarz und schließlich pulverig: Hartbovist, *Scleroderma,* Seite 254

b Pilz wächst unterirdisch, mitunter freigelegt: → 10

10 a Pilz rundlich, bis 4 cm, mit derber, körniger Schale, innen schwärzlich staubig: Hirschtrüffel, *Elaphomyces.* (Wenn mit elastischer, glatter oder überfaserter Schale: Vertreter der artenreichen „Hypogäen“, Sammelbegriff für die unterirdischen Bauchpilze)

b Pilz uneben knollig (Abb. 42), meist 4 cm beträchtlich überschreitend, innen fein marmoriert: → 11

11 a Pilz einer hellbraunen Kartoffel ähnlich: Deutsche Weißtrüffel, *Choiromyces maeandriformis*

b Pilz schwarzbraun, außen grobschollig oder warzig: Trüffel, *Tuber,* Seite 281

12 a Pilz eiförmig (Abb. 42), jung weiß, außen glatt, innen später ganz braun bis grauschwärzlich und staubig: → 13

b Pilz birnenförmig (Abb. 44), außen körnig-mehlig, Basis weiß bleibend, sonst oliv bis purpurbraun staubig zerfallend: → 14

13 a Pilz bis 6 cm Durchmesser: Bovist, *Bovista,* Seite 253

b Pilz bis 80 cm Durchmesser: Riesenstaubkugel, *Langermannia,* beim Hasenbovist, Seite 252

14 a Pilz bis 12 cm Durchmesser, Außenhaut in Felder zerteilt: Großstäubling, *Calvatia,* Seite 252

b Pilz kleiner, Außenhülle körnig oder kegelstachelig oder mehlig: Stäubling, *Lycoperdon,* Seite 250–251

15 a Pilz eine Hohlkugel mit fleischiger Wand, die sich sternförmig öffnet, Innenfläche violett: Kronenbecherling, *Sarcosphaera,* Seite 265

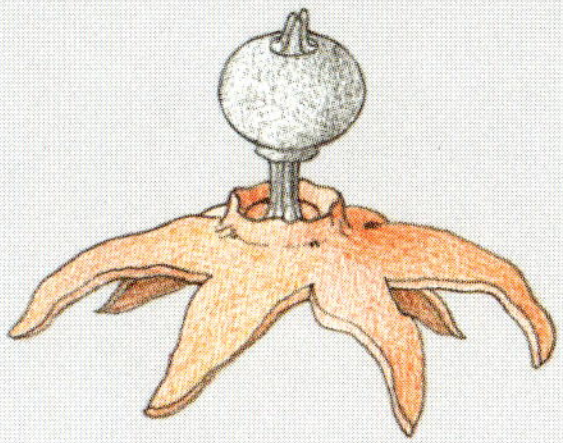

Abb. 43 Reifer Erdstern

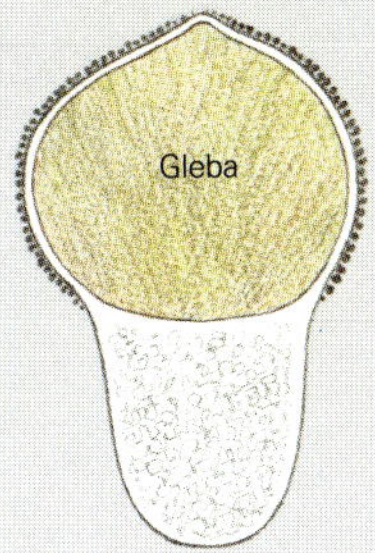

Abb. 44 Gleba eines reifenden Stäublings

Abb. 45 Pilz keulig

b Pilz öffnet sich durch sternförmiges Einreißen seiner Außenwand: → 16

16 a Ein kugeliger Innenkörper sitzt der sternförmigen Außenhülle auf und wird innen staubig: Wetterstern, *Astraeus,* Seite 255

b Der Innenkörper ist ein hochrotes Gitternetz: Gitterling, *Clathrus,* Seite 259

17 a Pilz nur 5 mm Durchmesser, halb- bis fast ganz kugelig, hart, innen schwärzlich: Kugelpilz, *Hypoxylon,* Seite 280

b Pilz größer, gallertig: → 18

18 a Pilz zähgallertig, auf Eichenstämmen, schwarz, oben abfärbend: Echter Schmutzbecher, *Bulgaria inquinans*

b Pilz weichgallertig, auf toten Ästen und Zweigen: → 19

19 a Pilz olivschwarz: Drüsling, *Exidia,* beim Goldgelben Zitterling, Seite 246

b Pilz bernsteinbraun oder dottergelb: → 20

20 a Pilz bernsteinbraun, auf Weidenästen: Bernsteinbrauner Drüsling, *Exidia recisa*

b Pilz dottergelb, auf Weißtannenästen: *Femsionia luteoalba*

Gruppe VI:

Pilz keulenförmig (Abb. 45), **gefingert, strauchartig verzweigt** (Abb. 46) **oder korallenartig verästelt. Astenden gezähnt oder als flache, abgerundete Lappen**

1 a Pilz eine einfache oder kopfartig verdickte Keule (Abb. 45): → 2

b Pilz verzweigt (Abb. 46): → 7

2 a Keule schwärzlich, innen chromgelb, Myzel gelb, lebt auf der Hirschtrüffel, *Elaphomyces*: Kernkeule, *Cordyceps* (Keule spindelig: *C. ophioglossoides,* Keule kopfartig verdickt: *C. capitata)*

b Keule innen nicht chromgelb: → 3

3 a Keule außen und innen schwarz: → 4

b Keule innen nicht schwarz: → 5

Abb. 46 Pilz verzweigt

Abb. 47 Pilz gehirnartig gewunden

Abb. 48 Pilz krustenartig auf Holz

4 a Keule hart, an Laubholz: Holzkeule, *Xylaria,* Seite 279
b Keule weich, auf dem Erdboden: Erdzunge, *Trichoglossum,* Seite 277

5 a Keule grün: Grüne Erdzunge, *Microglossum viride,* beim Dottergelben Spatelpilz, Seite 277
b Keule anders gefärbt: → 6

6 a Keule etwa 1 cm dick: Riesenkeule, *Clavariadelphus,* Seite 240–241
(Wenn oben abgeflacht und abwärts violett geadert: Schweinsohr, *Gomphus clavatus*), bei der Abgestutzten Keule, Seite 241)
b Keule dünner, sehr schlank: Keulenpilz, *Clavaria,* bei der Herkuleskeule, Seite 240, und bei der Abgestutzten Keule, Seite 241

7 a An Holz: → 9
b Auf dem Erdboden: → 8

8 a Dunkelbraun, strauchartig verzweigt, unangenehm riechend: Lederkoralle, *Thelephora,* Seite 221
b Nicht dunkelbraun, ohne unangenehmen Geruch, korallenartig verzweigt: Ziegenbart, *Clavulina,* Seite 239, und *Ramaria,* Seite 242–243
(Wenn hellgrün, mit oder ohne Blättchen: Strauchflechten, *Cladonia.* Flechten sind Doppelwesen aus Pilzen und Algen; sie werden in diesem Buch nicht behandelt).

9 a Orangegelb, zähgallertig: Schönhorn, *Calocera,* Seite 245
b Blaßgelb, bis über kopfgroß, blumenkohlartig: Glucke, *Sparassis,* Seite 238

Gruppe VII:

Pilz flach hautartig oder krustenförmig (Abb. 48) **aufgewachsen oder schalen-, becher-, krug- oder ohrförmig, ohne oder mit kurzem Stiel oder gelatineartig und dann gehirnartig wulstig gewunden** (Abb. 47) **oder lappig gefaltet**

1 a Pilz am Holz: → 2
b Pilz auf dem Erdboden: → 8

2 a Pilz flach aufliegend, am Rand kaum oder nicht aufgebogen: Borstenscheibling, *Hymenochaete,* Seite 233, und Schichtpilz, *Stereum,* Seite 220
2 b Pilz schalen-, becher- oder krugförmig: → 3

3 a Pilz gallertig weich, gehirnartig wulstig

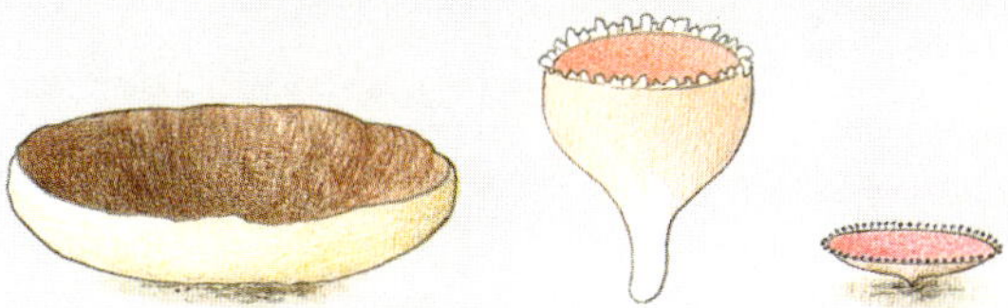

Abb. 49 Apothezien von Becherlingen

oder lappig-blättrig: Zitterling, *Tremella,* Seite 246, und Drüsling, *Exidia,* beim Goldgelben Zitterling, Seite 246
  b Pilz anders: → 4

4 a Pilz knorpelig-elastisch, schalen- oder ohrförmig: Judasohr, *Auricularia,* Seite 249
  b Pilz fleischig, brüchig, schalen-, becher-, krug- oder ohrförmig: → 5

5 a Becher bis 1 cm breit, innen mit linsenförmigen Körperchen: Teuerling, *Cyathus,* Seite 256
  b Becher innen ohne linsenförmige Körperchen: → 6

6 a Becher kakaobraun, neben oder auf Nadelholz, im Frühling: Scheibenbecherling, *Discina,* Seite 266
  b Becher rot: → 7

7 a Becher bis 1 cm breit, Rand schwarz gewimpert (Abb. 49): Borstling, *Scutellinia,* beim Orangebecherling, Seite 263
  b Becher über 1 cm breit, Rand ohne Borsten: Kelchbecherling, *Sarcoscypha,* Seite 267

8 a Pilz einseitig bis zum Grund eingeschnitten, mehr oder weniger ohrförmig verlängert: Öhrling, *Otidea,* Seite 264
  b Becher ringsum gerandet: → 9

9 a Becher bleibend halbkugelig, dickfleischig, sternförmig aufspaltend, außen blaß, innen violett: Kronenbecherling, *Sarcosphaera,* Seite 265
  b Becher nicht sternförmig aufspaltend, wenn violett, dann bald verflacht: → 10

10 a Becher innen orangerot, bald flach: Becherling, *Aleuria,* Seite 263
  b Becher anders gefärbt: → 11

11 a Becher höchstens undeutlich gestielt: Becherling, *Peziza,* Seite 261–262
  b Becher kurz gestielt: → 12

12 a Stiel stark gerippt: Rippenbecherling, *Paxina,* Seite 271
  b Stiel nur gefurcht, Pilz riecht nach Chlor: Aderiger Scheibenbecherling, *Disciotis venosa,* Seite 266

Systematische Übersicht der im Buch behandelten Pilzfamilien

KLASSE: Ständerpilze, *Basidiomycetes* 52–260
Unterklasse: Außenfrüchtler mit ungeteilten Basidien, *Hymenomycetidae* 52–249
ORDNUNG: Röhrenpilzartige, *Boletales* 52–80
Familie: Röhrenpilze, *Boletaceae* 52–75
Schuppenröhrlinge, *Strobilomycetaceae* 76
Kremplingartige, *Paxillaceae* 77–78
Gelbfüße, *Gomphidiaceae* 79–80
ORDNUNG: Sprödblättlerartige, *Russulales* 81–107
Familie: Sprödblättler, *Russulaceae* 81–107
ORDNUNG: Blätterpilzartige, *Agaricales* 108–215
Familie: Egerlingartige, *Agaricaceae* 108–114
Schirmlingartige, *Lepiotaceae* 115–120
Wulstlingartige, *Amanitaceae* 121–131
Dachpilzartige, *Pluteaceae* 132–133
Ritterlingartige, *Tricholomataceae* 134–168
Rotblättler, *Rhodophyllaceae* 169–171
Wachsblättler, *Hygrophoraceae* 172–179
Schleierlingartige, *Cortinariaceae* 180–199
Träuschlingartige, *Strophariaceae* 200–208
Goldmistpilzverwandte, *Bolbitiaceae* 209
Tintlingartige, *Coprinaceae* 210–215
ORDNUNG: Porlingartige, *Polyporales* 216–219
Familie: Stielporlingverwandte, *Polyporaceae* 216–219
ORDNUNG: Nichtblätterpilzartige, *Aphyllophorales* 220–243
Familie: Schichtpilzverwandte, *Stereaceae* 220
Lederkeulenverwandte, *Thelephoraceae* 221–222
Erdporlinge, *Scutigeraceae* 223
Saftporlinge, *Poriaceae* 224–226
Reischlingartige, *Fistulinaceae* 227
Korkporlinge, *Coriolaceae* 228–229
Schichtporlingartige, *Ganodermataceae* 230–232
Borstenscheiblinge, *Hymenochaetaceae* 233
Pfifferlingartige, *Cantharellaceae* 234–236
Stachelschwämme, *Hydnaceae* 237
Keulenpilzartige, *Clavariaceae* 238–244
Unterklasse: Außenfrüchtler mit geteilten Basidien, *Phragmobasidiomycetidae* 245–249
ORDNUNG: Gallerttränenpilzartige, *Dacrymycetales* 245
Familie: Gallerttränenpilze, *Dacrymycetaceae* 245
ORDNUNG: Zitterpilzartige, *Tremellales* 246–248
Familie: Zitterlingartige, *Tremellaceae* 246–248
ORDNUNG: Gallertohrenpilzartige, *Auriculariales* 249
Familie: Judasohrartige, *Auriculariaceae* 249
Unterklasse: Innenfrüchtler, *Gasteromycetidae* 250–260
ORDNUNG: Bovistartige, *Lycoperdales* 250–255
Familie: Stäublingartige, *Lycoperdaceae* 250–253
Hartbovistartige, *Sclerodermataceae* 254
Wettersternartige, *Astraeaceae* 255
ORDNUNG: Nestlingartige, *Nidulariales* 256
Familie: Teuerlingartige, *Nidulariaceae* 256
ORDNUNG: Rutenpilzartige, *Phallales* 257–260
Familie: Stinkmorchelartige, *Phallaceae* 257–258
Gitterlingartige, *Clathraceae* 259–260
KLASSE: Schlauchpilze, *Ascomycetes* 261–281
ORDNUNG: Becherpilzartige, *Pezizales* 261–267
Familie: Fleischbecherlingartige, *Pezizaceae* 261–265
Spindelsporenbecherlinge, *Discinaceae* 266
Prachtbecherlingverwandte, *Sarcoscyphaceae* 267
Lorchelartige, *Helvellaceae* 268–272
Morchelartige, *Morchellaceae* 273–276
Erdzungenartige, *Geoglossaceae* 277–278
ORDNUNG: Kugelpilzartige, *Sphaeriales* 279–280
Familie: Holzkeulenverwandte, *Xylariaceae* 279–280
ORDNUNG: Trüffelartige, *Tuberales* 281
Familie: Trüffelpilze, *Tuberaceae* 281

Beispiel der systematischen Einordnung

Die Klassifizierung der Echten Pilze (Abteilung *Eumycota*) ist hier dargestellt an einem Ständerpilz, dem Goldröhrling, und einem Schlauchpilz, dem Kronenbecherling

Goldröhrling

Klasse:	*Basidiomycetes*
Ordnung:	*Boletales*
Familie:	*Boletaceae*
Gattung:	*Suillus*
Art:	*Suillus grevillei*

Kronenbecherling

Klasse:	*Ascomycetes*
Ordnung:	*Pezizales*
Familie:	*Pezizaceae*
Gattung:	*Sarcosphaera*
Art:	*Sarcosphaera eximia*

PILZE MITTELEUROPAS

Das Stielnetz kann auf das obere Viertel des Stiels beschränkt sein

Wie Preiselbeeren gedeihen Steinpilze nur auf saurem Boden

Das Fleisch verfärbt sich nicht

Auch langgestreckte Stiele zeigen bei allen Steinpilzen oben eine feine Netzzeichnung und dazu weißes Fleisch

Eßbar		
Breite cm	Höhe cm	Monate
9–25	10–18	Juli–Sept. (Okt.)

Fichtensteinpilz *Boletus edulis*

Steinpilze sind neben den Pfifferlingen in Mitteleuropa die meistgesuchten Speisepilze. Die Altmeister der praktischen Pilzkunde in Deutschland, Edmund Michael und Eugen Gramberg, kannten um 1921 nur „den" Steinpilz, und Adalbert Ricken, der Klassiker der deutschen Mykologie, beschrieb 1920 auch nur einen einzigen Steinpilz: „Hut braun, derb, Stiel blaßbräunlich, netziggeadert, Röhren weiß-gelb-grünlichgelb, Fleisch weiß, stets unveränderlich. An lichten Waldstellen."

Das paßt auf alle sechs heute unterschiedenen Arten. Für den Fichtensteinpilz oder Herrenpilz gilt in der Regel die Bindung an die Fichte, der dunkelnußbraune, am Rand weißliche Hut und die glatte, im Alter klebrige Oberhaut. Es gibt Jungfichtenbestände in entlegenen Revieren, in denen der Pilz alle fünf bis sieben Jahre massenhaft auftritt; doch das dauert oft nur eine Septemberwoche lang. Dann stehen nur noch alte Pilze und wenige Nachzügler draußen. In den darauffolgenden Jahren scheint der Pilz fast ausgestorben zu sein. Alle Versuche, ihn zu kultivieren, sind bisher erfolglos geblieben.

Eßbar		
Breite cm	Höhe cm	Monate
14–25	12–20	Mai–Okt.

Die fuchsrote Hutoberfläche des Kiefernsteinpilzes ist meistens kleinbuckelig uneben – ein gutes Merkmal

Kiefernsteinpilz *Boletus pinicola*

Er ist der Steinpilz der sandigen Kiefernwälder, in denen er vereinzelt schon im Frühsommer erscheint, zahlreicher ab August, jedoch kaum einmal in solchen Mengen wie in manchen Jahren der Fichtensteinpilz (siehe Seite 52). Auch er erreicht Riesenmaße. Der Hut ist kräftig fuchsrotbraun, seine Oberfläche matt und gewöhnlich runzelig oder buckelig uneben. Die Mündungen der erst weißen, dann olivgelben Röhren überzieht ein rostfarbener Hauch. Auch der Stiel zeigt rotbräunliche Töne, von denen sich das blasse Adernetz deutlich abhebt. Bezüglich ihrer Speisequalität steht diese Art dem Fichtensteinpilz in nichts nach.

Alle Steinpilze (siehe Seite 52–55) stehen mit Waldbäumen in symbiotischer Verbindung. Das bedeutet: Ihr Fadengeflecht, das Myzel, bildet um jede feine Saugwurzel des zugehörigen Baumes einen millimeterdünnen Mantel; die Wurzel wird zur Pilzwurzel oder Mykorrhiza, die als Ernährungsorgan des Baumes funktioniert. Das Myzel entzieht dem Baum Nährsubstanzen, ohne die es keine Fruchtkörper bilden kann.

Fraßgänge von Pilzfliegenlarven sind oft schon im jungen Pilz vorhanden

Lichte Eichen-Buchen-Wälder sind oft stark vergrast. Junge Sommersteinpilze sind daher nicht immer leicht zu finden

Eßbar		
Breite cm	Höhe cm	Monate
10–30	10–18	Juni–Sept.

Sommersteinpilz *Boletus aestivalis*

Das ist der Steinpilz des Laubwaldes. Einzelne Vorläufer erscheinen schon im Mai; Hauptzeit sind die Monate Juli und August. Alle sieben Jahre etwa gibt es örtliche Massenvorkommen, die freilich in viel begangenen Wäldern in Großstadtnähe von Mal zu Mal geringer ausfallen. Offene Stellen in Buchenaltholzbeständen und die Nähe von Waldrändern werden deutlich bevorzugt. Der gleichmäßig hellbraune, erst matte, dann etwas klebrig werdende Hut wird bis 30 cm breit. Die sporenreifen Röhren sind, wie bei allen anderen Steinpilzarten, olivgrün. Ein feines, weißes Adernetz überzieht großenteils den dickknolligen bis langgestreckten Stiel. Das weiße Fleisch wird besonders im Hut schwammig weich. Während des Trocknens nimmt es vorübergehend einen unangenehmen Geruch nach feuchten Lumpen an. Pilzfliegenlarven können einen Steinpilz in nur 24 Stunden gänzlich madig machen.

Von dem ähnlichen, bitter schmeckenden Gallenröhrling (siehe Seite 63) unterscheidet ihn schon die geringste Geschmacksprobe.

Wo Schwarze Steinpilze wachsen, gibt es auch andere seltene Pilzarten. Solche Wuchsorte sollten geschützt werden

Eßbar		
Breite cm	Höhe cm	Monate
10–18	8–15	Juli–Sept.

Schwarzer Steinpilz *Boletus aereus*

Die Art ist ein Charakterpilz südeuropäischer Eichenwälder; sie kommt aber auch in wärmebegünstigten Eichenmischwäldern Mitteleuropas vor und erscheint hier im Sommer. Die feinsamtige, schwarzbraune Huthaut wird oft stellenweise fuchsrotfleckig und bei trockenem Wetter feinrissig. Die Röhrenschicht sieht anfangs wie weiß übertüncht aus; später färbt sie sich grüngelb, und ihre engen Poren werden nun sichtbar. Die bräunliche Netzzeichnung auf dem Stiel hebt sich vom ähnlich gefärbten Grund wenig ab und kann überdies fast fehlen. Das Fleisch ist weiß, verändert auch seine Farbe nicht, wenn man es anschneidet, und riecht schwach nach Kampfer. Dieser Geruch verliert sich beim Erhitzen.

Im Laubmischwald mit Buchen können Schwarzer Steinpilz und Sommersteinpilz zusammen vorkommen. Sie sind jedoch durch die Hutfarbe deutlich unterschieden (siehe Seite 54). Den bitter schmeckenden Gallenröhrling (siehe Seite 63) kann man kaum verwechseln, wenn man dessen Olivfarbe, das grobe Stielnetz und die fleischrosa werdenden Röhren beachtet.

Braune Röhrlinge mit dickem Stiel

Braune Röhrlinge lassen sich am besten durch die Röhrenfarbe unterscheiden. Blauverfärbung schließt den Steinpilz aus; blau werdende Röhrlinge sind aber nicht alle giftig. Man sollte auf das Stielnetz achten und den Geschmack prüfen.

Fichtensteinpilz
Boletus edulis Seite 52
Eßbar

Gallenröhrling
Tylopilus felleus Seite 63
Ungenießbar

Schönfußröhrling
Boletus calopus Seite 57
Ungenießbar

Die Huthaut reißt oft kleinfelderig ein

Poren und Stiel werden bei Druck blau

Das gelbe Stielnetz auf rotem Grund ist ein wichtiges Merkmal

Das blasse Fleisch wird rasch blau

Das schöne Rot vergeht im Alter. Dann erkennt man den Schönfußröhrling immer noch am bitteren Geschmack und Blauen

Ungenießbar		
Breite cm	Höhe cm	Monate
7–15	6–12	Juli–Okt.

Schönfußröhrling *Boletus calopus*

Schon zu Anfang des Sommers erscheinen die ersten Schön- oder Dickfußröhrlinge in den gleichen Waldtypen – mittelalten bis schlagreifen Fichtenbeständen –, in denen der Flockenstielige Hexenpilz (siehe Seite 58) zur selben Zeit und der Fichtensteinpilz (siehe Seite 52) einige Wochen später vorkommt. Der Schönfußröhrling besiedelt vor allem lichtere Stellen und Wegränder. Gestalt und Hutfarbe können einen Steinpilz vortäuschen. Doch ist der Hut zumeist mehr hellolivgrau. Umgewendet fällt sofort der prächtig karminrote Stiel auf, dessen Spitze gelb ist. Von ihr zieht sich eine gelbliche, nach unten rot werdende Netzzeichnung zum Stielgrund hin.

Die Röhrenschicht und ihre Poren sind im Jugendstadium hellgelb, werden schließlich gelbgrün und laufen blau an, wenn man sie drückt oder durchschneidet. Das weißgelbliche Fleisch blaut ebenfalls, riecht unangenehm säuerlich und schmeckt bitter. Der Pilz ist ungenießbar und wird sogar als giftverdächtig bezeichnet. Im Laubwald gibt es eine kleinere Form mit dunklerem Hut.

Die Begrenzungsfläche zwischen Röhrenschicht und Hutfleisch ist gelb

Eine Sekunde nach dem Anschnitt: Das Fleisch ist gelb

Fünf Sekunden nach dem Anschnitt: Das Fleisch ist blau geworden

Die Poren werden nach Berührung sofort dunkelblau

Der Stiel ist purpurflockig punktiert

Der Flockenstielige Hexenpilz wächst gern da, wo auch Steinpilze vorkommen, ist aber anders gefärbt

Flockenstieliger Hexenpilz *Boletus erythropus*

Vereinzelt schon Ende Mai, häufiger aber erst ab Juli, trifft man im Laub- und Nadelwald auf den auch Schusterpilz genannten Röhrling. Er gedeiht nur auf saurem oder sauer werdendem Humus. Sein Myzel lebt wie das der meisten Röhrlinge mit den Saugwurzeln der Waldbäume in Symbiose. Merkmale sind die dunkelbraunsamtige Huthaut, dunkelpurpurne Röhrenmündungen (Poren) und ein purpurflockig bekleideter Stiel. Die Röhrenschicht sitzt an einem reingelben Röhrenboden. Das Fleisch ist bis zum Stielgrund schön gelb, wird jedoch sofort dunkelblau, wenn man es durchschneidet; auch äußerlich ist der Pilz an Stiel und Röhren sehr druckempfindlich. Der Schusterpilz ist ein vorzüglicher, fast immer madenfreier Speisepilz; roh verzehrt kann er jedoch Übelkeit verursachen.

Es gibt neun rotporige Röhrlinge in Mitteleuropa, von denen der Netzstielige Hexenpilz (siehe Seite 59) am weitesten verbreitet ist. Da dieser aber Kalkböden entschieden vorzieht, wird man ihn nur äußerst selten mit dem Schusterpilz zusammen antreffen.

Bedingt eßbar		
Breite cm	Höhe cm	Monate
8–15 (20)	8–12 (16)	Mai–Okt.

Eine Sekunde nach dem Anschnitt: Das Fleisch ist rötlich oder gelblich

20 Sekunden später ist das Fleisch blau geworden

Die Poren werden bei Berührung sofort schwarzblau

Das untere Stieldrittel zeigt sich nach dem Anschnitt weinrot

Hexenpilze werden oft für den giftigen Satanspilz gehalten. Ihr Hut ist aber nie grauweiß, der Geruch nie aasartig

Die Begrenzungsfläche zwischen Röhrenschicht und Hutfleisch ist rot

Das Netz ist nicht immer so deutlich ausgeprägt

Bedingt eßbar		
Breite cm	Höhe cm	Monate
12–24 (28)	12–18 (21)	Mai–Okt.

Netzstieliger Hexenpilz *Boletus luridus*

Dieser sehr veränderliche Röhrling erscheint schon Ende Mai und ist noch bis Oktober zu finden. Mergelige und kalkreiche Böden sagen ihm besonders zu. Sein Myzel bildet Mykorrhizen mit verschiedenen Laub- und Nadelbäumen. Selbst im Gras unter frei stehenden Birken oder Kiefern vermag er Fruchtkörper zu bilden. Der Hut ist in der Jugend oliv und filzig, später wird er mehr braun mit gelben bis ziegelroten Tönen. Die Röhrenmündungen sind orange- bis hellpurpurrot, werden aber sofort schwarzblau, wenn man sie berührt. Die Röhren selbst sind grünlich, ihre Ansatzfläche am Hutfleisch dagegen ist rot. Das Stielnetz ist rot auf gelblichem bis schmutzigrotem Grund und oben eng-, nach unten aber langmaschig. Im Längsschnitt erkennt man die weinrote Farbe des unteren Stieldrittels. Das übrige Fleisch erscheint gelblich, wird aber rasch blau, je nach Alter und Witterung schwächer oder stärker.

Der Pilz wirkt roh giftig, darf also nur in gut gekochtem Zustand verzehrt werden. (Unterscheidungsmerkmale der Rotporer siehe Seite 62.)

Die Trennfläche zwischen Röhrenschicht und Hutfleisch ist orangerot

Der Stiel kann oben punktiert und unten feinflockig sein

Nach dem Anschnitt ist der Pilz oben blaßgelb, unten purpurn

Nach 20 Sekunden ist er oben hellblau, unten violett

Der fast zylindrische, oft verbogene Stiel ohne Netz oder Flocken und das Ziegelrot des Hutrands sind typisch

Bedingt eßbar		
Breite cm	Höhe cm	Monate
8–15	8–13	Juni–Sept.

Glattstieliger Hexenpilz *Boletus queletii*

Ein gebietsweise seltener Laubwaldpilz, der vor allem unter Eichen auf besseren Böden und manchmal mit dem ihm ähnlichen Netzstieligen Hexenpilz (siehe Seite 59) zusammen wächst. Er bleibt jedoch kleiner. Der schlankere Stiel ist fein punktiert oder ganz kahl und glatt, und der Hut wird oft ziegelrot, wenigstens in der Randzone. Die Poren bleiben lange orangegelb, nehmen schließlich aber doch die rote Farbe der Rotporer an. Rot ist auch das Fleisch des Stiels, oft sogar bis zum Hut hinauf. Wie beim Netzstieligen Hexenpilz kann man beobachten, wie die Porenöffnungen unmittelbar nach Berührung oder Anbruch blau anlaufen.

In Mitteleuropa kommen noch einige weitere Hexenpilze und Purpurröhrlinge vor. Sie alle sind sehr selten und sollten an ihren Wuchsorten dringend geschützt werden. Deshalb wird sie der einsichtige Naturfreund von der Speisekarte streichen, auch wenn sie eßbar sind und gut schmecken. Zum anderen können ihre Wuchsorte, die Biotope, erhalten bleiben, wenn sie als Schonwälder bewirtschaftet werden.

Von allen rotporigen Röhrlingen hat nur der Satanspilz einen Stiel, der dicker werden kann, als er lang ist

Giftig		
Breite cm	Höhe cm	Monate
14–30	12–18	Juli–Sept.

Satanspilz *Boletus satanas*

Der Satanspilz kommt unter Buchen auf Kalkboden in warmen Lagen vor. Mit seiner grauweißen Farbe hebt er sich von umherliegenden Kalksteinen kaum ab. Dabei erreichen die polsterförmig gewölbten Hüte über 25 cm Breite. Im Alter mischen sich grünliche oder bräunliche Töne ein. Die Poren überraschen durch ihr prächtiges Blutrot, das zum Hutrand hin in Gelb übergeht. Auch der dickbauchige Stiel fällt durch seine schöne Färbung auf: Dem intensiven Gelb folgt nach unten ein leuchtendes Blutrosa, das ein feines, engmaschiges rotes Adernetz ziert. Im Anschnitt wird das gelblichweiße Fleisch hellblau, zum Rand hin und über den Röhren auch deutlicher gelb. Der Pilz strömt schon jung einen widerlichen Aasgeruch aus. Sein Genuß ruft heftiges Erbrechen und nachhaltige Verdauungsstörungen hervor.

Geeignete Wuchsorte sind in weiten Teilen Mitteleuropas immer spärlicher geworden. Der Satanspilz gehört daher wie viele andere *Boletus*-Arten zu den schutzbedürftigen Pilzen. (Unterscheidungsmerkmale siehe Seite 62.)

Rotporige Röhrlinge

Alle Rotporer laufen blau an. Wichtig ist die Farbe des Fleisches im Stiel unmittelbar nach dem Längsschnitt. Zur Unterscheidung dient auch die Oberfläche des Stiels: Sie ist entweder flockig punktiert oder aderig fein genetzt.

Flockenstieliger Hexenpilz
Boletus erythropus Seite 58
Bedingt eßbar

Netzstieliger Hexenpilz
Boletus luridus Seite 59
Bedingt eßbar

Satanspilz
Boletus satanas Seite 61
Giftig

Ungenießbar		
Breite cm	Höhe cm	Monate
10–16	8–14	Aug.–Okt.

Die Röhren werden fleischrosa

Das Stielnetz ist grobmaschig

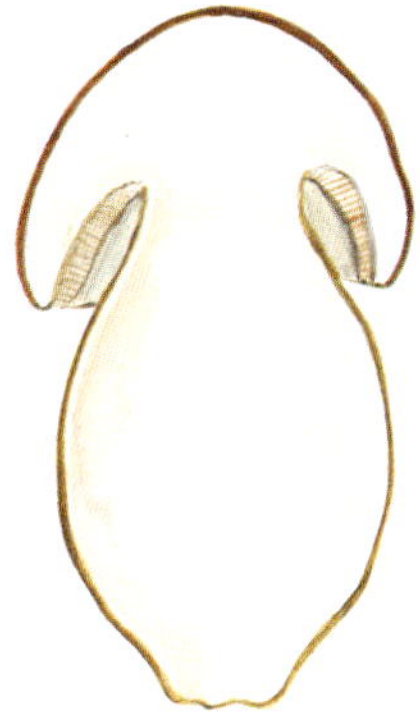

Das Fleisch ist unveränderlich weiß und gallenbitter

Selbst erfahrene Pilzsammler können junge Gallenröhrlinge für Steinpilze halten. Olivtöne sind stets verdächtig

Gallenröhrling *Tylopilus felleus*

Der Gallenröhrling wächst von August an in Nadel- und Laubwäldern auf saurem Boden, wo auch Heidelbeeren, Adlerfarn, Weißmoos und Haarmoose gedeihen. Der anfangs polsterförmige Hut ist hell- bis dunkelolivbraun, seltener rein nußbraun. Er kann mit 18 cm „Steinpilzmaß" erreichen. Die anfangs weißen Röhren werden allmählich fleischrosa. Der keulige Stiel ist heller als der Hut und durch ein grobmaschiges, blasses bis olivgetöntes Netz ausgezeichnet. Das reinweiße Fleisch ist kaum je madig und sieht daher sehr appetitlich aus; es schmeckt aber so intensiv gallenbitter, daß ein einziger Gallenröhrling ein ganzes Pilzgericht verdirbt.

Junge Gallenröhrlinge sehen Steinpilzen tatsächlich oft täuschend ähnlich, und außerdem wachsen Gallenröhrlinge oft an Plätzen, wo im Vorjahr auch Steinpilze gestanden haben. Aber typische Exemplare können unschwer erkannt werden, und eine Geschmacksprobe schafft zudem in jedem Fall sofort Klarheit. (Zur Unterscheidung nach äußeren Merkmalen siehe die Gegenüberstellung Seite 56.)

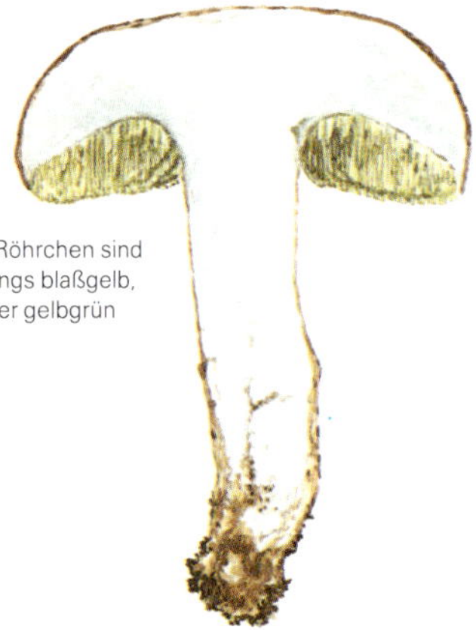

Blauende Pilze müssen nicht giftig sein. Trocken aufgewachsene Maronenpilze sehen sehr appetitlich aus

Eßbar		
Breite cm	Höhe cm	Monate
5–12	7–10	Juni–Okt.

Maronenpilz *Xerocomus badius*

Der Maronenpilz gehört in den 40- bis 90jährigen Nadelholzbeständen der Mittelgebirge zu den häufigsten Röhrlingen. In tieferen Lagen kommt er auch in Eichen-Hainbuchen-Wäldern vor. Er gedeiht aber nur auf sauren Böden, ist also Säurezeiger. Das Braun seines Huts variiert wenig: An trockenen Orten, etwa unter Trauffichten, ist es maronenbraun und samtig, in nassen Moospolstern mehr fuchsrot und schmierig glänzend. Die Röhren und ihre Mündungen sind anfangs blaßgelb, später gelbgrün. Bei Berührung werden sie blau. Der schlanke bis bauchig verdickte Stiel ist heller als der Hut und oben etwas längs geadert, aber ohne Netzzeichnung. Das Fleisch blaut im Anschnitt leicht. Junge Pilze sind kernig fest, ältere im Hut weich und öfters madig.

Der Maronenpilz wird als guter Speisepilz viel gesammelt. Es gibt Jahre, in denen er noch im Oktober in Massen zu ernten ist. Es kommen Riesenstücke vor, die man leicht für Steinpilze (siehe Seite 52–55) halten kann, aber diese laufen nicht blau an und haben ein Stielnetz.

Eßbar		
Breite cm	Höhe cm	Monate
5–10 (12)	5–10	Juli–Nov.

Der Pilz blaut 30 Sekunden nach dem Anschnitt

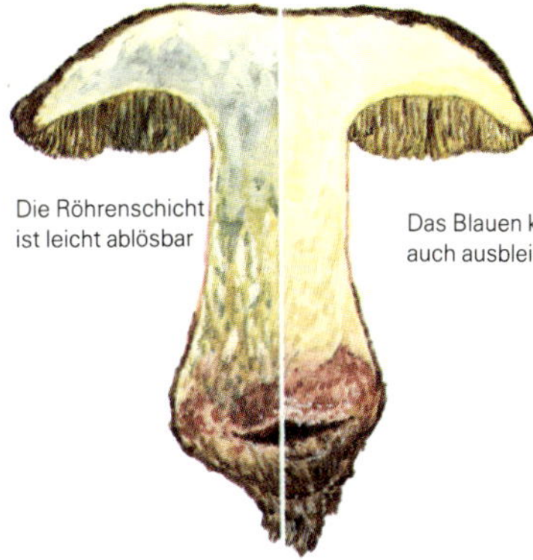

Die Röhrenschicht ist leicht ablösbar

Das Blauen kann auch ausbleiben

Geschlossener oder zerrissener Hutfilz wie auch roter oder gelber Stiel erschweren oft die Bestimmung

Risse im Hut werden mit der Zeit kirschrot

Der Stiel kann angedrückte Flocken aufweisen, ist aber auch oft nur längs gestreift oder ganz glatt

Rotfußröhrling *Xerocomus chrysenteron*

Von Juli bis Spätherbst ist der Rotfußröhrling in Laub- und Nadelwäldern verschiedenster Zusammensetzung der häufigste Röhrling. Nur Moorböden und Wälder auf Kalkverwitterungslehm meidet er. Der zunächst dunkel-, dann graubraune Hut fällt auf, sobald er felderig aufreißt und in den Rissen kirschrot wird. Eine Hutbreite von 10 cm wird selten überschritten. Die hellgelben Röhren blauen kaum, werden bald olivgrün und neigen, wie anschließend der ganze Pilz, frühzeitig zum Verschimmeln. Der Stiel ist gewöhnlich schön kirschrot, kann aber auch rein gelb sein. Er ist glatt oder etwas längs gestreift. Das saftige Fleisch wird im Hut und oberen Stieldrittel bald weich. Sein Speisewert ist mäßig. Am besten sammelt man nur junge Pilze.

Die Art wird oft Ziegenlippe, *X. subtomentosus*, genannt. Diese unterscheidet sich jedoch vom Rotfußröhrling durch den oliv-filzigen, kaum aufreißenden Hut, schön gelbe, nicht blauende Röhren und einen bräunlichen Stiel ohne jedes Rot. Das Fleisch ist fester und für die Küche wertvoller.

Eßbar		
Breite cm	Höhe cm	Monate
15–25	15–30	Aug.–Okt.

Die Röhrenschicht älterer Pilze ist schwammig weich

Die Schuppen sind nach oben gerichtet und stehen ab

Das überstehende Randhäutchen ist für alle Rotkappen typisch

Die Röhrenschicht läßt sich leicht abtrennen

Die Verfärbung vollzieht sich sehr langsam

Diese Rotkappe wächst im Wurzelbereich von Espen. Sie kann bis zu 10 m vom Stamm entfernt stehen

Espenrotkappe *Leccinum aurantiacum*

Der Name verweist auf die Lebensgemeinschaft dieses Pilzes mit Espen (Zitterpappeln); er ist, wie die meisten Röhrlinge, Mykorrhizenbildner. Von August an erscheinen die Fruchtkörper, oft gruppenweise oder auch zu zweien oder dreien verwachsen. Kennzeichnend sind die rostgelben Stielschüppchen und die auffallende Orangefarbe des Hutes. Die erst weißen, dann gräulichen Röhren werden länger, als das Hutfleisch dick ist. Sie lassen sich leicht vom Hutfleisch ablösen. Der Stiel ist viel fester als der Hut und wird im Alter längsfaserig. Angeschnitten verfärbt er sich lilagrau bis violettfarben. Am Stielgrund können auch Grüntöne auftreten.

Diese wie alle anderen ihr sehr ähnlichen Rotkappen sind weithin als Speisepilze wohlbekannt und sehr gesucht. Nur werden sie beim Kochen ganz schwarz.

Nicht selten ist die Birkenrotkappe, *L. testaceo-scabrum*, mit grauen Poren und schwärzlichen Stielschuppen. Außerdem gibt es noch schwer unterscheidbare Kiefern- und Eichenrotkappen, *L. vulpinum* und *L. quercinum*.

Im Eichen-Hainbuchen-Wald ist dieser Rauhfußröhrling mitunter der häufigste aller Röhrlinge

Eßbar		
Breite cm	Höhe cm	Monate
6–10	8–13	Juli–Okt.

Hainbuchen-Rauhfußröhrling

Leccinum griseum

Der lange Name enthält zum einen das Hauptmerkmal einer Gruppe von Röhrlingen, die alle durch ruppig-schuppige Stiele ausgezeichnet sind. Auch im Wuchs stimmen sie durch überschlanken Stiel und polsterförmigen Hut überein. Zum anderen geht aus dem Namen hervor, daß der Pilz mit der Hain- oder Weißbuche vergesellschaftet ist. (In Finnland, wo es keine Hainbuchen gibt, kommt er unter der Espe vor.) Er wird kaum mehr als 10 cm breit und zählt zu den kleineren Vertretern der Rauhfüße. Für ihn ist typisch, daß die filzig-flockige Hutbedekkung in kleine Felder zerreißt. Die im Verhältnis zur Hutfleischdicke sehr langen Röhren sind grau. Der ganze Pilz wird bei Berührung und im Alter schwärzlich, und auch das zunächst weiße Fleisch verfärbt sich über Grauviolett nach Schwarz. Doch schmecken junge Pilze recht gut.

Sehr ähnlich ist der unter Birken häufige Kapuziner oder Birkenrauhfuß, *L. scabrum*. Sein Hut ist glatt und klebrig, und das Fleisch verfärbt sich so gut wie nie.

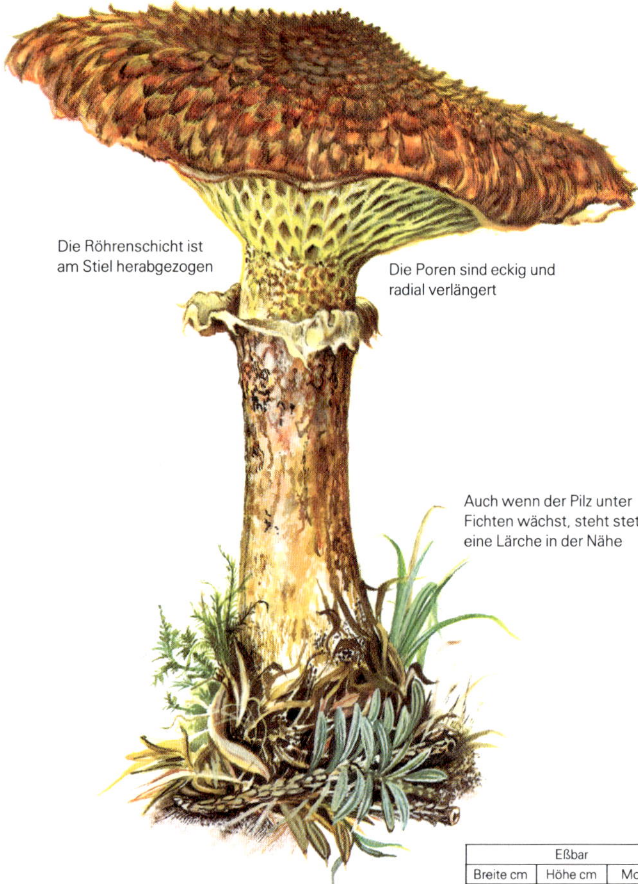

Die Röhrenschicht ist am Stiel herabgezogen

Die Poren sind eckig und radial verlängert

Auch wenn der Pilz unter Fichten wächst, steht stets eine Lärche in der Nähe

Eßbar		
Breite cm	Höhe cm	Monate
8–11	8–12	Juli–Okt.

Der Stiel ist von Anfang an hohl

Die Schuppen auf dem Hut, die lamellig angeordneten Röhren und der Ring am hohlen Stiel kennzeichnen diesen Pilz

Hohlfußröhrling *Boletinus cavipes*

Dieser Röhrling kommt, wie einige andere Arten, nur unter Lärchen vor, meist gesellig, vorzugsweise auf kalkarmen Böden. Die Pilze können bis zu 15 m vom Lärchenstamm entfernt stehen, so daß der Baum leicht übersehen wird, wenn er einzeln zwischen anderen Baumarten steht. Die auffallenden, rotbraunen, selten gelben Hutschuppen, die lamellig angeordneten, weitlöcherigen Röhren, der Hautring am Stiel und der hohle Stiel schließen jede Verwechslung aus. Der Pilz hat nur mäßigen Speisewert.

Die Bindung des Hohlfußröhrlings an die Lärche und vieler anderer Pilze an verschiedene Waldbäume beruht darauf, daß ihre Myzelien nur Fruchtkörper bilden können, wenn sie mit den Saugwurzeln der Bäume verbunden sind. Im Laborversuch lassen sich aus Pilzstückchen Myzelien gewinnen, mit denen sich eine solche Mykorrhiza mit steril aufgezogenen Baumpflänzchen erzielen läßt. So gelang 1925 erstmals der Nachweis, daß der Goldröhrling (siehe Seite 70) Mykorrhizensymbiont der Lärche ist.

Der Butterpilz wird schon seit langem als Speisepilz gesammelt. Er ist wenig veränderlich und unverwechselbar

Eßbar		
Breite cm	Höhe cm	Monate
8–11	6–10	Aug.–Okt.

Butterpilz *Suillus luteus*

Unter den sogenannten Schmierröhrlingen ist der Butterpilz wohl der bekannteste. In Heidewaldungen des Flachlandes, auf Sandsteinverwitterungsböden der Mittelgebirge, aber auch im Trockenrasen über Kalkboden trifft man ihn ab Juli nicht selten an. Nur muß die Kiefer in der Nähe sein, denn er ist ihr Mykorrhizensymbiont. Der meist flachkegelige Hut sieht wie mit einem Schokoladeguß überzogen aus. Nach Regen ist die Haut sehr schmierig, läßt sich aber leicht abziehen. Darunter kommt das buttergelbe, saftige, weiche Fleisch zum Vorschein. Die jungen Röhren verdeckt eine weiße Haut, die später den Stielring bildet und braunviolettfleckig wird. Ein frischer, säuerlicher Geruch erhöht den guten Geschmack des Pilzes. Einzelfälle von Unbekömmlichkeit sind wohl auf Allergie zurückzuführen.

Einen gleichgefärbten, aber flachgewölbten, dunkler gefaserten Hut hat der Braune Schmerling, *S. collinitus,* der auch Ringloser Butterpilz genannt wird. Er wächst nur unter Kiefern auf Kalkboden.

Eßbar		
Breite cm	Höhe cm	Monate
9–15	9–15	Juni–Okt.

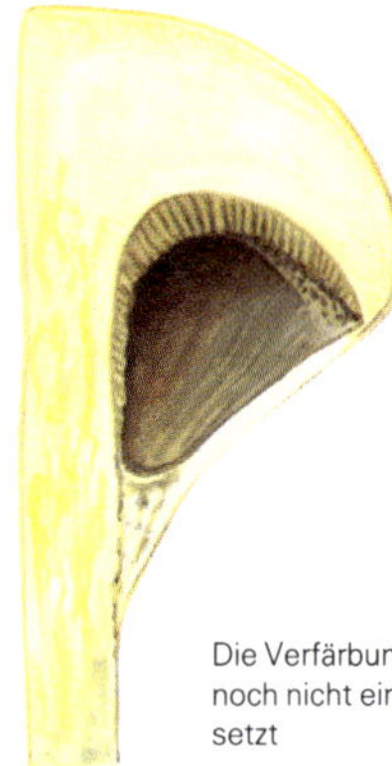

Wo Goldröhrlinge wachsen, steht immer auch eine Lärche in der Nähe, mitunter bis zu 15 m entfernt

Goldröhrling *Suillus grevillei*

Von allen lärchenbegleitenden Pilzen ist der Goldröhrling der häufigste. Er kommt überall da vor, wo auch die Lärche gedeiht, auf allen Bodenarten, in jeder Meereshöhe, auch unter der Sibirischen und der Japanischen Lärche. Der Hut erreicht 15 cm Breite, ist bei feuchtem Wetter sehr schmierig und läßt sich dann leicht von seiner Haut befreien. Die gelben Röhren sind anfangs unter einem weißlichen Hautschleier verborgen; dieser löst sich vom Hutrand und verbleibt als Ring am Stiel. Das hell- bis goldgelbe Fleisch wird an der Luft schmutzigrotlila. Schon im Frühsommer, selbst nach geringen Regenfällen, lohnt es sich, Lärchenstandorte abzusuchen, denn der Pilz liefert wohlschmeckende Gerichte.

Zwei weitere eßbare Ringröhrlinge unter Lärchen sind seltener, da sie Kalkböden besiedeln; es ist der Graue Lärchenröhrling, *S. aeruginascens*, mit grauem bis braunem Hut, grauen Röhren und einem Fleisch, das Papier grün färbt, sowie der Rostrote Lärchenröhrling, *S. tridentinus*, mit prächtig rostorange gefärbter Röhrenschicht.

Als Kiefernbegleiter ist der Körnchenröhrling weit verbreitet, kommt aber in reinen Sandgebieten weniger häufig vor

Eßbar		
Breite cm	Höhe cm	Monate
5–9	6–9	Juni–Okt.

Körnchenröhrling *Suillus granulatus*

Dieser auch Schmerling genannte Röhrling tritt ab Juli auf, und zwar nur unter Kiefern, manchmal scharenweise, am häufigsten auf Kalkböden, gern auch auf waldangrenzenden Wiesen, soweit die Kiefernwurzeln in die Wiese hinausreichen. Die schön gelbe bis goldbraune Oberhaut ist klebrig und läßt sich leicht abziehen. Die Poren der im Jugendstadium hellgelben Röhren sondern milchige Tropfen ab. Im oberen Drittel des blaßgelben Stieles finden sich zahlreiche Körnchen, die ebenfalls guttieren. Dadurch fühlt sich der Stiel etwas seifig an. Der Pilz ist recht schmackhaft.

Der Butterpilz (siehe Seite 69) ist durch den schokoladebraunen Hut und den dicken weißen, violettfarben werdenden Hautring hinlänglich verschieden. Auch er ist Kiefernbegleiter, geht aber lieber auf saure Sandböden, zusammen mit dem Sandröhrling (siehe Seite 72). Ganz auf saure Böden beschränkt ist der Kuhröhrling (siehe Seite 73). Auf Kalk gibt es einen Doppelgänger des Schmerlings, den Ringlosen Butterpilz, *S. collinitus,* der eine rosagefärbte Stielbasis besitzt.

Oft wachsen Heidekraut und Sandröhrling beieinander

Die Hutkörnung entsteht, wenn sich die oberste Deckschicht auflöst

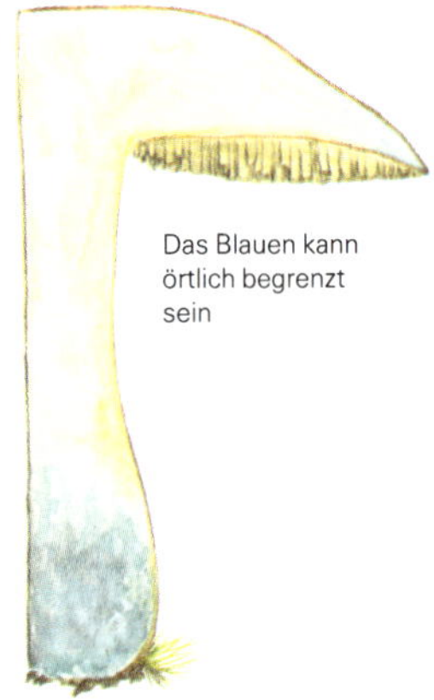

Das Blauen kann örtlich begrenzt sein

Als Kiefernbegleiter ist der Sandröhrling weit verbreitet, tritt aber in reinen Kalkgebieten weniger häufig auf

Sandröhrling *Suillus variegatus*

Der Sandröhrling gehört der Spätsommer- und Herbstflora sandiger Kiefernwälder an, kommt aber auch auf besseren Böden vor. Der Hut sieht wie mit Sandkörnchen bestreut aus, so daß der Name in doppeltem Sinn zutrifft. Die olivbraunen, relativ kurzen Röhren werden auf Druck langsam blau, und auch das senfgelb gefärbte Fleisch blaut etwas. Der Stiel kann recht stämmig werden, ist glatt und ohne Ring. Der Speisewert des streng säuerlich riechenden Pilzes ist nicht hoch; er eignet sich aber als Mischpilz.

Für die Mykorrhiza der Kiefernbegleiter gilt das gleiche wie für die Lärchenpilze (siehe Seite 68). Neben Röhrlingen (siehe Seite 69, 71–73) sind es Ritterlinge, z. B. der Grünling (siehe Seite 134), der Kupferrote Gelbfuß (siehe Seite 80), der Fuchsige Scheidenstreifling (siehe Seite 130), der Frostschneckling, *Hygrophorus hypothejus,* und der Heideschleimfuß, *Cortinarius mucosus,* die bodensauren Kiefernwäldern ihre eigene Note verleihen. Unter Kiefern auf Kalk setzt sich die Flora wieder aus anderen Pilzarten zusammen.

Eßbar		
Breite cm	Höhe cm	Monate
10–16	9–13	(Juli) Aug.–Okt.

Die eckigen Röhrenmündungen zwischen Stiel und Hut sind deutlich erkennbar strahlig angeordnet

Eßbar		
Breite cm	Höhe cm	Monate
4–10	6–11	Aug.–Okt.

Kuhröhrling *Suillus bovinus*

Die Arten der Gattung *Suillus*, Schmierröhrlinge, sind fast alle streng baumgebunden. So kommt auch der Kuhröhrling nur in der Nähe von Kiefern vor. Er ist ein Herbstpilz, der oft gesellig oder büschelig aus dem Sandboden hervorbricht. Der karamelbraune Hut ist glatt und klebrig und wird selten breiter als 10 cm. Die olivbräunlichen Röhren sind auffallend weit und haben eckige Mündungen. Eigentümlich ist die fast gummiartige Konsistenz des ganzen Pilzes. Der Speisewert ist gering, so daß man ihn am besten nur als Mischpilz verwendet.

Bisweilen findet man nahe beim Kuhröhrling oder sogar mit ihm am Stielgrund verwachsen einen kleineren Blätterpilz, den Rosenroten Gelbfuß, *Gomphidius roseus*. Der rote Hut, die bogig herablaufenden, schwärzlich werdenden Lamellen und der weiße, schmal beringte, nur ganz unten etwas gelbe Stiel machen ihn leicht kenntlich. Der Pilz kann zwar auch ohne Kuhröhrling Fruchtkörper bilden, aber nur dort, wo zu anderen Zeiten Kuhröhrlinge erscheinen. Die Art dieser merkwürdigen Abhängigkeit ist noch unbekannt.

Wo Zapfen der Weymouthskiefer am Boden liegen, stehen im Herbst auch Elfenbeinröhrlinge in der Nähe

Eßbar		
Breite cm	Höhe cm	Monate
5–9	6–10	Aug.–Okt.

Elfenbeinröhrling *Suillus placidus*

Dieser Röhrling wächst in Mitteleuropa nur bei Kiefern, deren Nadeln zu fünfen gebüschelt stehen. Das sind in den Alpen die Arven (Zirben) und im Mittelgebirge, Hügelland und in botanischen Gärten die aus Nordamerika stammenden Weymouthskiefern. Da der Pilz auch in den USA vorkommt, wurde er vermutlich mit diesem Baum nach Europa eingeschleppt. In den Alpen könnte er schon vorher heimisch gewesen sein. Hier muß er sich die Wuchsorte mit zwei weiteren Arvenröhrlingen, *S. cembrae* und *S. sibiricus*, teilen, während er unter Weymouthskiefern keine Konkurrenten hat und deshalb hier auch regelmäßig und oft zahlreich gefunden wird. Das Elfenbeinweiß des bei Nässe schmierigen Hutes und die braunroten Pusteln am Stiel schließen jede Verwechslung aus. Die in der Jugend zitronengelblichen kurzen Röhren scheiden oft milchige Tröpfchen aus. Der Pilz ist eßbar und schmackhaft.

Als Seltenheit wurde in Norddeutschland ein zweiter amerikanischer Röhrling unter der Weymouthskiefer angetroffen: *S. pictus*; sein Hut ist weinrot und filzig, der Stiel beringt.

Der Pilz steht gern zwischen Heidekrautgewächsen

Der Stielgrund ist schwefelgelb

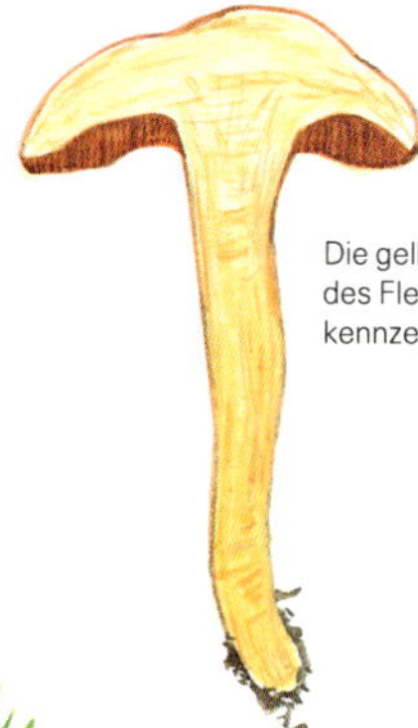

Die gelbe Farbe des Fleisches ist kennzeichnend

Trifft man im sandigen Nadelwald auf Pfefferröhrlinge, dann lohnt es sich, nach Steinpilzen Ausschau zu halten

Würzpilz		
Breite cm	Höhe cm	Monate
4–7	5–7	Juli–Okt.

Pfefferröhrling *Chalciporus piperatus*

Der Pfefferröhrling gehört, was die Baumart angeht, zu den am wenigsten wählerischen Arten. Dasselbe gilt auch für die Bodenunterlage: Sande, Tone, Mergel, Lehme sagen ihm zu. Am Wuchsort tritt er meist einzeln oder nur in wenigen Exemplaren auf. Die Zimtfarbe des ganzen Pilzes verändert sich nur geringfügig. Der Hut wird selten mehr als 7 cm breit. Sehr auffällig und recht charakteristisch ist das schöne Schwefelgoldgelb des Fleisches, das pfefferartig scharf schmeckt – bei Röhrlingen eine sehr seltene Erscheinung. Der spindelig verjüngte Stiel sitzt auf einem gelben Bodenmyzel. Der Pilz kann allenfalls zum Würzen verwendet werden.

Es gibt einige viel seltenere Röhrlinge von ähnlicher Größe und Färbung, doch sind ihre Röhren rot, und das Fleisch schmeckt kaum oder gar nicht scharf. Heller gelbbraun ist der Parasitische Röhrling, *Xerocomus parasiticus,* der durch sein Vorkommen als Schmarotzer auf Kartoffelbovisten (siehe Seite 254) eindeutig festgelegt ist. Der befallene Fruchtkörper kann seine Sporen nur zum Teil oder gar nicht ausbilden.

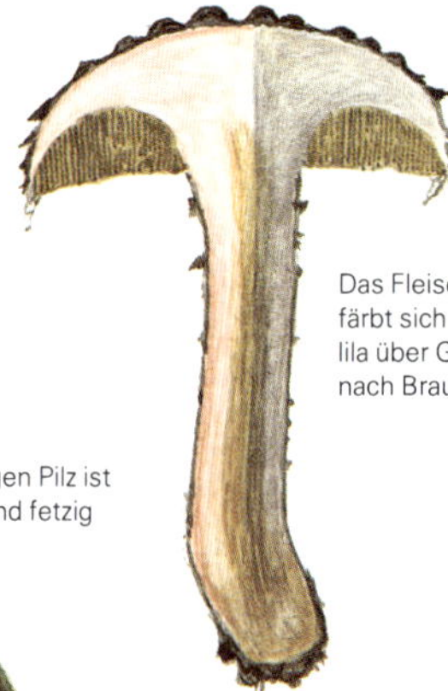

Wer den Strubbelkopf zum ersten Mal findet, vergißt den Anblick dieses sonderbaren Röhrlings nicht so schnell

Genießbar		
Breite cm	Höhe cm	Monate
10–15	9–15	Aug.–Okt.

Strubbelkopf *Strobilomyces floccopus*

Ein Röhrling, der wegen seiner ungewöhnlich dunklen Farbe und der aparten Hut- und Stielschuppen Staunen hervorruft. Er ist Einzelgänger auf sauren Böden unter Nadel- und Laubbäumen. Nicht selten erreichen Hutbreite und Stiellänge 15 cm. Auffallend sind auch die weiten, eckigen Röhrenmündungen, der ruppig-flockig beschuppte Stiel und der hellgraue Hautschleier, der leicht fetzig zerreißt und in Resten am eingerollten Hutrand hängenbleibt. Das Fleisch ist im Stiel faserig und trokken, im Hut eher wergig und geht an der Luft langsam über Rotlila in Braunschwarz über. Da dieser kuriose Röhrling vielerorts selten ist, sollte er am Wuchsort stehengelassen werden.

Wenn man ihn zum erstenmal sieht und von oben betrachtet, meint man, den ähnlich geschuppten Habichtspilz (siehe Seite 222) vor sich zu haben, der durchaus auch im selben Wald vorkommen kann. Ein Blick auf die Hutunterseite klärt den Irrtum sofort auf: Beim Habichtspilz ist sie dicht mit graubraunen, weichen Stacheln besetzt.

Der Hutrand ist rippig gerieft

Die Lamellen verschmieren auf Druck

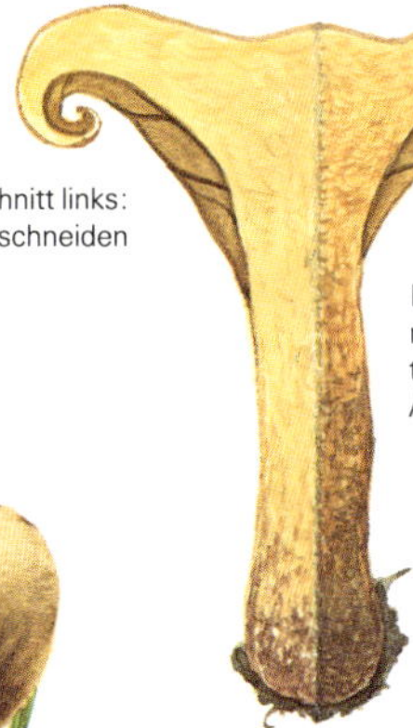

Längsschnitt links: beim Anschneiden

Längsschnitt rechts: zehn Minuten nach dem Anschnitt

Die druckempfindlichen Lamellen lassen sich wie die Röhren der Röhrlinge leicht vom Hutfleisch ablösen

Giftig		
Breite cm	Höhe cm	Monate
6–12	6–12	Juli–Okt.

Kahler Krempling *Paxillus involutus*

Vom Juli an stellt sich der Kahle Krempling in Laub- und Nadelwäldern ein, oft sehr zahlreich und mit dem Maronenpilz zusammen. In Grünanlagen der Städte kommt er unter Einzelbäumen vor. Er ist Säurezeiger, fehlt also auf Kalkböden. Der Rand seines olivbraunen, feinfilzigen Huts ist eingekrempelt. Wegen der auf Druck rasch braun werdenden Lamellen wird der Pilz auch Empfindlicher Krempling genannt. Das Fleisch ist saftig und riecht säuerlich. Früher war dieser Pilz besonders gebraten sehr beliebt, obwohl man wußte, daß er roh genossen giftig wirkt. Es gibt Menschen, die bei häufigem Verzehr auf das Pilzeiweiß mit Antikörperbildung reagieren. Dadurch kann akutes Leberversagen mit Todesfolge eintreten. Vom Genuß ist daher entschieden abzuraten.

Ein braunsamtiger, nicht kahler Stiel unterscheidet den an Nadelholzstümpfen häufigen Samtfußkrempling, *P. atrotomentosus*, vom Kahlen Krempling, der im Erlenkrempling, *P. filamentosus*, einen Doppelgänger mit lebhafteren Farben und angedrückt schuppigem Hut hat.

Weit herablaufende Lamellen täuschen einen Trichterling vor

Der Falsche Pfifferling wächst gewöhnlich auf Waldböden, kann aber auch auf sehr vermoderten Stümpfen gedeihen

Die gegabelten Lamellen erinnern an die der Kremplinge

Hut und Stiel können ganz braunsamtig sein

Der Pilz wächst gesellig auf dem Waldboden oder auf Baumstümpfen

Genießbar		
Breite cm	Höhe cm	Monate
4–7	5–8	Sept.–Nov.

Falscher Pfifferling *Hygrophoropsis aurantiaca*

Der Pilz wird oft wegen seiner Farbe und Form für den echten Pfifferling (siehe Seite 234) gehalten. Er erscheint erst im Spätjahr, manchmal in der Nähe der Orte, an denen früher echte Pfifferlinge gestanden hatten.

Der Falsche Pfifferling ist stets orange-, nicht dottergelb. Erst im Alter oder nach Frost bleicht er aus. Zugleich wird dann der Stielgrund braunschwarz. Die Lamellen sind wohl dicklich und gegabelt wie die Leisten des Pfifferlings, stehen aber enger und sind breiter. Dem Fleisch fehlt der charakteristische Pfifferlingsgeruch. Giftig, wie früher allgemein angenommen, ist der Falsche Pfifferling nicht, vielmehr kann er als Mischpilz verwendet werden.

Mit dem echten Pfifferling besteht keine Verwandtschaft. Einige Trichterlinge, zu denen man ihn früher rechnete, sind dem Falschen Pfifferling entfernt ähnlich, so der Wasserfleckige und der Ockerbraune Trichterling (siehe Seite 149). Beide sind aber viel blasser gelb und haben dünne, ungegabelte Lamellen. Der Falsche Pfifferling steht vielmehr den Kremplingen nahe.

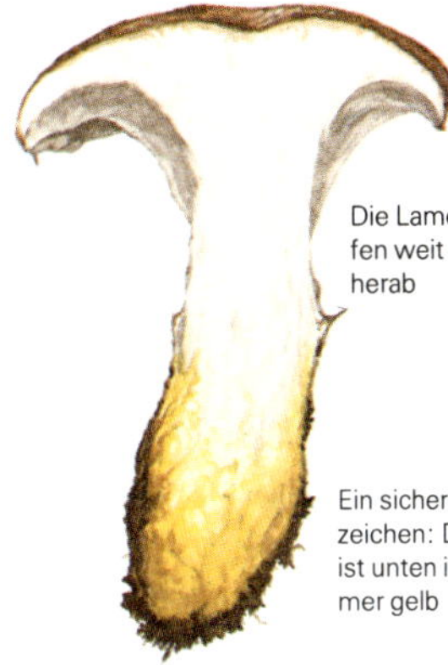

Die Lamellen laufen weit am Stiel herab

Ein sicheres Kennzeichen: Der Stiel ist unten innen immer gelb

Beim heranwachsenden Pilz sieht man die Lamellen durch den durchsichtigen Schleier hindurch

Gelber Stielgrund, aschgrau werdende Lamellen und schleimiger Schleier machen den Großen Gelbfuß unverwechselbar

Großer Gelbfuß *Gomphidius glutinosus*

Ein überall häufiger und leicht kenntlicher Fichtenwaldpilz, der nur sehr saure Böden meidet. Wenn man ihn im Fichtenstangenholz mit dem Mehlräsling (siehe Seite 169), dem Pfefferröhrling (siehe Seite 75) und dem Fliegenpilz (siehe Seite 126) zusammen antrifft, dann ist auch der Fichtensteinpilz (siehe Seite 52) nicht weit. Der Große Gelbfuß ist am leichtesten zu erkennen, wenn man ihn längs durchschneidet: Hut und obere Stielhälfte zeigen ein reinweißes Fleisch, von dem sich der untere Stielteil durch sein intensives Gelb abhebt. Die Schokoladefarbe und der schleimige Hutüberzug erinnern stark an den Butterpilz (siehe Seite 69). Statt einer Röhrenschicht zeigt die Unterseite beim Großen Gelbfuß aschgraue bis schwarze Lamellen, die sich am Stiel im Bogen herabziehen. Die Schleimschicht setzt sich über die Lamellen hinweg auf dem Stiel fort, wodurch der ganze Pilz bei nassem Wetter überaus glitschig wird. Der Volksmund hat ihm daher den Namen Kuhmaul gegeben. Wenn man die schleimige Huthaut abzieht, ist der Pilz in Mischung mit festeren Arten durchaus zu gebrauchen.

Eßbar		
Breite cm	Höhe cm	Monate
7–12	8–13	Juli–Okt.

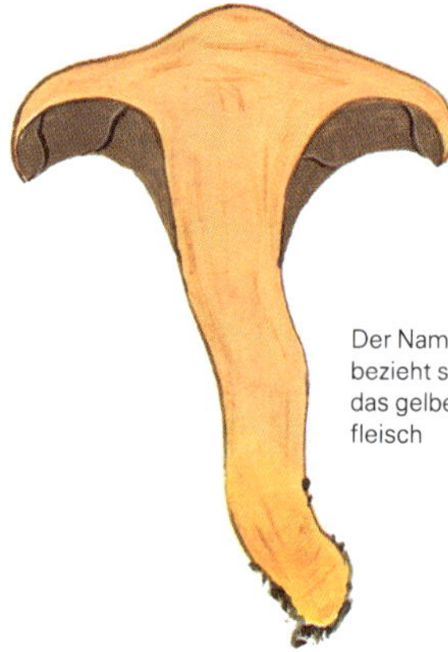

Neben der Kupferfarbe sind die dicken, bogig weit herablaufenden Lamellen das beste Merkmal dieses Gelbfußes

Eßbar		
Breite cm	Höhe cm	Monate
6–9 (15)	6–11	Juli–Okt.

Kupferroter Gelbfuß *Chroogomphus rutilus*

Der Kupferrote Gelbfuß ist Kiefernbegleiter, vorzugsweise auf Kalkboden, wo er oft mit dem Schmerling (siehe Seite 71) zusammen vorkommt. Der meist gebuckelte Hut ist mehr oder weniger schmierig, olivbraun mit leichter Kupfertönung bis einfarbig kupferrot und glänzt bei Trockenheit. Neben mittelgroßen Normalformen gibt es auch Hüte, die bis 16 cm breit werden. Die dicken, voneinander entfernt stehenden Lamellen werden frühzeitig graurötlich und schließlich schwärzlich. Sie laufen bogig am gelben, kupferrot überfaserten Stiel herab. Wie beim Großen Gelbfuß (siehe Seite 79) ist zwischen Hut und Stiel ein Schleier vorhanden, doch ist das Gelb des Stielfleisches mehr ockerlehmfarben und damit nicht so auffallend wie beim Großen Gelbfuß.

Ähnlich ist der Helvetische Gelbfuß, *Chr. helveticus,* der in der Schweiz und im Alpenvorland unter Fichten nicht selten vorkommt. Der Pilz ist lebhaft ziegelorange, der Hut feinfilzig und glanzlos. Eine weitere Art, der Rosenrote Gelbfuß, wird beim Kuhröhrling (siehe Seite 73) erwähnt.

Eßbar		
Breite cm	Höhe cm	Monate
7–16	6–12	Juli–Sept.

Die Lamellen werfen weißen Sporenstaub ab

Die Oberhaut wird schon frühzeitig zerklüftet

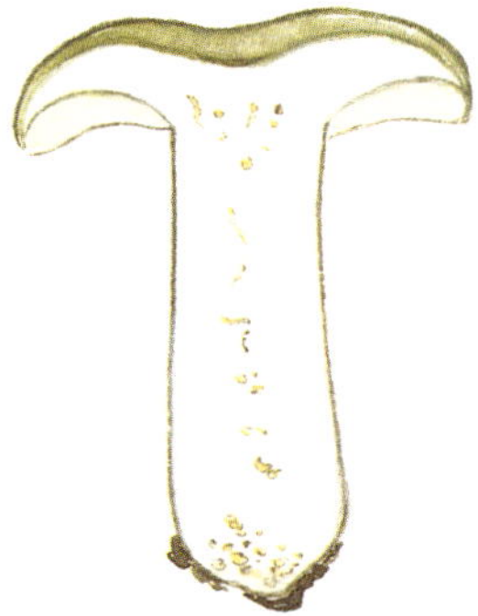

Das Stielfleisch wird locker und mürbe

Bei nur schwach blaßgrünen Hüten fällt die typische Felderung längst nicht so sehr auf

Grüngefelderter Täubling *Russula virescens*

Durch ihre bunten Hutfarben gehören die Täublinge zu unseren auffälligsten Pilzen; außerdem zählen sie zu den häufigsten. Der Grüngefelderte Täubling ist ein Sommerpilz kalkarmer Laubwälder. Die Kennzeichen typischer Täublinge sind bei ihm gut ausgeprägt: spröde, helle Lamellen, die schon bei geringem Druck splittern, und mürbes, trockenes Fleisch, das sich mühelos zerbröckeln, aber nicht längs zerfasern läßt. Eine Besonderheit dieses Täublings ist, daß die Hutbekleidung frühzeitig aufreißt und dadurch in kleine Felder zerlegt wird. Die grüne Farbe bleicht sehr leicht aus. Der Stiel ist etwas längs gerunzelt, nach oben erweitert und nach unten meist verjüngt. Der Pilz schmeckt roh nußartig und wird als Speisepilz sehr geschätzt. Doch wurden Grüne Täublinge grob fahrlässig schon mit dem tödlich giftigen Grünen Knollenblätterpilz (siehe Seite 127) verwechselt.

Die Gattung Täubling, *Russula,* ist in der Nordhemisphäre sehr artenreich; die Arten genau unterscheiden zu lernen erfordert ein intensives Studium.

Die Lamellen sind gleich lang, und nur ganz wenige sind gegabelt

Nur bei dieser Täublingsart ist der Rand von der Huthaut entblößt

Die Traubeneiche ist einer der Symbionten des Pilzes

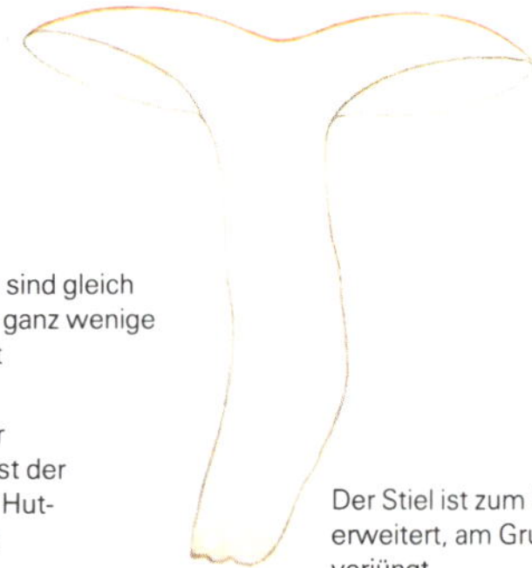

Der Stiel ist zum Hut hin erweitert, am Grunde verjüngt

Das Foto zeigt einen typischen Speisetäubling. Täublinge lernt man nur durch Vergleich vieler Exemplare kennen

Fleischroter Speisetäubling *Russula vesca*

Ein Pilz der sandigen Nadel- und Laubwälder, auch auf Urgesteinsverwitterungsböden, ab Juni ziemlich häufig, oft gesellig. Neben dunkelfleischroten gibt es blasse Formen mit nur schwacher Rottönung. Arttypisch ist, daß sich die Huthaut vom Rand her ablöst, so daß die Lamellen auf wenigen Millimetern Breite sichtbar werden. Diese zeigen oft rostfarbige Fleckchen.

Alle roh mild schmeckenden Täublinge – der Fleischrote Täubling gehört dazu – sind eßbar. Diese verläßliche Regel gilt aber nur für Täublinge! Scharf brennender Geschmack schließt ihre Verwendung im allgemeinen aus.

Zur Unterscheidung der einzelnen Arten helfen die meist sehr veränderlichen Hutfarben oft nicht weiter. Fast konstant ist dagegen die Farbe des Sporenstaubes, den man gewinnt, wenn man annähernd reife Hüte auf Papier legt und die Sporen aus den Lamellen fallen läßt. Nach einigen Stunden werden sie als feiner weißer oder gelblicher bis orangegelber Staub sichtbar. Der Sporenstaub des Fleischroten Speisetäublings ist immer rein weiß.

Eßbar		
Breite cm	Höhe cm	Monate
7–11	6–9	Juni–Okt.

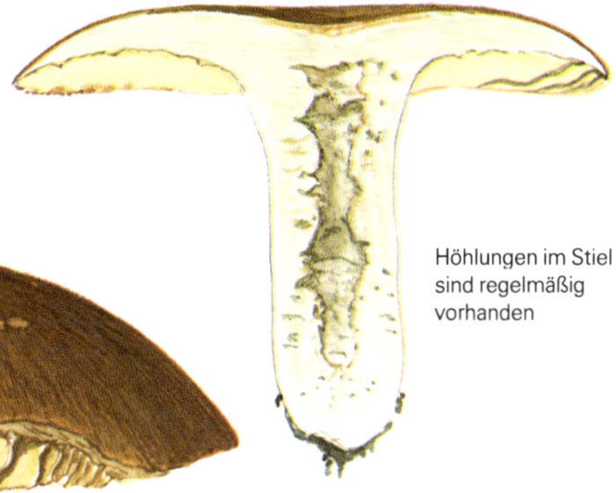

Höhlungen im Stiel sind regelmäßig vorhanden

Stiel und Lamellen werden im Alter cremefarbig. Die Huthaut ist nur am Rand abziehbar

Der Hutrand bleibt glatt

Lamellen und Stiel färben sich sahnefarben

Eßbar		
Breite cm	Höhe cm	Monate
7–16	5–12	Juli–Okt.

Wieseltäubling *Russula mustelina*

Dieser Täubling gehört in bodensauren Bergnadelwäldern mit Fichte und Weißtanne zu den Charakterpilzen. In manchen Jahren tritt er ab Juli massenhaft auf, gerne auch an und auf sandigen Wegen. Oft hebt er die Nadelstreu mit dem anfangs halbkugeligen, etwas genabelten Hut empor und wird erst sichtbar, wenn er sich flach ausbreitet oder trichterförmig vertieft. Der schön dunkelnußbraune bis milchkaffeebraune Hut kann 20 cm Breite erreichen; seine Haut ist nur am Rande abziehbar. Die sehr spröden Lamellen und der stämmige Stiel werden bald sahnefarben. Innen wird der Stiel im Alter lockerfleischig und bekommt einzelne Höhlungen.

Der Wieseltäubling gehört zu den schmackhaftesten Pilzen seiner Gattung und wird deshalb dort, wo er zahlreich vorkommt, in zunehmendem Maße gesammelt.

Mancher Steinpilzsammler wurde in Unkenntnis der hohen Qualität des Wieseltäublings schon enttäuscht oder verärgert, wenn er beim Umwenden eines vermeintlichen Steinpilzes statt der Röhren Lamellen erblickte.

Die violette Farbe der Huthaut dringt oft in das Hutfleisch ein. Der Pilz wird sehr von Schnecken heimgesucht

Frauentäubling *Russula cyanoxantha*

Schon im Juni trifft man im Laubwald, seltener im Nadelwald, auf den überall häufigen Frauentäubling. Er kommt auf allen Bodenarten vor. Sein Hut wird über 12 cm breit und variiert von reinem Dunkelviolett bis zu reinem Dunkelgrün und in allen Mischungen der beiden Farben. Die zart geäderte Oberhaut ist bei Regen schmierig und vom Rande her teilweise abziehbar. Die reinweißen Lamellen sind so weich, daß sie beim Darüberstreichen nicht splitternd zerbrechen, sondern sich umlegen – eine arttypische Ausnahme unter den Täublingen. Der Stiel ist gewöhnlich rein weiß, kann aber auch violett angehaucht sein. Das weiße Fleisch schmeckt etwa wie unreife Haselnüsse, manchmal auch leicht laugenartig. Der Pilz wird sehr geschätzt, weil er sehr ergiebig ist und ausgezeichnet schmeckt. Leider mögen ihn auch Maden und Schnecken.

Ein Doppelgänger mit spröden, buttergelben Lamellen ist *R. ionochlora*, der Violettgrüner Täubling genannt werden sollte. So nannte man nämlich den Frauentäubling, bevor *R. ionochlora* klar von ihm getrennt wurde.

Eßbar		
Breite cm	Höhe cm	Monate
8–13	8–10	Juni–Okt.

Eßbar		
Breite cm	Höhe cm	Monate
4–8	5–7	Juli–Okt.

Buttergelb ist auch der Sporenstaub

Das Stielende ist zugespitzt

Andere violette Täublinge gleichen dem Brätlingstäubling so sehr, daß sie nach dem Foto nicht zu unterscheiden sind

Die Lamellenschneide ist rotviolett gesäumt

Nicht nur im Nadelwald, auch unter Rotbuchen kommt der Brätlingstäubling vor

Brätlingstäubling *Russula amoena*

Dieser hübsche Pilz wächst vorwiegend im Nadelwald, gern an Wegböschungen auf Sandboden, ist aber ziemlich selten. Der schön violettpurpurne Hut ist matt, wie bereift und daher ohne Glanz. Er verblaßt nur wenig. Die Lamellen werden im Alter buttergelb und sind durch eine rotviolette Schneide geziert. Auch der Stiel ist fast in ganzer Länge zart violett und fein längsliniert. Das Fleisch schmeckt mild und riecht wie das des Heringstäublings (siehe Seite 88) und des Brätlings (siehe Seite 105) nach Hering.

Einen zitronengelben Hut und eine ungefärbte Lamellenschneide hat der verwandte Violettstielige Täubling, *R. violeipes*. Die Farbe des Hutes kontrastiert stark mit der des Stieles, der unten oft zugespitzt ist. Der Pilz besiedelt ähnliche Orte wie der Brätlingstäubling.

Ein tiefblutroter Hut und Stiel und ein dunkleres Gelb annehmende Lamellen zeichnen die Nadelwaldform des Heringstäublings aus. Die genannten Arten schmecken alle mild, sind also eßbare Täublinge.

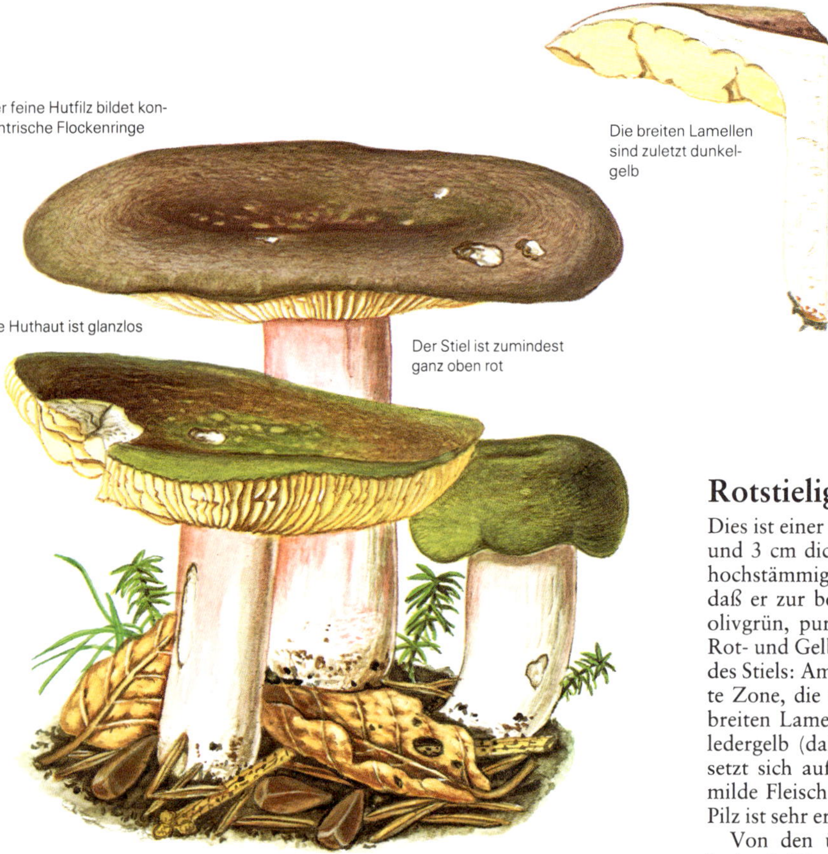

Neben den häufigeren purpurnen Formen gibt es den Pilz rein oliv mit weißem Stiel. Er ist dann kaum kenntlich

Rotstieliger Ledertäubling *Russula olivacea*

Dies ist einer der größten Täublinge mit oft 20 cm breitem Hut und 3 cm dickem Stiel. Er tritt in feuchtwarmen Sommern in hochstämmigen Laub- und Nadelwäldern oft so zahlreich auf, daß er zur beherrschenden Pilzart werden kann. Da der Hut olivgrün, purpurn, lila und mischfarbig mit allen möglichen Rot- und Gelbtönen vorkommt, hält man sich an das Merkmal des Stiels: Am Lamellenansatz beginnt eine hellpurpurn gefärbte Zone, die sich bis zur Stielbasis ausdehnen kann. Die sehr breiten Lamellen werden über Hellgelb zuletzt eidotter- oder ledergelb (daher der Name). Die Purpurfarbe des Hutrandes setzt sich auf der Lamellenschneide ein Stück weit fort. Das milde Fleisch hat einen schwachen, angenehmen Geruch. Der Pilz ist sehr ergiebig.

Von den übrigen Ledertäublingen kann der Weißstielige Ledertäubling, *R. integra*, in Bergnadelwäldern auf mildem Humus zum Massenpilz werden. Der Hut spielt in den gleichen Farben wie der des Rotstieligen Ledertäublings, doch herrschen braunrote Farben vor. Er wird nicht ganz so groß.

Eßbar		
Breite cm	Höhe cm	Monate
8–18	8–13	Juli–Okt.

Rotstielige Täublinge

Auf die Hutfarben ist wenig Verlaß. Sicherer sind dagegen die Gelbtöne sporenreifer Lamellen. Auch Geruchsunterschiede können von entscheidender Bedeutung sein. Doch sollte man bei Täublingen immer eine Geschmacksprobe machen.

Stachelbeertäubling
Russula queletii Seite 93
Ungenießbar

Haut klebrig

Reife Lamellen blaßgelb, Schneide weiß

Stiel schwach lilarot

Schmeckt scharf, riecht nach gekochten Stachelbeeren

Haut samtig, gegen den Rand konzentrisch wolkig

Stiel oben rot

Reife Lamellen dunkelgelb, Schneide rot

Schmeckt mild, riecht unauffällig

Rotstieliger Ledertäubling
Russula olivacea Seite 86
Eßbar

Haut samtig, nie wolkig

Reife Lamellen blaßgelb, Schneide rot

Stiel ganz rot

Schmeckt mild, riecht nach Hering

Brätlingstäubling
Russula amoena
Seite 85
Eßbar

Mit der Bräunung des Fleisches am Stielgrund nimmt der Geruch nach Heringen zu

Langsam bräunendes Fleisch und stärker werdender Heringsgeruch sind die besten Kennzeichen aller Heringstäublinge

Der Stiel kann auch ganz purpurrot sein

Eßbar		
Breite cm	Höhe cm	Monate
5–9	5–9	Aug.–Okt.

Heringstäubling *Russula xerampelina*

Allen Formen dieses überaus variablen Täublings gemeinsam ist der beim Trocknen und im Alter immer stärker werdende Geruch nach Heringen, genauer nach Trimethylamin, das im Fisch wie im Pilz nachgewiesen ist. Zum Heringsgeruch kommt als weiteres Artkennzeichen die Bräunung des Fleisches. Sie tritt schon ein, wenn der Stiel unsanft angefaßt wird. Von zehn Varietäten ist hier die besonders farbschöne Varietät *erythropoda* mit dunkelpurpurrotem Hut und hellpurpurnem Stiel dargestellt. Der Pilz wächst im Herbst unter Nadelbäumen, besonders unter Fichten. Der milde, angenehm nußkernartige Geschmack macht ihn wie alle anderen Heringstäublinge zum guten Speisepilz. Der lästige Heringsgeruch verschwindet beim Erhitzen.

Olivgrün mit Lilatönen und viel größer ist die buchenbegleitende Varietät *faginea*. Unter Birken gibt es außerdem einen olivgrünen, im Bergwald einen lederbraunen Heringstäubling. Alle Formen haben hellgelbe Lamellen, die einen buttergelben Sporenstaub liefern.

Eßbar		
Breite cm	Höhe cm	Monate
7–10	6–8	Juni–Sept. (Okt.)

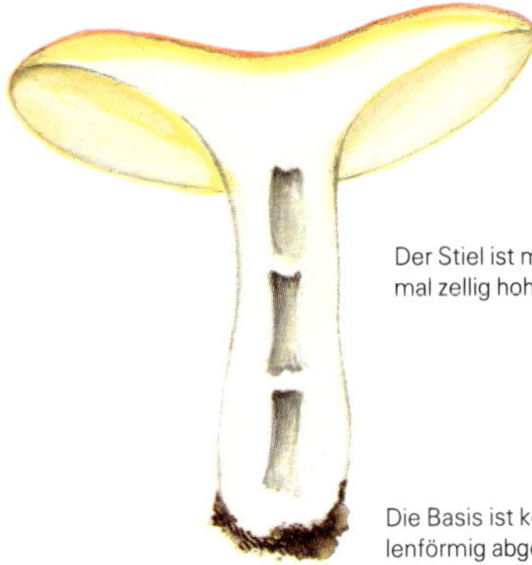

Der Stiel ist manchmal zellig hohl

Die Basis ist keulenförmig abgerundet

Das Gelb der Lamellenschneide kann auch auf den Stiel übergreifen. Der Goldtäubling trägt seinen Namen zu Recht

Der Stiel ist längsgerieft; er kann auch ganz weiß sein

Die Lamellen werden dottergelb wie die Sporen

Goldtäubling *Russula aurata*

Der Goldtäubling ist wie die meisten Täublinge ein Sommerpilz. Er ist im Laubwald zu Hause, kommt aber seltener auch unter Nadelbäumen vor. Milder Humus über Mergeln und Kalken sagt ihm besonders zu. Der Hut kann ganz korallenrot sein. Meist ist aber die Hutmitte goldgelb. Auch ganz goldgelbe Hüte sind nicht allzu selten. Das beste Kennzeichen bietet die Lamellenschneide; sie ist eidottergelb, während die Lamellen selbst viel blasser sind. Das weiße, brüchige Fleisch riecht unauffällig, schmeckt mild und ist eßbar.

Manchmal ist das Merkmal der gelben Schneide wenig oder nicht vorhanden. Dann wird die Unterscheidung von anderen roten und gelben Täublingen schwierig. Die gleichen Hutfarben trifft man beim viel zierlicheren Chamäleontäubling, *R. chamaeleontina*, an. Seine Lamellen werden tief orangegelb. Rein eigelb ist der ähnliche Dottertäubling, *R. vitellina*. Viel größer wird der prächtig zinnoberrote Bittere Zinnobertäubling, *R. pseudointegra*, der durch die abziehbare, leicht bittere Huthaut kenntlich ist. Er wächst unter Eichen.

Der Hutrand kann rippig gerieft oder auch ungerieft sein

Die Lamellen liefern weißen Sporenstaub

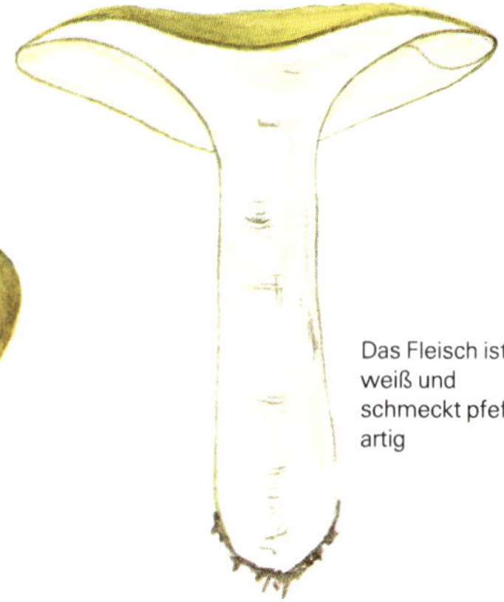

Das Fleisch ist weiß und schmeckt pfefferartig

Die Huthaut des Gelbweißen Täublings ist weit hinein abziehbar. Bei feuchtem Wetter ist sie klebrig

Gelbweißer Täubling *Russula ochroleuca*

Im Herbst gehört dieser auch Zitronentäubling genannte Pilz stellenweise zu den Massenpilzen, vor allem in Nadelwäldern auf Sandboden. Unter Buchen und Eichen findet man ihn weniger häufig. Er hat einen zitronengelben, im Bergwald auch olivgrünen Hut, weiße Lamellen, einen weißen Stiel und scharf schmeckendes Fleisch. Der Pilz ist – entgegen der Täublingsregel – eßbar: Die Schärfe verliert sich beim Kochen.

Man kann ihn mit dem Gallentäubling, *R. fellea*, verwechseln, der zu den Charakterpilzen des Buchenwaldes gehört. Der Pilz ist einheitlich ocker- bis semmelgelb; auch Lamellen und Stiel sind ockerfarben. Sein Geschmack ist sehr scharf. Ebenfalls im Buchenwald wächst der Sonnentäubling, *R. solaris*. Sein Hut ist weit hinein rippig gerieft, in der Mitte zitronengelb, am Rand weißlich blaß. Schon wenn man ein kleines Lamellenstück kaut, stellt man eine beträchtliche Schärfe fest. Mild und eßbar dagegen ist das langsam grauende Fleisch des hübschen Chromgelben Graustieltäublings, *R. claroflava*, der nur an moorigen Orten unter Birken vorkommt.

Eßbar		
Breite cm	Höhe cm	Monate
6–9	5–8	Aug.–Nov.

Junge Stinktäublinge sind besonders schleimig. Der Hut ist fast kugelrund, breitet sich dann aber glockig aus

Ungenießbar		
Breite cm	Höhe cm	Monate
8–13	6–11	Juli–Okt.

Stinktäubling *Russula foetens*

Ein von Juli an in Laub- und Nadelwäldern häufiger Täubling, der durch seinen widerlichen Geruch unangenehm auffällt. Sein kandis- bis hellgelbbrauner, sehr schmieriger Hut behält lange eine Glockengestalt bei; der Rand ist weit hinein rippig gerieft. Die Schneide der gelblichen Lamellen ist dicht mit klaren Wasserperlen besetzt; beim Eintrocknen hinterlassen sie bräunliche Flecken. Das Fleisch ist recht brüchig, im Stiel von vielen Höhlungen durchsetzt und schmeckt sehr scharf. Der Pilz wird hin und wieder als giftig bezeichnet. Lebensbedrohend giftig ist aber keine der scharfen Täublingsarten.

Der Stinktäubling gehört zu einer Gruppe sehr ähnlicher Arten, von denen er am weitesten verbreitet ist. Durch angenehmen Bittermandelgeruch von ihm unterschieden ist der Mandeltäubling, *R. laurocerasi*, dessen Hut sich frühzeitig verflacht. Weitere Arten der Gruppe sind nur dann sicher bestimmbar, wenn mikroskopische Daten und chemische Reaktionen des Fleisches herangezogen werden. Dies gilt auch für die dunkler graubraunen Kammtäublinge.

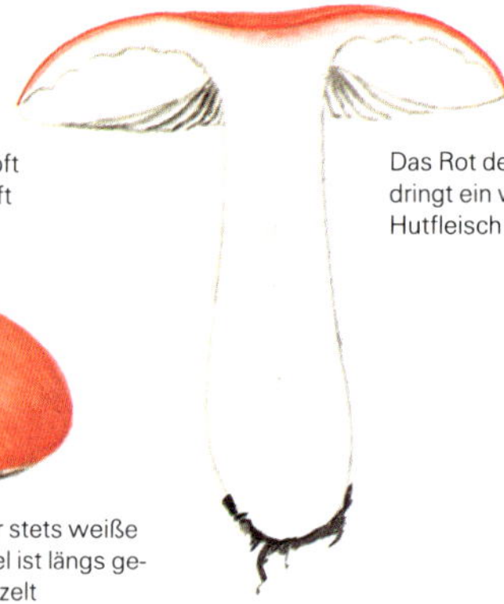

Die Aufnahme zeigt den Kirschroten Speitäubling in der Varietät *silvestris* an einem typischen Wuchsort

Schwach giftig		
Breite cm	Höhe cm	Monate
6–11	7–11	Aug.–Nov.

Kirschroter Speitäubling *Russula emetica*

Als Speitäubling werden vereinfachend vielfach alle scharfschmeckenden Täublinge mit roten Hüten und weißen oder roten Stielen zusammengefaßt. Der Kirschrote Speitäubling ist ein Pilz der moorigen Nadelwälder, wo er oft mitten in den Bleichmoospolstern wächst. Sein anfangs ausgeprägt glockiger Hut wird bis 11 cm breit. Er hat die gleiche prächtige rote Farbe wie der Fliegenpilz, wird aber im Alter stellenweise oder ganz weißlich blaß. Die weißen Lamellen bekommen zeitig einen Stich ins Cremegelbe. Das weiße Fleisch riecht säuerlichobstig und schmeckt sehr scharf. Alle Speitäublinge gelten seit alters als Giftpilze. Darauf deutet ja auch der Volksname hin, und in der Tat können sie unangenehme Verdauungsstörungen bewirken.

Im Laub- und trockeneren Nadelwald gibt es die Varietät *silvestris*; sie ist heller kirschrot. Außerdem kommt noch eine bei trockenem Wetter samthütige Art mit schlecht abziehbarer Huthaut vor, die vornehmlich auf Kalkboden anzutreffen ist: der Buchenspeitäubling, *R. mairei*.

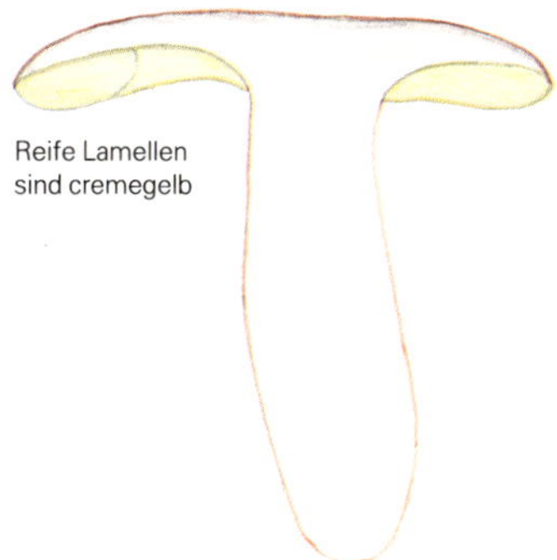

Das Lilarot auf dem Stiel kann auch nur ganz schwach sein. Cremefarbene Lamellen und Geruch sind entscheidend

Ungenießbar		
Breite cm	Höhe cm	Monate
5–9	7–9	Aug.–Okt.

Stachelbeertäubling *Russula queletii*

Seinen Namen hat dieser Täubling von dem Geruch nach Stachelbeeren, der den Lamellen entströmt. Der Pilz ist an die Fichte gebunden, bleibt aber auf zu sauren Böden aus. Auf die Hutfarbe ist, wie bei den meisten Täublingen, kein Verlaß. Sie schwankt von Dunkelviolettrot über Lila mit grünen Beimischungen bis zu Gelbgrün ohne jedes Rot. Die klebrige Huthaut ist abziehbar. Die weißen Lamellen werden mit der Sporenreife cremefarben. Der ausgefallene Sporenstaub ist deutlich cremegelb, und der Stiel stets violettfarben oder lilarosa überhaucht. Das Fleisch schmeckt sehr scharf und ist nicht zu verwenden.

Ähnlich gefärbt, aber gedrungener und nur unter Kiefern auf sandigem Boden zu finden ist der Zitronenblättrige Täubling, *R. sardonia*. Die jungen Lamellen schimmern zitronengelb und scheiden an der Schneide Wassertropfen aus. Unter Kiefern auf Kalk wächst der Gedrungene Täubling, *R. torulosa*. Der Stiel ist nur schwach lilafarben. Der Pilz riecht apfelähnlich und schmeckt viel weniger scharf.

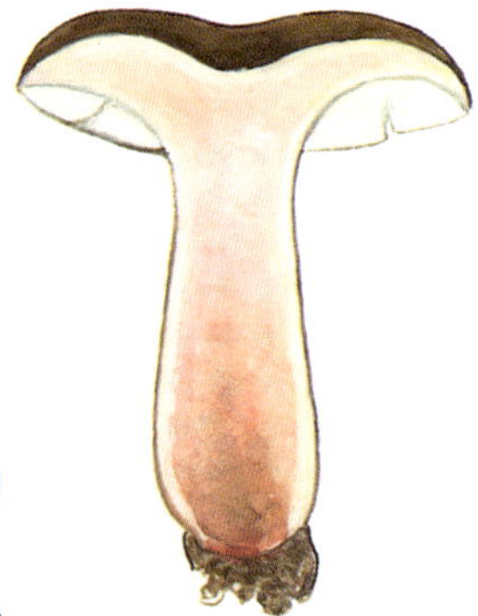

Die Rötung nach Bruch vergeht allmählich

Kein anderer Täubling hat so weit auseinanderstehende Lamellen

Der weißliche Hut wird bald grauschwarz

Jungpilze röten besonders schnell und stark, wenn sie beschädigt werden. Schwarz geworden bewahren sie die Form

Dickblättriger Schwärztäubling

Russula nigricans

Ab August ein sehr häufiger, mehr durch Größe als durch Farbe auffallender Täubling des Nadel- und Laubwaldes auf mäßig sauren bis neutralen Böden. Der Name weist auf ein wichtiges Merkmal hin: In der Gruppe der langsam schwarz werdenden, nie buntfarbigen Schwärztäublinge hat er die dicksten, am weitesten voneinander abstehenden Lamellen, die sehr brüchig sind und, wenn sie verletzt werden, rasch rot anlaufen. Zuletzt sieht der Pilz wie verkohlt aus und bleibt so bis in den nächsten Frühling stehen. Obwohl nach der Täublingsregel eßbar, da er mild schmeckt, ist er nicht zu empfehlen.

In der Größe kommt ihm der Rauchbraune Schwärztäubling, *R. adusta*, nahe. Er läuft bei Bruch nur schwach rot an, hat dünnere, enger stehende Lamellen und verkohlt nicht. Die Art bewohnt bodensaure Bergnadelwälder. Auf Kalk wächst der kleinere Schwarzanlaufende Kohlentäubling, *R. albonigra*. Er ist anfangs weißlich und wird nach und nach grauschwarz. Bruchstellen laufen sofort schwarz an, ohne zu röten.

Genießbar		
Breite cm	Höhe cm	Monate
9–15	7–11	Aug.–Okt.

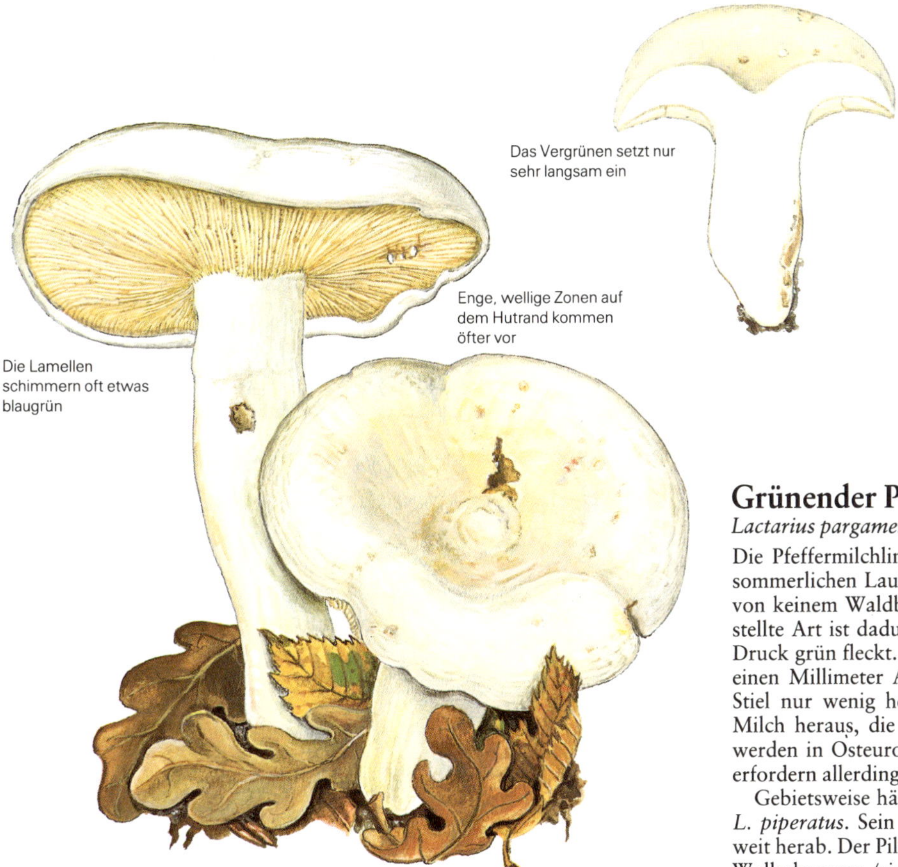

Am unverletzten Pilz ist von dem charakteristischen Grünflecken bei Druck oder Bruch noch nichts zu bemerken

Grünender Pfeffermilchling

Lactarius pargamenus

Die Pfeffermilchlinge gehören zu den auffälligsten Pilzen des sommerlichen Laubwaldes. Ihre riesigen weißen Hüte können von keinem Waldbesucher übersehen werden. Die hier dargestellte Art ist dadurch gekennzeichnet, daß sie bei Bruch oder Druck grün fleckt. Die Lamellen stehen so dicht, daß sie kaum einen Millimeter Abstand voneinander haben. Sie laufen am Stiel nur wenig herab. Beim Anbruch quillt reichlich weiße Milch heraus, die äußerst scharf schmeckt. Pfeffermilchlinge werden in Osteuropa allgemein als Speisepilze verwendet. Sie erfordern allerdings eine besondere Vorbehandlung.

Gebietsweise häufiger ist der Gewöhnliche Pfeffermilchling, *L. piperatus*. Sein Stiel ist langgestreckt, die Lamellen laufen weit herab. Der Pilz verfärbt sich nicht grün. Im Herbst löst der Wollschwamm (siehe Seite 96) die Pfeffermilchlinge ab. Er ist ihnen zum Verwechseln ähnlich. Der wollig-filzige Hut, weitstehende Lamellen und ein viel kürzerer Stiel sind wichtige Unterscheidungsmerkmale.

Bedingt eßbar		
Breite cm	Höhe cm	Monate
7–16	8–12	Juni–Okt.

Fleisch und Lamellen sind milchreich

Der flache, etwas vertiefte Hut hat viele Erdkrumen mit emporgehoben. Der Pilz heißt daher auch Erdschieber

Der Hut ist weißwollig filzig

Die Lamellen stehen weit auseinander

Ungenießbar		
Breite cm	Höhe cm	Monate
10–18	7–11	Aug.–Nov.

Wollschwamm *Lactarius vellereus*

Der Wollschwamm oder Wollige Erdschieber erscheint erst im Spätsommer, ist aber bis Anfang November häufig zu finden. Der Stiel bleibt sehr kurz, weshalb der sich ebenerdig entwikkelnde, frühzeitig flach trichterförmig werdende Hut meist Erde mit emporhebt. Die kalkweiße Oberfläche ist feinfilzig; im Alter wird sie stellenweise braunfleckig. Die weit auseinanderstehenden Lamellen laufen am Stiel herab. Milchsaft ist reichlich vorhanden. Da der Pilz aber wochenlang stehen kann, trocknet die Milch oft ganz ein. Wenn man die Milch auf den Handrücken tropfen läßt und dann aufleckt, stellt man meistens fest, daß sie mild, etwas herb, allmählich schwach bitter schmeckt. Dann liegt die Varietät *velutinus* vor. Das kleinste Stück Fleisch jedoch brennt fürchterlich auf der Zunge und im Rachen. Bei der reinen Art, die offensichtlich seltener ist, brennt die Milch ebenso stark. Man tut gut daran, die Kostprobe sehr vorsichtig anzustellen, da keine anderen erkennbaren Unterschiede zwischen Typus und Varietät bestehen. Den Wollschwamm kann man nicht verwerten.

Wie am Stiel sind auch oft auf dem Hutrand dunkler gelbe, flachgrubig eingetiefte Flecken zu finden

Grubiger Erdschieber *Lactarius scrobiculatus*

Dieser auffällige Milchling ist besonders im Bergland in Nadelwäldern auf Kalkboden nicht selten. Die Fichte, vielleicht auch die Tanne, dürften seine Mykorrhizapartner sein, wie ja fast alle Milchlinge symbiotisch mit Waldbäumen zusammenleben. Der Grubige Erdschieber ist durch die überstehenden Fransen am Hutrand, die an der Luft in Sekundenschnelle schwefelgelb werdende Milch und die dunkleren, flachen Gruben am Stiel bestens gekennzeichnet. Auch er betätigt sich wie der Wollschwamm (siehe Seite 96) als Erdschieber, indem er beim Wachstum Humus und Nadeln emporschiebt. Außerdem schmeckt er brennend scharf wie dieser. Für die Küche ist er unbrauchbar.

Es gibt auch einen Weißen Erdschieber, *L. resimus*, mit gelber Milchverfärbung, dazu zwei sehr seltene, mit hellgelber Verfärbung, *L. citriolens* und *L. intermedius*. Im Gebirgsfichtenwald auf moorigem Boden wächst ein Doppelgänger mit noch stärker zottigem Hutrand und violett verfärbender Milch, der Violettmilchende Zottenreizker, *L. repraesentaneus*.

Giftverdächtig		
Breite cm	Höhe cm	Monate
12–18 (24)	8–11 (14)	(Juli) Aug.–Okt.

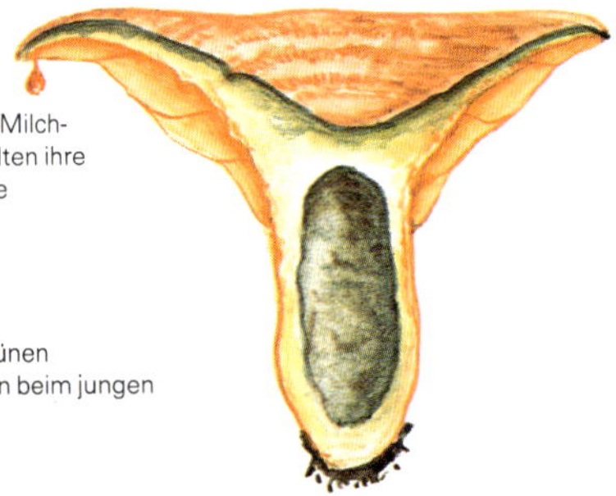

Gedrungener Wuchs und festeres Fleisch unterscheiden den Echten von ähnlichen Reizkern mit karottenroter Milch

Eßbar		
Breite cm	Höhe cm	Monate
7–11	4–8	Aug.–Okt.

Echter Reizker *Lactarius deliciosus*

Als Reizker oder Blutreizker werden vom Speisepilzsammler alle Milchlinge mit karottenroter bis blutroter Milch bezeichnet. Es handelt sich dabei aber um mehrere, gut unterscheidbare Arten. Von diesen ist der Echte oder Kiefernreizker in den sandigen Kiefernwäldern des norddeutschen Flachlandes die weitaus häufigste. Für ihn sind typisch die silbrig graugrünfleckigen Zonen auf dem orangebraunen Hut. Die im Anschnitt karottenrote Milch wird nach einiger Zeit blasser (nicht dunkelblutrot!) und schmeckt mild. Gebratene Kiefernreizker sind ein deliziöses Pilzgericht, wie der lateinische Name *deliciosus* schon sagt.

Etwas anders sieht es mit dem in Süddeutschland vorherrschenden Fichtenreizker, *L. deterrimus*, aus. Als Bratpilz ist er recht ordentlich, bei anderer Zubereitung aber alles andere als wohlschmeckend. Wichtige Unterschiede sind der freudig orangefarbene, dunkler gezonte Hut und die beim Eintrocknen dunkelblutrot werdende Milch. Außerdem ist die Art streng an die Fichte gebunden.

Die konzentrischen, dunkleren Zonen sind oft stärker ausgeprägt als bei diesem Exemplar

Der Stiel ist nur wenig heller als der Hut

Der eingerollte Hutrand ist durch wollig-zottige Fransen gekennzeichnet

Bedingt eßbar		
Breite cm	Höhe cm	Monate
8–11	6–9	Juli–Okt.

Im Anschnitt fließt reichlich weiße, scharf schmeckende Milch aus

Der Stiel wird bald hohl

Der eingerollte Hutrand ist stärker faserwollig als bei den übrigen vergleichbaren Milchlingen ähnlicher Farbe

Birkenreizker *Lactarius torminosus*

Der Birkenreizker kommt als Mykorrhizenbildner verschiedener Birkenarten vor, manchmal auch in Parkanlagen und Vorgärten. Er kann in Farben und Formen dem Echten Reizker (siehe Seite 98) sehr ähnlich werden, ist von ihm aber leicht zu unterscheiden, wenn man auf den wolligen Rand, die weiß bleibende Milch und die weißen Lamellen achtet. In östlichen Ländern wird er gewässert, eingesalzen oder in Essig eingelegt und dann als Speisepilz verwendet.

Kleiner und viel blasser ist der ebenfalls Birken begleitende Flaumige Reizker, *L. blumii*. In Alleen, Grünanlagen und Vorgärten ist er sogar der häufigere. Unter Eichen und Buchen gibt es mehrere Milchlinge, die wie der Birkenreizker gezont sind, aber einen kahlen, glatten Rand haben. Diese Zonenmilchlinge lassen sich nur schwer unterscheiden. Leichter kenntlich ist der Goldflüssige Milchling, *L. chrysorrheus*, ein nur unter Eichen wachsender, kleiner Pilz mit ebenfalls gezontem Hut und weißer Milch, die an der Luft sofort goldschwefelgelb wird. Er ist nicht eßbar.

Filzige Hutschüppchen gibt es nur bei wenigen Milchlingen; sie sind daher ein wichtiges Merkmal des Bruchreizkers

Der Milchsaft ist fast wasserhell

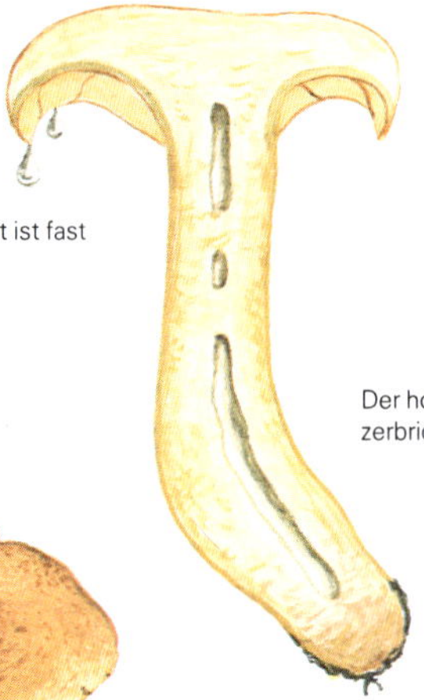

Der hohle Stiel zerbricht leicht

Der Pilz steht in einem Bleichmoosrasen, seinem häufigsten Wuchsort. Sein Hutfilz ist zerrissen

Bruchreizker *Lactarius helvus*

Der Bruchreizker oder Große Maggipilz kommt in Waldmooren und Bergwäldern mit Bleichmoosen unter Kiefern oft sehr zahlreich vor. Hüte von 15 cm Breite sind nicht selten. Sie sind feinfilzig und wie die Stiele blaßbraungelb, die Lamellen zuerst mehr cremefarben, später dunkler. Der Pilz ist sehr zerbrechlich und sondert an Bruchstellen einen wässerigen Saft ab.

Beim Trocknen wird der charakteristische Zichorien- oder Maggigeruch immer stärker. Der Pilz sollte nur getrocknet und in kleinen Mengen zum Würzen verwendet werden, da er sonst unbekömmlich ist.

Eine ähnliche Farbe, aber einen glatten, klebrigen Hut hat der Bleiche Milchling, *L. pallidus*, ein Charakterpilz des Buchenwaldes. Deshalb kommt er nie an Standorten des Bruchreizkers vor. Ebenfalls in den leider immer seltener werdenden Moorwäldern wächst dagegen der Kahle Krempling (siehe Seite 77), der auch einmal wie ein Bruchreizker aussehen kann. Es fehlt ihm aber der Milchsaft, und die Lamellen werden auf Druck rasch dunkelbraun.

Bedingt eßbar		
Breite cm	Höhe cm	Monate
6–16	6–11	Aug.-Okt.

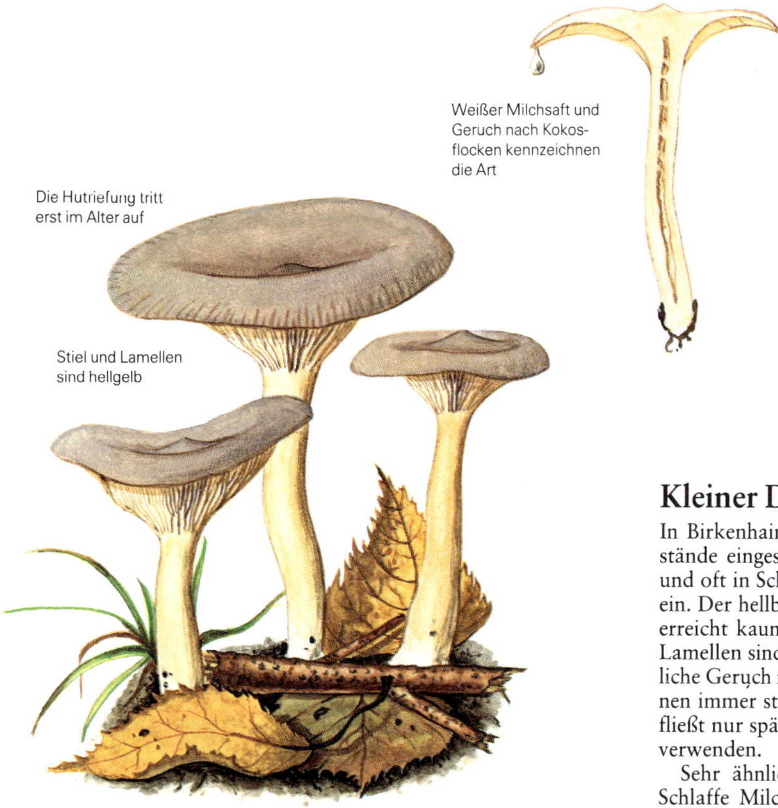

Das Fleisch dieses zierlichen Milchlings ist zerbrechlich. Die weiße Milch ändert an der Luft ihre Farbe nicht

Genießbar		
Breite cm	Höhe cm	Monate
3–6	5–8	Sept.-Okt.

Kleiner Duftmilchling *Lactarius glyciosmus*

In Birkenhainen und bei einzeln in Laub- oder Nadelholzbestände eingestreuten Birken stellt sich im Herbst nicht selten und oft in Scharen gesellig wachsend der Kleine Duftmilchling ein. Der hellbraune Hut ist mehr oder weniger graulila getönt, erreicht kaum 7 cm Breite und kann kleingebuckelt sein. Die Lamellen sind fleischgelb. Das wichtigste Merkmal ist der süßliche Geruch nach Kokosflocken, der im Alter und beim Trocknen immer stärker wird. Die leicht scharf schmeckende Milch fließt nur spärlich. Man kann den Duftmilchling als Mischpilz verwenden.

Sehr ähnlich ist der auch meist unter Birken wachsende Schlaffe Milchling, *L. vietus*. Der graue Hut, die weißlichen Lamellen, der blasse Stiel und vor allem die beim Trocknen langsam olivgrau werdende Milch ermöglichen die Unterscheidung. Zudem riecht der Pilz nur schwach und keinesfalls wie Kokosflocken. Unter Erlen in Auenwäldern findet man gelegentlich den Rotbraunen Erlenmilchling, *L. obscuratus*. Das rotbraune Hütchen ist oft oliv und klein gebuckelt.

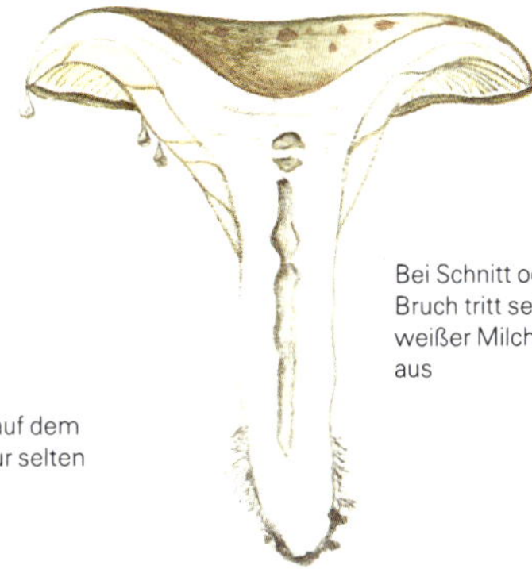

Die im Foto dargestellte braune Form ist ebenso häufig wie die grüne, die als Zeichnung abgebildet ist

Graugrüner Milchling *Lactarius blennius*

Buchenwälder haben ihre charakteristische Pilzflora. Den größten Anteil buchentreuer Arten stellen Milchlinge, Täublinge, Röhrlinge, Ritterlinge, Schnecklinge und Schleierlinge. Ein regelmäßig anzutreffender Vertreter dieser Flora ist der Graugrüne Milchling. Dem grünen Hut fehlen kaum je einmal konzentrische, braunviolette Fleckenringe. Aus den weißblassen Lamellen tritt bei Verletzung weißer, sehr scharf schmeckender Milchsaft, der nach geraumer Zeit grauoliv fleckend eintrocknet. Stiel und Hut sind schmierig. Der Pilz wird nicht zu Speisezwecken gesammelt.

Seltener kommt, ebenfalls im Buchenwald, der Braunfleckende Milchling, *L. fluens*, vor. Er hat dunklere Farben, dazu aber oft eine bezeichnende schwefelgrüne Randzone. Die Fleckenzonen sind stärker ausgeprägt. Der Pilz wird größer, derber und trocknet rascher als der Graugrüne Milchling, und die Milch verfärbt sich nicht grauoliv, sondern braun. Graulila eng gezont ist der Gebänderte Milchling, *L. circellatus*, der nur bei Hainbuchen wächst.

Ungenießbar		
Breite cm	Höhe cm	Monate
6–11	6–9	Aug.–Nov.

Die Lamellenschneide bekommt oft rostbraune Flecken

Die Milch wird beim Eintrocknen grünlich

Bei Nässe ist die Huthaut klebrig, bei Trockenheit wird sie filzig rauh

Die Gruben am Stiel sind nicht immer so stark ausgeprägt

Bedingt eßbar		
Breite cm	Höhe cm	Monate
8–15 (22)	7–10	Aug.–Nov.

Wenn der Hut trocknet, wird der aus schwärzlichen Fasern bestehende rauhe Filz der Hutmitte immer deutlicher

Tannenreizker *Lactarius necator*

Der Name dieses Milchlings bezieht sich auf sein Vorkommen unter Rottannen und Weißtannen. Der Pilz ist jedoch unter Kiefern und Birken ebenso häufig, aber nur, wenn der Boden sauer genug ist. Er findet sich daher oft in Gesellschaft des Rotbraunen Reizkers (siehe Seite 107), der dieselben Standortansprüche stellt. Trotz seiner Hutbreite von über 20 cm hebt er sich mit seiner dunkelolivbraunen Farbe kaum vom dunklen Waldboden ab. Die erst blassen, später fleischgelblichen Lamellen zerbrechen leicht und werden schmutziggraufleckig. Der Stiel ist weniger düster gefärbt; da er ziemlich kurz bleibt, erhebt sich der Pilz kaum über die Nadel- oder Laubstreu. Der kleinste Tropfen der weißen Milch brennt sehr scharf auf der Zunge.

In Osteuropa sind alle scharfen Milchlinge Speisepilze – auch der Tannenreizker. Ohne gründliche Vorbehandlung erweist er sich jedoch als unbekömmlich. Der ältere Name Mordschwamm ist aber zweifellos ungerechtfertigt. Da es viele bessere Pilze gibt, sollte man ihn stehenlassen.

Das stark gerunzelte obere Stielende ist das sicherste Unterscheidungsmerkmal gegenüber ähnlich gefärbten Arten

Schwarzkopfmilchling *Lactarius lignyotus*

Den Schwarzkopfmilchling oder Essenkehrer findet man in bodensauren Bergfichtenwäldern und Waldmooren, selten im Hügel- und Flachland. Der schwarzbraune, samtige, gebuckelte Hut und der ebenso gefärbte, oben typisch runzelig gefurchte Stiel heben sich in der Farbe auffällig von den sahnegelben Lamellen ab. Der Pilz ist ziemlich starr; schon bei geringem Druck bricht der Hut vom Stiel ab. An der Bruchstelle tritt weiße Milch aus, die sich bald fleischrosa verfärbt.

Unter den Rotmilchlingen gibt es eine viel stämmigere Art, den Fichtenrotmilchling, *L. picinus*. Er ist ebenso gefärbt; der Hut hat aber keinen Buckel und der Stiel keine Längsrunzeln. Sein Revier ist ebenfalls der Bergfichtenwald; er wächst jedoch mehr auf mergeligen und tonigen Böden. Auch der Laubwald hat seine Rotmilchlinge: Da gibt es, samthütig und mit sehr blassen Farben, den Graubräunlichen, *L. azonites*; braunhütig und blaßstielig, den Rußbraunen, *L. fuliginosus*; und, mit glattem, klebrigem Hut und scharfer Milch, den Rosaanlaufenden Rotmilchling, *L. acris*.

Eßbar		
Breite cm	Höhe cm	Monate
4–8	6–9	Aug.–Okt.

Eßbar		
Breite cm	Höhe cm	Monate
12–16	8–11	Juni–Okt.

Der braune Fleck rührt von einem eingetrockneten Milchtropfen her

Der ganze Fruchtkörper ist derb und festfleischig

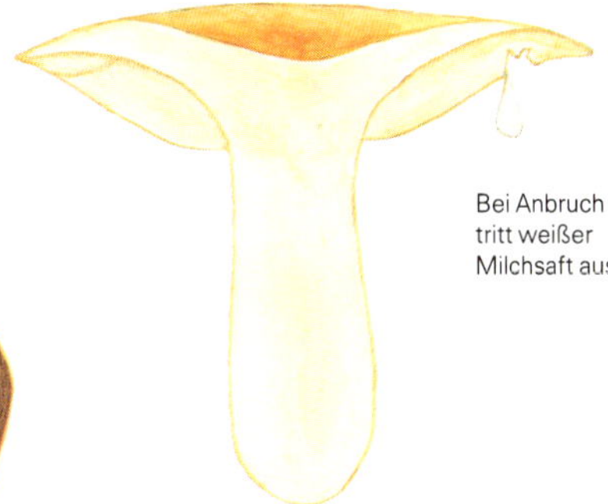

Bei Anbruch tritt weißer Milchsaft aus

Der Brätling wächst meist zerstreut in kleinen Gruppen oder einzeln. Größe und Farbe machen ihn auffällig

Brätling *Lactarius volemus*

Der Brätling erscheint schon ab Juni in bodensauren Laubwäldern, seltener unter Nadelbäumen. Von den vielen ähnlich gefärbten Milchlingen erreicht er die bedeutendsten Ausmaße. Das Orange variiert nach Hellgelb wie nach Dunkelfuchsrot. Die Huthaut ist matt und nicht abziehbar. Lamellen, Hut- und Stielfleisch lassen bei Anbruch besonders reichlich weißen Milchsaft ausfließen, der nach einigen Minuten dunkelbraun wird. Auf der Haut wird er harzartig fest und läßt sich nur schwer wieder entfernen. Den intensiven Heringsgeruch wird man lange Zeit nicht mehr los. Der Name Brätling deutet auf die bevorzugte Zubereitungsart hin. Den jungen Pilz kann man sogar roh essen, da Fleisch und Milchsaft angenehm mild schmecken.

Alle übrigen rotbraunen Milchlinge schmecken mehr oder weniger scharf oder bitterlich. In der Farbe am nächsten kommt der häufige, viel kleinere Orangerote Milchling, *L. mitissimus*, ein Spätherbstpilz des Nadelwaldes. Vergleichen sollte man auch den Rotbraunen Reizker (siehe Seite 107).

Typisch ist die Papille auf dem Hut

Der dunkle Stiel hat einen Stich ins Purpurne

Milchsaft tritt oft nur spärlich aus

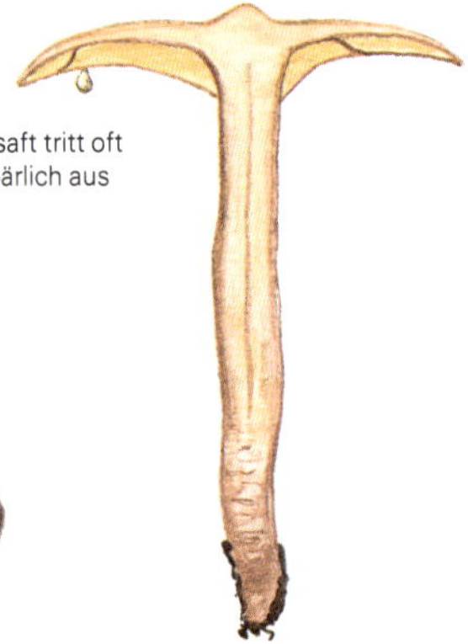

Der Hutrand des Kleinen Zichorienmilchlings ist in der Jugend oft weißlich und später deutlich gerieft

Kleiner Zichorienmilchling

Lactarius camphoratus

Dieser Milchling ist vom Sommer an in allen Waldarten auf saurem Boden anzutreffen. Auf kalkreichen Böden beschränkt er sich auf moosige Baumstümpfe, da hier der Untergrund sauer reagiert. Der Kleine Zichorienmilchling ist rotbraun. Aber diese Farbe haben viele Milchlinge. Ein wichtiges Unterscheidungsmerkmal ist der Geruch: Die Art riecht trocken intensiv nach Zichorienwurzeln oder Maggi. Der wässerige Milchsaft schmeckt fast mild. Wegen seiner geringen Größe ist der Pilz unergiebig und allenfalls als Mischpilz zu gebrauchen.

Für Mitteleuropa werden in der Fachliteratur nicht weniger als 19 ähnliche braunfarbige Milchlingsarten genannt. Zu ihnen kommen 53 weitere Arten aus anderen Gruppen; es ist also nicht einfach, sie alle einwandfrei auseinanderzuhalten. Zur genauen Bestimmung müssen oft nur mikroskopisch feststellbare Merkmale herangezogen werden. Dies gilt für alle Pilze, sobald man darauf ausgeht, nicht nur die durch auffallende Eigenschaften ausgezeichneten Arten zu bestimmen.

Genießbar		
Breite cm	Höhe cm	Monate
3–6	4–6	Juli–Okt.

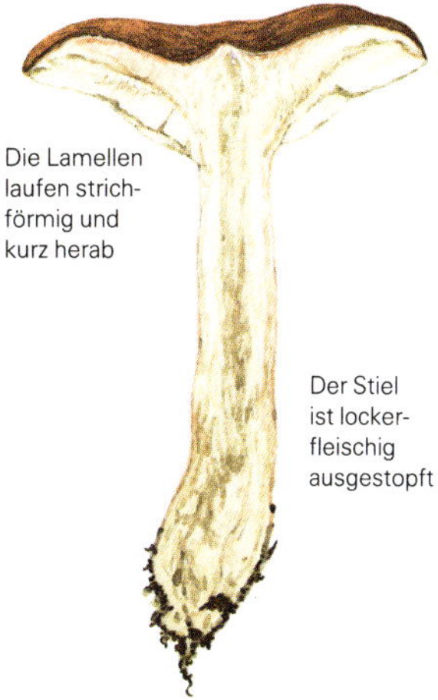

Heidekraut und Rotbrauner Reizker zeigen an, daß freie Humussäuren im Bodenwasser vorhanden sind

Bedingt eßbar		
Breite cm	Höhe cm	Monate
7–10	8–11	(Juli) Aug.–Okt.

Rotbrauner Reizker *Lactarius rufus*

Der Rotbraune Reizker ist einer der häufigsten Milchlinge in sandigen Heidewäldern, in bodensauren Bergfichtenwäldern und in Waldmooren unter Kiefern. Reizker ist ein alter Volksname für alle scharfen Milchlinge. Der stets gebuckelte Hut, die blassen Lamellen, der rotbraun getönte Stiel und reichlich fließender, weißer Milchsaft, der beißend scharf schmeckt, sind wichtige Kennzeichen. Nach entsprechender Vorbehandlung (siehe Seite 99) kann jedoch auch dieser Pilz kulinarisch verwertet werden.

Lebhafter gefärbt und größer ist der Brätling (siehe Seite 105). An ähnlichen Orten wie der Rotbraune Reizker wächst der heller braune, kaum mehr als 5 cm breite Flatterreizker, *L. theiogalus;* seine Milch wird, auf ein Taschentuch getropft, rasch schwefelgelb. Der wesentlich dunklere Kleine Zichorienmilchling (siehe Seite 106) ist schon durch den Zichoriengeruch des trocknenden Pilzes hinlänglich verschieden. Auf Kalk gibt es wieder andere, schwer zu unterscheidende braunrote Arten, die alle für den Speisepilzsammler ohne Bedeutung sind.

Der Hut kann angedrückt seidig bis kleinschuppig sein

Der Ring ist dünn und vergänglich

Der Hautschleier verdeckt anfangs die rosafarbenen Lamellen

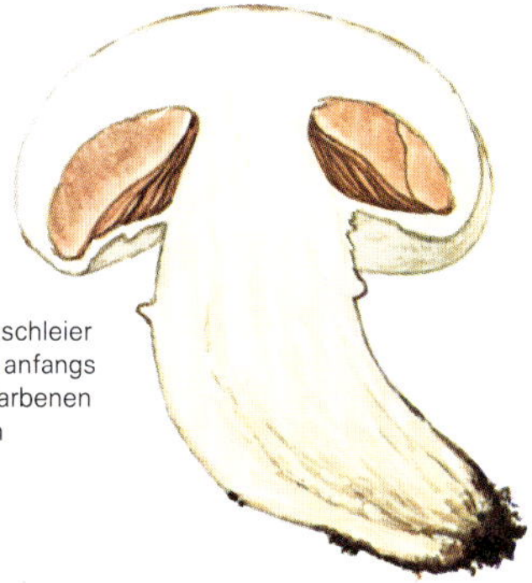

Junge Feldegerlinge sind im dichten Gras schwer zu sehen. Das dunklere Grün um sie her verrät sie

Eßbar		
Breite cm	Höhe cm	Monate
6–10	5–8	Juni–Nov.

Feldegerling *Agaricus campester*

Als es noch das Brachfeld, die Egarte, gab, wuchsen darauf auch die Egartlinge, wie die Egerlinge oder Champignons eigentlich heißen müßten. Heute sind es Viehweiden und Pferdekoppeln, die mitunter Massenernten liefern – aber nur, wenn es vorher lange genug trocken und warm war. Eine Herbstnebelnacht genügt, um Tausende hervorzuzaubern. Die Hexenringe, in denen sie wachsen, sind anderntags schon dicht mit kleinen und großen Champignons besetzt. Die jungen Pilze sind noch geschlossen; im Schnitt erkennt man aber deutlich die rosafarbenen Lamellen. Ältere Hüte haben bereits schwarzbraune Lamellen und streuen schwarzviolette Sporen aus.

Hexenringe entstehen durch zentrifugales Myzelwachstum vom Mittelpunkt aus; an der Peripherie werden die Fruchtkörper erzeugt. In Hexenringen auf Weiden und Wiesen wachsen auch Maipilze (siehe Seite 144), Nelkenschwindlinge (siehe Seite 164) und andere eßbare Pilze. Gefährlich wird es in Waldrandnähe, da hier auch gefährliche Giftwulstlinge (siehe Seite 126–128) vorkommen können.

Der Kompostegerling stimmt weitgehend mit der braunhütigen Form des Zuchtchampignons überein

Die Huthaut ist bei Trokkenheit seidig und läßt sich leicht abziehen

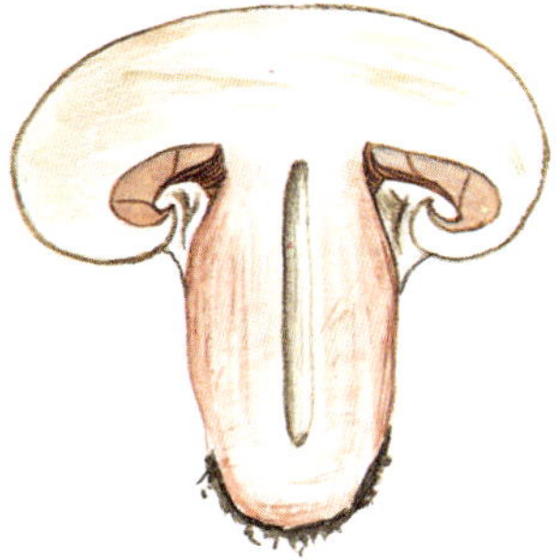

Der durchgeschnittene Pilz riecht würzig, aber nicht nach Anis

Der Kompostegerling gehört zu den rotanlaufenden Champignons. Diese riechen nie nach Anis, sondern wie Holz

Eßbar		
Breite cm	Höhe cm	Monate
7–12 (25)	7–10 (16)	Mai–Okt.

Kompostegerling *Agaricus bisporus*

Ein mit Erde durchsetzter oder überdeckter, schon von Krautpflanzen oder Brennesseln überwucherter Komposthaufen im Garten oder am Feldwegrand kann gelegentlich eine angenehme Überraschung bieten: in dichten Büscheln gruppenweise zu Dutzenden hervorbrechende gewichtige Champignons mit graubraunen, dicht faserschuppig bekleideten Hüten, die jung eingerollt sind und mit einer flockigen Haut die Lamellen verbergen. Schneidet man einen solchen Pilz durch, erkennt man die graurötliche Lamellenfarbe. Beim aufgeschirmten Pilz bleibt am Stiel ein wulstiger Ring, den man nach unten abziehen kann. Das Fleisch läuft langsam schmutzigrot an. Es wurden schon Exemplare mit 25 cm breitem Hut gefunden. Der Kompostegerling ist ein ergiebiger und sehr delikater Champignon. Von ihm stammt der heutzutage weltweit kultivierte Zuchtchampignon, *A. hortensis*, ab.

Es gibt im Freien auf gutem, nährstoffreichem Boden mehrere ähnliche Arten, deren Studium man aber den Spezialisten überlassen muß.

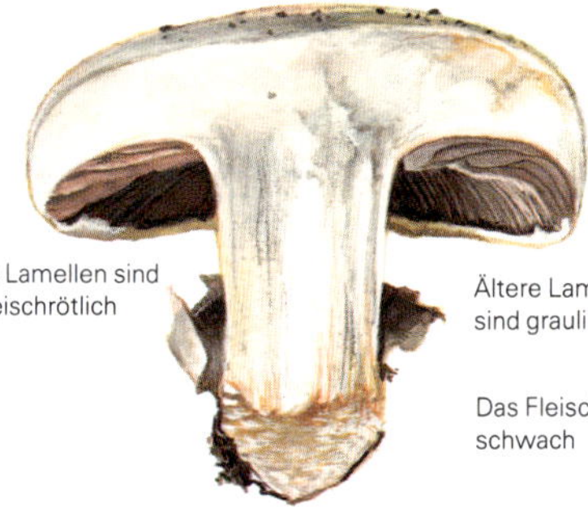

Das Foto zeigt die zwei Ringe am Stiel des Scheidenegerlings, die ihn von allen anderen Arten unterscheiden

Scheidenegerling *Agaricus bitorquis*

Stadtchampignon heißt der Pilz auch, weil er nur in Städten und Dörfern angetroffen wird, und zwar zwischen den Bordsteinen und dem Straßenbelag. (Daher nennt man ihn auch Trottoirchampignon.) Sogar unter dem Asphalt auf Gehsteigen entwickeln sich ganze Nester von Champignons. Der Asphalt wölbt sich, bricht auf, und hervor drängen die Pilze. Was diese Art von allen ihren Verwandten unterscheidet, ist eine doppelte Hülle. Im allerersten Stadium umschließt eine dünne Haut den ganzen Pilz. Diese bekleidet als Scheide den Stielgrund und endet in 1–2 cm Höhe mit einem schmalen Hautring. Die innere Hülle ist eine Fortsetzung der Huthaut bis zum Stiel, an dem sie als lappiger, derber Hautring erhalten bleibt. Der ganze Pilz neigt zu leichter Gelbfärbung. Das Fleisch ist sehr fest und verfärbt sich kaum.

Nächste Verwandte sind der Kompostegerling (siehe Seite 109) und der Zuchtchampignon, *A. hortensis*, denen er in der Geschmacksqualität gleichkommt. Bedenklich ist nur, daß der Scheidenegerling ständig Autoabgasen ausgesetzt ist.

Eßbar		
Breite cm	Höhe cm	Monate
8–11	6–9	Mai–Sept. (Okt.)

Der Ring ist doppelschichtig

Die Lamellen ändern ihre Farbe von Grauweiß über Fleischrosa in Schwarzbraun um

Die oft schiefe, flache Stielknolle ist arttypisch

Diese Art läßt sich vom Schafegerling, *A. arvensis,* praktisch nur durch die abgeplattete Stielbasis unterscheiden

Eßbar		
Breite cm	Höhe cm	Monate
8–12	8–15	Juni–Okt.

Flachknolliger Egerling *Agaricus abruptibulbus*

Einen Egerling oder Champignon einer der vielen Arten eindeutig zuzuordnen ist oft schwierig, da die Merkmale wenig konstant sind. Den Flachknolligen Egerling erkennt man an der abgeplatteten, auf dem Boden sitzenden Stielknolle; berührt man den Pilz, wird er überall chromgoldgelb. Enghohle Stiele, dünnes Hutfleisch und ein angenehmer Anisduft kommen auch bei ähnlichen Arten vor. Alle diese gilbenden, weißhütigen Waldchampignons wachsen hauptsächlich auf gehäuftem Nadel- oder Laubhumus an Waldstraßen oder Waldrändern. Sie leben hier als reine Streuzersetzer oder Saprophyten, d. h., sie ernähren sich von zerfallenden Stoffen und bilden keine Lebensgemeinschaft mit Bäumen.

An den genannten Wuchsorten kommen auch Vertreter der rötenden Egerlinge vor. Sie haben braune, schuppige Hüte, so z. B. der Kleine Waldegerling (siehe Seite 114), und sind alle eßbar. Nicht aber der Karbolchampignon (siehe Seite 112), der in der Stielknolle intensiv schwefelgelb anläuft. Wegen seiner Unbekömmlichkeit wird er auch Giftegerling genannt.

Von chromgelben Flecken ist beim Karbolchampignon erst nach Berührung oder nach dem Anschnitt etwas zu bemerken

Giftig		
Breite cm	Höhe cm	Monate
7–11	7–12	Juli–Okt.

Karbolchampignon *Agaricus xanthoderma*

Dieser Pilz hat schon viele Champignonsucher irregeführt. Dabei hat er ein sicheres Unterscheidungsmerkmal: Wenn man die Knolle anschneidet, wird das weiße Fleisch sofort durch und durch chromgelb. Hinzu kommt der so gar nicht anisartige Geruch nach Karbol oder Tinte. Junge Hüte haben oft eine abgestutzte Kegelform. Die Hutmitte nimmt häufig graubräunliche Töne an. Rein rosafarbene Lamellen hat z. B. auch der Feldegerling (siehe Seite 108). Karbolchampignons gibt es schon im Frühsommer oft in großer Zahl, reihenweise oder in Hexenringen, im Nadelhumus der Waldränder wie in Auwäldern, aber auch fernab vom Wald, am häufigsten auf Kalkboden. Wandert der Pilz aus Versehen in den Kochtopf, gibt es eine böse Überraschung: Mit dem Erhitzen steigert sich der Karbolgeruch mehr und mehr – das Gericht ist ungenießbar und ruft Übelkeit und Erbrechen hervor.

Der Perlhuhnegerling, *A. placomyces,* ist eine nahverwandte, kleinere Art mit der gleichen Gelbverfärbung im Stielgrund; der Hut ist hübsch schwärzlich oder braun schuppig gefleckt.

Champignons mit Doppelgänger

Vor allen übrigen Merkmalen muß man bei den Champignons oder Egerlingen auf die Farbe der Lamellen achten. Weder Fleischverfärbung noch Geruchsunterschiede sind so zuverlässig. Verwechslungen sind lebensgefährlich.

Flachknolliger Egerling
Agaricus abruptibulbus Seite 111
Eßbar

Karbolchampignon
Agaricus xanthoderma
Seite 112
Giftig

Grüner Knollenblätterpilz
Amanita phalloides Seite 127
Sehr giftig

Die Hautschuppen sind bisweilen kaum angedeutet, können aber auch sehr breit und dunkel sein

Eßbar		
Breite cm	Höhe cm	Monate
6–9	7–11	Juli–Okt.

Kleiner Waldegerling *Agaricus silvaticus*

Ein Egartling im Wortsinn (siehe Seite 108) ist dieser Champignon nicht, denn er wächst nur im Nadelwald, vornehmlich in Nähe der Ränder oder an Waldstraßen, da sich hier wegen der dichteren Beastung der Bäume mehr Streu ansammelt, und diese braucht der Pilz als ausgesprochener Streuzersetzer oder Humuszehrer. Die Stiele stecken, oft büschelig verwachsen, tief in der Nadelstreu. Der Hut kann blaßbräunlich mit nur angedeuteter Schuppung sein, doch auch kräftiger rotbraun mit deutlichen, dunklen Schuppen. Graurote, zuletzt schwarzbraune Lamellen und ein blasser, schlanker Stiel mit waagrecht abstehendem, hoch ansitzendem Ring ergänzen das Bild. Der Geruch des intensiv blutrot anlaufenden Fleisches erinnert etwas an frisch gesägtes Laubholz, also nicht an Mandeln oder Anis, wie es für die gilbenden Egerlinge die Regel ist.

Es werden noch sechs weitere rot anlaufende Waldegerlinge unterschieden; sie sind aber nicht so häufig und zum Teil noch wenig bekannt. Als Speisepilze sind sie alle gleich gut zu gebrauchen.

Der Ring läßt sich auf und ab schieben

Der röhrig hohle Stiel läßt sich leicht aus dem Hut herausdrehen

Wenn sich der Stiel streckt, zerreißt die Oberhaut

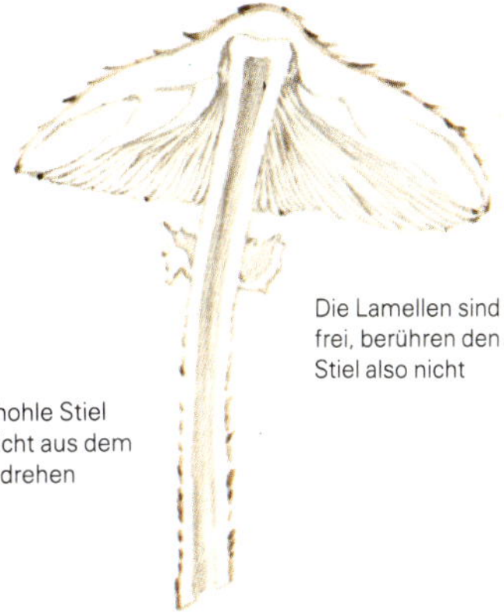

Die Lamellen sind frei, berühren den Stiel also nicht

Wenn der junge Hut mit dem Stiel noch durch die wattig-weiße Haut verbunden ist, gleicht der Pilz einem Paukenschlegel

Eßbar		
Breite cm	Höhe cm	Monate
15–40	18–40	Aug.–Okt.

Riesenschirmpilz *Macrolepiota procera*

Der Riesenschirmpilz oder Parasol ist der stattlichste aller europäischen Blätterpilze. Er wird 40 cm hoch und breit. Lichtungen in hochstämmigen Laub- und Nadelwäldern, vergraste Schlagflächen und sonnige Waldwiesen sind die Fundstellen, an denen der Pilz im Sommer und Herbst einzeln oder gar in großer Zahl den Pilzsammler erfreut. Der hellbraune, auffällig geschuppte Hut und der genatterte Stiel mit dem frei beweglichen Ring variieren kaum. Die Lamellen stehen dicht; sie erreichen den Stiel nicht ganz – sie sind frei. Der anfangs locker wattig ausgefüllte Stiel wird bald röhrig hohl. Er läßt sich leicht aus dem Hut herausdrehen, eine Eigenschaft, die sich bei Egerlingen, Wulstlingen und Dachpilzen wiederfindet. Die Beliebtheit des Parasols bei Kennern kommt nicht von ungefähr: Gebratene junge Parasolhüte gehören zu den köstlichsten Pilzspeisen.

Ähnliche Statur und Farbe zeigt der kleinere Zitzenschirmling, *M. gracilenta.* Der aufragende Buckel und die feinkörnigen Schüppchen unterscheiden ihn vom Parasol.

Eßbar		
Breite cm	Höhe cm	Monate
9–15	12–15	Aug.–Okt.

Eine Druckstelle am Hutrand ist karminrot geworden

Der Stielring läßt sich verschieben

Der knollige Stielgrund steckt in der Nadel- oder Laubstreu

Nur der Safranschirmling läuft in dieser Farbe an

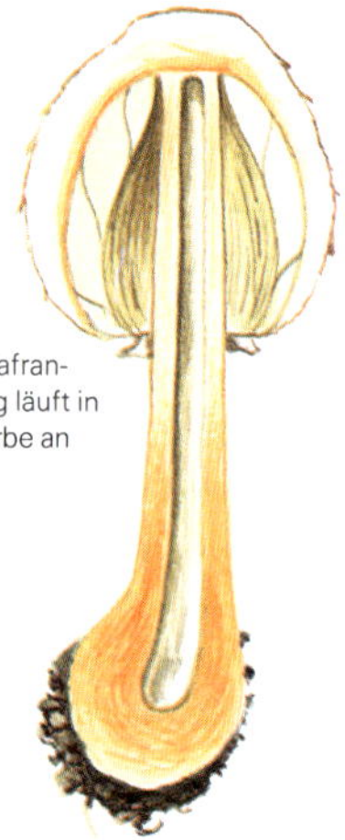

Der aufgeschirmte Hut sieht bald zerzaust aus, der Pilz wird unansehnlich und zuletzt mißfarben

Safranschirmling *Macrolepiota rhacodes*

Ein naher Verwandter des Parasols (siehe Seite 115) ist der Safranschirmling. Er besiedelt schattigere Orte, gerne z. B. die Nadelstreu unter dichtbeasteten Fichten, und zwar manchmal zusammen mit dem Kleinen Waldegerling (siehe Seite 114). Doch kommt er auch unter Laubbäumen vor. Der Pilz gleicht einem kleinen, kurzstieligen Parasol, was den knolligen Stielgrund und die Hutbeschuppung betrifft. Diese ist aber mehr struppig-faserig, und die Hutfarbe geht stärker ins Graubraune. Ein Längsschnitt macht alles klar: Das Fleisch läuft sofort safrangelb bis ziegelrot an. Der Safranschirmling ist weniger ergiebig, darf aber doch als guter Speisepilz gelten.

Andere Großschirmlinge, die verwechselt werden könnten, haben unveränderlich weißes Fleisch. Zu ihnen gehört der außerhalb des Waldes auf Magerwiesen und Triften wachsende Geschundene Schirmling, *M. excoriata.* Seine Biotope verschwinden allmählich, da sie in Grünland oder Forstkulturen umgewandelt werden, und der einst häufige Pilz wird zur großen Seltenheit.

Die gelben Stielschuppen sind abwärts gerichtet

Nur am jungen Pilz ist ein Stielring erkennbar

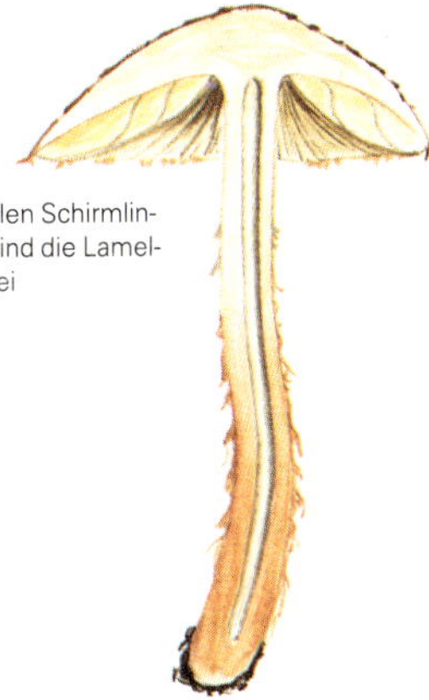

Bei allen Schirmlingen sind die Lamellen frei

Alle kleinwüchsigen Schirmlinge haben freie, weiße Lamellen und einen Ring am Stiel. Es gibt mehr als 50 Arten

Ungenießbar		
Breite cm	Höhe cm	Monate
4–7	7–11	Aug.–Okt.

Gelbwolliger Schirmling *Lepiota ventriosospora*

Die meisten Schirmlinge kommen nicht über eine Hutbreite von 7 cm hinaus – auch der Gelbwollige nicht. Man findet ihn ziemlich häufig in Nadelwäldern. Die Huthaut zerreißt frühzeitig in grobe, fransige Schuppen von kräftig braungelber Farbe. Die wollige Überkleidung des Stiels in derselben Färbung und das Fehlen eines Stielringes sind wichtige Artkennzeichen. Der Geruch ist nicht gerade angenehm, aber bei weitem nicht so lästig wie der des Stinkschirmlings (siehe Seite 118).

Fast nur durch weißliche bis gelbliche Stiel- und Hutfasern und -schuppen verschieden ist der Weißgestiefelte Schirmling, *L. clypeolaria.* Wenn die Sporen unter dem Mikroskop in Größe und Form nicht abweichen würden, könnte man beide Arten in ein Varietätenverhältnis zueinander setzen. Durch größeren Wuchs, deutlichen Ring und einen bezeichnenden orange- bis feuerroten Stielgrund unterscheidet sich der Feuerfüßige Schirmling, *L. ignivolvata;* er ist ein Pilz des Laubwaldes. Auwälder mit tiefgründigen humosen Böden sagen den kleinwüchsigen Schirmlingen besonders zu.

Die dunkelbraune, anfangs geschlossene Hutbekleidung zerreißt bis auf die Mitte in viele Schüppchen

Ungenießbar		
Breite cm	Höhe cm	Monate
4–7	5–8	Aug.–Okt.

Stinkschirmling *Lepiota cristata*

Der Stinkschirmling strömt einen aufdringlichen Leuchtgasgeruch aus. Er wächst mit Vorliebe am Rand befestigter Waldwege, im Schotter zwischen Krautpflanzen, oft ganz verdeckt, auf Lichtungen unter Buschwerk, Brombeeren und Brennesseln. Dem geschlossenen Waldbestand bleibt er fern. Die braune Huthaut reißt sehr bald zu konzentrisch angeordneten Schüppchen auf, wobei der Buckel geschlossen bleibt. Dabei wird der weiße Untergrund mehr und mehr sichtbar. Der im Alter braunrötlich überfaserte Stiel trägt einen aufwärts gerichteten Ring. Kleinwüchsige Schirmlinge, die auch noch schlecht riechen, scheiden für die Küche selbstverständlich aus, abgesehen davon, daß es ähnliche, sich weinrot verfärbende, giftige Schirmlinge gibt.

Mit dem Stinkschirmling vergesellschaftet findet man im Herbst den Weißen Rasling (siehe Seite 143), den Roten Gallerttrichter (siehe Seite 247), die Herbstlorchel (siehe Seite 268) sowie den zwergenhaften Weißen Glimmerschirmling, *Cystolepiota sistrata*.

Es gibt Hüte mit spitzen Hutschuppen und solche mit flach anliegenden. Man glaubt dann, es sei eine andere Art

Ungenießbar		
Breite cm	Höhe cm	Monate
7–10 (15)	9–14	Aug.–Okt.

Kegelschuppiger Schirmling *Lepiota aspera*

Dieser Schirmling ist zwar weit verbreitet, kommt aber nirgends zahlreich vor. Man findet ihn an Stellen, wo Erde, Kompost oder Pflanzenabfälle, z. B. aus Gartenanlagen, gelagert werden. An günstigen Orten können Fruchtkörper mit 15 cm Hutbreite entstehen. Die kurzkegelig abstehenden Hutschuppen nehmen sich auf dem hellen Grund sehr dekorativ aus. Vom Hutrand zieht ein feinfädiger, weißer Schleier von fast watteartiger Konsistenz zum Stiel, der erst beim Aufschirmen die eng stehenden weißen Lamellen freigibt. Von der Ringzone am Stiel an abwärts setzen sich die sparrigen Schuppen fort. Bei genauem Betrachten stellt man fest, daß viele Lamellen in Stielnähe oder zum Hutrand hin gegabelt sind. Deshalb wurde diese gabelblättrige Form vom viel selteneren Typus mit ungegabelten Lamellen als Varietät *furcata* abgetrennt. Sie wird neuerdings auch als eigenständige Art, *L. aspera*, geführt. Beide Arten riechen so widerlich, daß sich ihre Verwendung in der Küche von selbst verbietet. Mit dem eßbaren Parasol (siehe Seite 115) haben sie nur entfernt Ähnlichkeit.

Der Pilz wird wegen seiner Kleinheit und unscheinbaren Farbe leicht übersehen, ist aber nirgends selten

Ungenießbar		
Breite cm	Höhe cm	Monate
3–5	4–8	Aug.–Okt.

Starkriechender Körnchenschirmling

Cystoderma carcharias

Allen Körnchenschirmlingen ist eine feinkörnige Hutbedekkung eigen, die sich am Stiel fortsetzt. Echte Schirmlinge haben seidige oder schuppige Hüte und freie Lamellen; die der Körnchenschirmlinge dagegen sind am Stiel angewachsen. Der häßliche Gasgeruch des Starkriechenden Körnchenschirmlings ist ein gutes Kennzeichen. Beim jungen Pilz setzt sich die fleischblasse Körnung ohne Unterbrechung bis zum Stielgrund fort. Wenn sich der Hut vom Stiel trennt, bleibt an diesem ein trichterförmig aufgerichteter, fetziger Ring übrig; es sieht dann so aus, als stecke der Stiel in einem langen Strumpf. Der Pilz ist auf allen Böden in Nadelwäldern häufig, auch auf Kalkverwitterungslehmen, z. B. im Jura. Ob die Körnchenschirmlinge reine Humuszehrer sind, wie man annimmt, oder symbiotisch mit Waldbäumen leben, ist noch nicht geklärt.

In bodensauren Wäldern findet man den Amiantkörnchenschirmling, *C. amianthinum*. Sein Hut ist ockergelb, oft radialrinnig, der Ring weniger deutlich.

Eßbar		
Breite cm	Höhe cm	Monate
5–13	7–13	Juni–Okt.

Es gibt auch ganz blasse Perlpilze mit rötlich angehauchter Mitte. Sie sind öfter madenfrei als die dunklen

Perlpilz *Amanita rubescens*

Der Perlpilz gehört zu den häufigsten Sommerpilzen. Geringe Regenfälle im Juni genügen, um nach drei Tagen die ersten Vorläufer auf den Plan zu rufen. Der junge Pilz ist von einer flockig-krümeligen Hülle bedeckt, die sich am Stiel fortsetzt. Auf dem heranwachsenden Hut rücken die Hüllflocken als flache, mehlige Warzen auseinander und geben so die weinrötliche Huthaut frei; diese wird bei Regen schmierig, so daß die Hüllreste völlig abgespült werden können. Eine innere Hülle ist als weiße Haut über den Lamellen ausgespannt. Sie reißt im Lauf der Entwicklung am Hutrand ab und hängt als Manschette am Stiel herab. Die Riefen auf der Oberseite rühren von dem engen Kontakt her, den die Haut mit den jungen Lamellenschneiden hatte. Schon junge Pilze sind oft vermadet. Die Madenfraßgänge färben sich weinrot, ebenso verletzte Stellen an Stiel und Lamellen – ein entscheidend wichtiges Merkmal. Der Perlpilz schmeckt sehr gut, muß aber gründlich erhitzt werden. Wichtig ist ein sorgfältiger Vergleich mit dem giftigen Pantherpilz (siehe Seite 123 und 124)!

Auf dem Foto ist eine blasser graue Form mit flach anliegenden Hüllresten und nur leicht grauem Stiel zu sehen

Eßbar		
Breite cm	Höhe cm	Monate
8–14	8–12	Juni–Okt.

Gedrungener Wulstling *Amanita spissa*

Der Pilz wird auch Ganzgrauer Wulstling genannt. Die hell- bis dunkelgraue Farbe nicht nur auf dem Hut, sondern auch am Stiel unterscheidet ihn vom sonst sehr ähnlichen Perlpilz (siehe Seite 121). Zeit und Ort des Auftretens stimmen bei beiden Arten überein. Die warzigen Gürtel auf der zwiebeligen Stielknolle sind beim Gedrungenen Wulstling deutlicher markiert. Das weiße Fleisch rötet nie und riecht ziemlich stark kohlrübenartig. Vom Sammeln zu Speisezwecken ist abzuraten, zumindest dem Anfänger. Erstens liegt der Geschmackswert deutlich unter dem des Perlpilzes, und zweitens wäre eine Verwechslung mit dem ebenfalls sehr ähnlichen Pantherpilz verhängnisvoll. Dieser gefährliche Giftpilz hat schon wiederholt tödliche Vergiftungsfälle verursacht. Die Gegenüberstellung (siehe Seite 124) zeigt beim Pantherpilz einen gerieften Hutrand und eine glatte Manschette. Beim Gedrungenen Wulstling ist es gerade umgekehrt. Hinzu kommt als wichtiges Unterscheidungsmerkmal die unterschiedliche Ausbildung der Stielknolle.

Das Bild stellt den typischen Pantherpilz dar, mit gerieftem Hutrand, glatter Manschette und gerandeter Stielknolle

Sehr giftig		
Breite cm	Höhe cm	Monate
8–12	10–14	Juli–Okt.

Pantherpilz *Amanita pantherina*

Der Sommer ist für diesen Wulstling Haupterscheinungszeit. Er ist in verschiedenen Waldtypen heimisch und wie alle Wulstlinge an verschiedene bestandbildende Baumarten gebunden – jedoch nie an Weide, Pappel, Esche, Erle und Ahorn. Die typische Hutfarbe ist leberbraun, doch kommen auch andere Brauntöne vor. Verläßlicher sind da schon die feine Riefung des Hutrandes und das Fehlen jeder Riefung auf der Manschette. Die kleinen, wohlabgegrenzten, weißen Pusteln auf dem Hut sind mehr oder weniger regelmäßig angeordnet. Der gleichfalls reinweiße Stiel sieht aus, als sei er in die Stielknolle hineingestopft worden. Der Knollenrand bildet einen deutlich abgesetzten, manchmal auch doppelt ausgebildeten Wulst.

Der Pilz riecht nach Rettich. Um den Rettichgeruch des Pantherpilzes vom Kohlrübengeruch des Gedrungenen Wulstlings (siehe Seite 122) sicher unterscheiden zu können, sollte man möglichst beide Pilze gleichzeitig überprüfen. Der Pantherpilz ist stark giftig und kann tödlich wirken (siehe auch Unterscheidungsmerkmale Seite 124).

Drei sehr ähnliche Wulstlinge

Hutrand und Knollenrand sind bei diesen Wulstlingen für die Unterscheidung vorrangig wichtig. Die Hüllreste auf dem Hut sind abwaschbar und daher oft nicht vorhanden. Weinrötliche Fraßstellen gibt es nur beim Perlpilz.

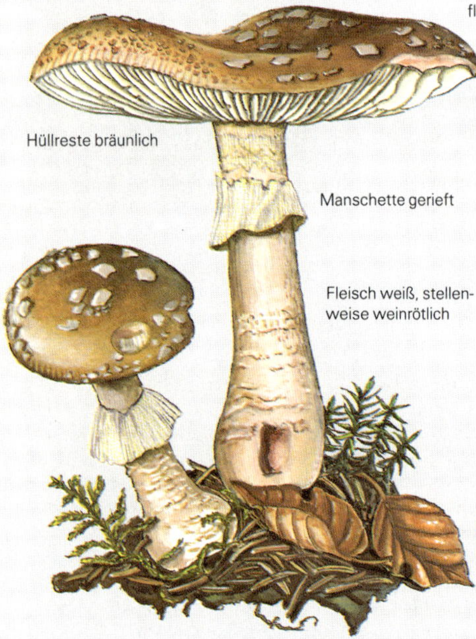

Perlpilz
Amanita rubescens Seite 121
Eßbar

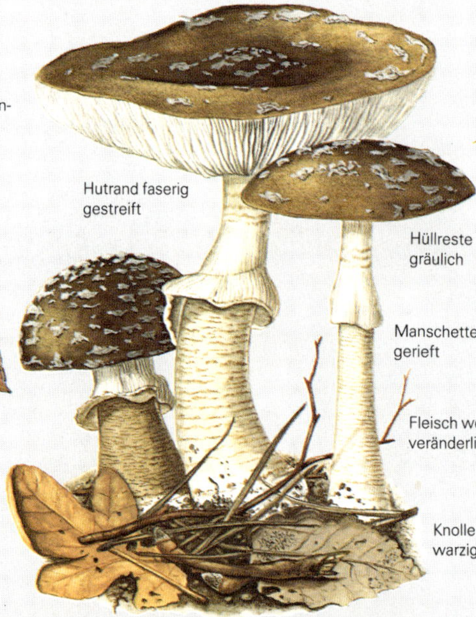

Gedrungener Wulstling
Amanita spissa Seite 122
Eßbar

Pantherpilz
Amanita pantherina
Seite 123
Sehr giftig

Der Pilz wächst in Süddeutschland unter Eichen und Edelkastanien

Die feingeriefte Manschette beginnt am oberen Ende des Stiels

Der Hutrand ist deutlich gerieft

Die Lamellen sind rein gelb

Der Kaiserling erreicht in Südwestdeutschland die Nordostgrenze seiner Verbreitung und verdient vollen Schutz

Kaiserling *Amanita caesarea*

Der prächtigste aller Wulstlinge. Jung wie in einem Ei eingeschlossen, schiebt sich der leuchtendorange- bis scharlachrote Hut aus der lappig zerreißenden Hülle. Selten bleiben von ihr einzelne Bruchstücke auf dem Hut kleben. Das reine Gelb der Lamellen und des Stiels mit Manschette kontrastiert mit dem Rot des Hutes und dem Weiß der Stielknolle und seiner Lappenscheide. Der Pilz kann 20 cm breit werden. Man gab ihm den kaiserlichen Namen *caesarea,* da schon die römischen Cäsaren den Pilz über alles schätzten. In Südeuropa ist er Marktpilz. Nördlich der Alpen kommt er regelmäßig im Oberrheingebiet von Basel bis Landau, sonst aber in Süd- und Mitteldeutschland nur ganz sporadisch vor, und zwar auf sauren Böden unter Laubbäumen im Weinbaugebiet. Fruchtkörper erscheinen aber nur in sehr warmen Jahren.

Wenn bei dem allbekannten Fliegenpilz der Regen die weißen Pusteln abgewaschen hat, sieht er von oben wie ein Kaiserling aus. Doch weiße Lamellen und der weiße, unten mehrfach gegürtelte Stiel belehren schnell eines Besseren.

Eßbar		
Breite cm	Höhe cm	Monate
10–14 (20)	9–13 (16)	Juli–Sept.

Die Pusteln auf dem Hut sind Reste der Allgemeinen Hülle

Die Manschette beginnt am Ansatz der Lamellen

Warzige Schuppengürtel auf der Knolle sind typisch

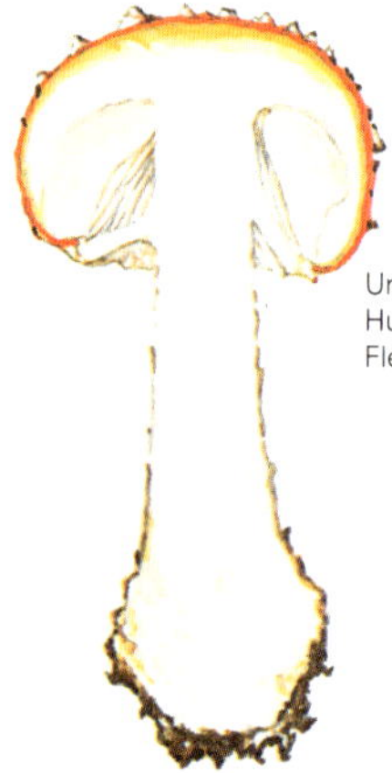

Unter der roten Huthaut ist das Fleisch chromgelb

Fliegenpilze sind wahre Schmuckstücke und sollten zur Zierde stehen bleiben. Vom Rehwild werden sie angenommen

Giftig		
Breite cm	Höhe cm	Monate
10–16	10–14	Aug.–Okt.

Fliegenpilz *Amanita muscaria*

Er ist im Norden das schmucke Gegenstück zum Kaiserling, dem Paradepilz der Südländer. Eine Gruppe verschieden alter Fliegenpilze bietet einen überaus malerischen Anblick. Wenn sich der Pilz ungestört entfalten kann, sind die weißen Pusteln auf dem Hut geradezu geometrisch exakt angeordnet. Jungfichtenbestände und Birkenhaine sind bevorzugte Wuchsorte bis weit in den Herbst hinein. Zuerst sitzt ein 1 cm breites gewölbtes Hütchen auf einer 3 cm dicken Knolle. Vom Rot der Huthaut ist noch nichts zu sehen. Mit dem Aufschirmen rükken die Pusteln auseinander, der Stiel streckt sich, und die innere Hülle über den Lamellen löst sich vom Hutrand und hängt als geriefte Manschette schlaff am Stiel herab. Die knollige Stielbasis bleibt in bezeichnender Weise mit mehreren Schuppengürteln besetzt. Ein Längsschnitt läßt unter der roten Oberhaut eine chromgelbe Linie erkennen. Diese Durchfärbung wird noch deutlicher sichtbar, wenn man die Huthaut abzieht. Sonst ist das Fleisch überall weiß. So schön der Fliegenpilz ist, so gefährlich giftig wirkt er.

Mitunter werden vom Hut lappige Hüllreste mit hochgehoben

Wenn der Stiel sich streckt, zerreißt seine Oberfläche in Zickzackbänder

Eine weiße Haut schließt anfangs Hut und Stiel völlig ein

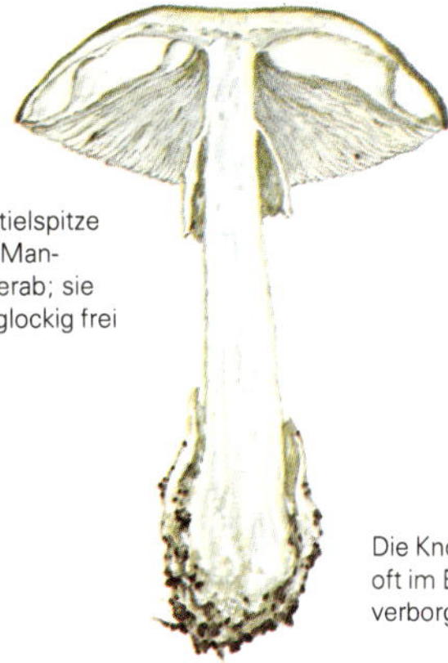

Von der Stielspitze hängt die Manschette herab; sie ist unten glockig frei

Die Knolle ist oft im Boden verborgen

Die Knolle mit der lappigen Hülle ist hier freigelegt; sie steckt gewöhnlich im Boden und wird leicht übersehen

Grüner Knollenblätterpilz *Amanita phalloides*

Dieser höchst gefährliche Giftpilz erscheint ab Juli bei Eichen. In Eichenwäldern kann er zum Massenpilz werden. Selbst auf Wiesen kommt er vor; die zugehörigen Eichen können dann bis zu 20 m entfernt stehen. Ganz vereinzelt wurde er auch unter anderen Laubbäumen gefunden. Der junge Pilz gleicht einem Ei. Die Entwicklung verläuft genau wie beim Kaiserling (siehe Seite 125); aus dem Ei bricht ein olivgrüner, olivbrauner oder blaßgrünlicher Hut hervor, der sogar rein weiß sein kann. Lamellen und die Manschette am Stiel sind und bleiben weiß, während der Stiel selbst eine blaßolivfarbene Oberfläche zeigt, die bei der Streckung in Zickzackbänder zerlegt wird. Die rundliche Stielknolle wird von einer lappig zerrissenen Haut gesäumt, die als Volva bezeichnet wird. Sie umschließt anfangs den ganzen Pilz. Dieser riecht modrig-süßlich, etwa wie Kunsthonig, im Alter fast widerlich.

Verwechslungen mit Champignons, Ritterlingen und Täublingen kommen alljährlich vor; sie führen ohne rechtzeitige ärztliche Hilfe zum Tod (siehe Seite 113, 290–292).

Sehr giftig		
Breite cm	Höhe cm	Monate
7–12	8–11	Aug.–Okt.

Erst wenn die innere Hülle vom Hutrand gelöst ist, werden die Lamellen sichtbar

Die Manschette kann auch unauffällig am Stiel anliegen

Der Stiel bricht leicht ab, und dann übersieht man leicht die Knolle

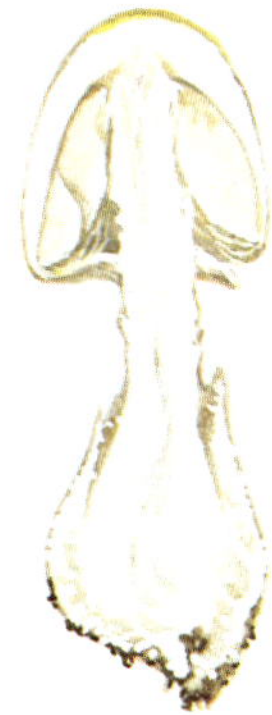

Die Knolle kann auch wesentlich schwächer ausgebildet sein

Wie beim Grünen Knollenblätterpilz ist die Knolle meist im Boden verborgen: Unachtsamkeit kann tödlich sein

Kegelhütiger Knollenblätterpilz

Amanita virosa

In der Giftigkeit steht der Kegelhütige dem Grünen Knollenblätterpilz (siehe Seite 127) nicht nach. Er ist vom Spätsommer an in bodensauren Laub- und Nadelwäldern, vor allem im Bergland, anzutreffen, ist aber gebietsweise sehr selten. Die Kegelform des aus einer eiförmigen Umhüllung herauswachsenden Hutes kennzeichnet den Pilz. Sie bleibt lange bestehen, und der erwachsene Pilz behält einen deutlichen Hutbuckel. Auf der Oberhaut kleben manchmal Hüllreste; auch der Hutrand kann behangen sein. Der auffallend schlanke Stiel ist mit abstehenden weißen Schuppen bekleidet. Er steckt in einer weißen Scheide, deren Lappen am Stiel anliegen oder von ihm abstehen. Das weiße Fleisch riecht erst schwach, dann ziemlich widerwärtig.

Man kann den Pilz leicht mit weißen Champignonarten, ja sogar mit blassen Rißpilzen (siehe Seite 192) verwechseln. Deren Lamellen sind jedoch nie rein weiß, sondern rosa bis purpurschwarz beziehungsweise hellbraun.

Sehr giftig		
Breite cm	Höhe cm	Monate
8–10	9–12 (15)	(Juli) Aug.–Okt.

Schwach giftig		
Breite cm	Höhe cm	Monate
6–9	7–10	Aug.–Okt.

Der angeschnittene Pilz riecht kräftig nach austreibenden Kartoffeln

Knolle und häutige Manschette sind beim Zitronengelben Wulstling stets gut entwickelt

Die fetzigen Hüllreste sind bräunlich

Schon der junge Hut zeigt die zerreißende Hülle

Die Außenhülle zerreißt frühzeitig; am Stielgrund bleibt ein Hautrand zurück

Zitronengelber Wulstling *Amanita citrina*

Der auch Gelblicher Knollenblätterpilz genannte Wulstling gehört zu den regelmäßigen Bewohnern des herbstlichen Waldes; allerdings muß der Boden einen gewissen Säuregrad aufweisen. Als Symbiosepartner sind ihm alle bestandbildenden Baumarten recht. Der Hut kann von Hellzitronengrün über Gelbgrün bis weiß gefärbt sein. Die zahlreichen Hüllreste sind meist bräunlich getönt und ungleichmäßig über die klebrige Huthaut verteilt. Der weiße bis blaßgrünliche Stiel trägt eine häutige Manschette und ist an der Basis abgesetzt knollig verdickt. Wichtigstes Kennzeichen ist der starke Geruch nach austreibenden Kartoffeln.

Um 1900 hielt man diesen in Wirklichkeit harmlosen, allenfalls roh schwach giftigen Wulstling für jenen Giftpilz, dem 90% aller tödlichen Vergiftungen zuzuschreiben waren. Man nannte ihn einfach Knollenblätterpilz und erklärte den Grünen Knollenblätterpilz für eine Varietät oder gar für identisch. Dessen Geruch ist aber modrig-süßlich. Er ist auf Seite 113 mit ähnlichen Champignonarten verglichen.

Die Scheide am Stielgrund kann auch wie der Hut gefärbt sein. Sie ist so fest, daß Reste auf dem Hut selten sind

Fuchsiger Scheidenstreifling *Amanita fulva*

Dieser Streifling ist ein Charakterpilz mooriger Kiefern-Birken-Wälder und moosreicher Bergfichtenwälder; er zeigt Bodensäure an. Der Pilz gleicht anfangs einem länglichen Ei, aus dem sich der Hut hervorschiebt. Seine Farbe schwankt zwischen Hellorangebraun und Rostgelb. Sehr typisch sind die engen, etwa 2 cm langen Riefen auf dem Hut. Wie bei manchen Wulstlingen bleibt am Stielgrund eine lappige Scheide erhalten, von der Reste am Hut haften können. Ring oder Manschette am Stiel gibt es bei Streiflingen nie; eine innere Hülle fehlt also. Wenn man einen jüngeren Streifling umlegt, biegt sich der Stiel so weit, bis der Hut seine Normalstellung wieder erreicht hat und die Sporen ungehindert ausfallen können. Das tun übrigens z. B. auch schräg aus Stämmen herauswachsende Schüpplinge und Helmlinge. Man nennt dies negativen Geotropismus.

Graue, braune und orangefarbene Streiflinge werden heute als eigene Arten unterschieden. Sie sind zwar alle eßbar, können aber mit Giftwulstlingen verwechselt werden. Leitart ist der Graue Scheidenstreifling, *A. vaginata*.

Eßbar		
Breite cm	Höhe cm	Monate
7–10	9–15	Juli–Okt.

Eßbar		
Breite cm	Höhe cm	Monate
6–12	9–14	Aug.–Okt.

Der Hut ist gewöhnlich flach gebuckelt

Die olivgrünen Flecken rühren von eingetrockneten Wasserperlen her

Die Lamellen erreichen den Stiel nicht, sie sind frei

Einen knolligen Stiel wie bei Wulstlingen gibt es bei den Schleimschirmlingen nicht, jedoch freie Lamellen

Getropfter Schleimschirmling

Limacella guttata

Der Getropfte Schleimschirmling kommt in Fichtenbeständen auf Kalkboden nicht allzu selten vor. Er ist ein ansehnlicher Pilz von eigentümlich sahnegelber Farbe mit graubräunlicher Tönung. Der glockige Hut ist bei Nässe von einer recht schmierigen, abziehbaren Haut bedeckt. Er gleicht einem Schirmling, hat aber wie die Wulstlinge eine oben am Stiel unter den Lamellen angewachsene Manschette. Wenn sie sich vom Hutrand löst, gewahrt man die sehr bezeichnenden Wasserperlen, die ihr sowohl oben wie unten anhaften. Beim Eintrocknen hinterlassen sie kleine olivgraue Flecken. Der etwas keulig-knollig angeschwollene Stiel wird bald eng hohl.

Ein wichtiges Erkennungsmerkmal ist der starke Mehl- oder Gurkengeruch des frisch angeschnittenen Fleisches. Der Pilz schmeckt angenehm und ist sehr ergiebig. Hellgraue, langstielige Formen des Gedrungenen Wulstlings (siehe Seite 122) können nach dem Verschwinden der Hüllreste ähnlich aussehen. Sie riechen aber rettichartig.

Eine buckelige Oberfläche kommt oft vor

Die Stielfasern sind nicht immer so deutlich ausgeprägt

Die sporenreifen Lamellen sind fleischrosa

Die Hutoberfläche namentlich junger Pilze ist oft wellig uneben, ihre Farbe hellt sich im Alter auf

Rehbrauner Dachpilz *Pluteus atricapillus*

Alle Wulstlinge haben zwei Hüllen, die Dachpilze nicht. Daher gibt es bei ihnen weder Pusteln auf dem Hut noch eine Manschette am Stiel. Trotzdem stehen sie den Wulstlingen nahe. Wie diese haben sie freie, den Stiel nicht berührende Lamellen, der Stiel läßt sich leicht aus dem Hut herausdrehen, und die Sporen sind rund. Der Sporenstaub ist jedoch nicht weiß, sondern fleischrosa. Diese Farbe nehmen daher auch die Lamellen mit der Reife an. Am Rehbraun des Hutes ist dieser häufigste Dachpilz leicht zu erkennen, wird aber oft verkannt, wenn er aschgrau oder schwarzbraun auftritt. Die Oberfläche ist bei Regenwetter klebrig. Der weiße Stiel ist meist bräunlich längsgefasert; er sitzt mit leicht knolliger Basis an altem Holz.

Schon ab Mai ist der Pilz nicht selten an Laub- und Nadelholzstümpfen, an liegenden Ästen und auf umgestürzten, schon länger liegenden Bäumen zu finden. Sogar Sägespäne, an feuchten Waldwegen aufgehäuft, können ihm zur Nahrung dienen. Alle Dachpilze sind genießbar, ein Leckerbissen ist jedoch keiner von ihnen.

Genießbar		
Breite cm	Höhe cm	Monate
5–9	7–10	Mai–Okt.

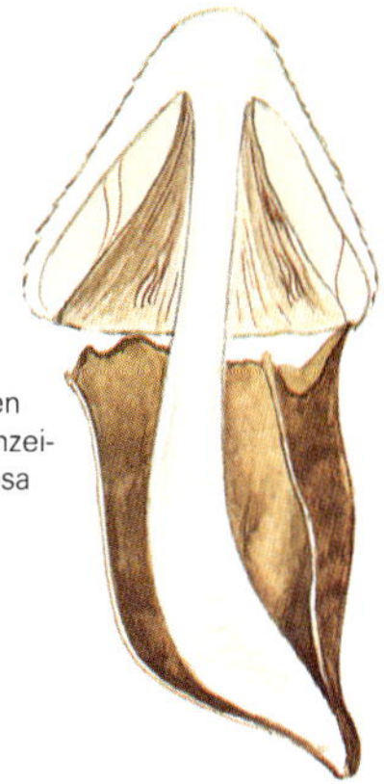

Der Pilz wächst hier aus einer Wundstelle an einem Parkbaum. Die Reste der Scheide am Stielgrund sind sichtbar

Eßbar (schonenswert)		
Breite cm	Höhe cm	Monate
5–11	8–15	Juli–Okt.

Wolliger Scheidling *Volvariella bombycina*

Scheidlinge sind selten zu finden, aber leicht zu erkennen: Ihre Lamellen werden durch die Sporen fleischrosa, und ihr Stiel steckt in einer Scheide (siehe auch Seite 130). Bei kleinen Arten ist diese aber so unauffällig, daß man sie übersehen kann. Nicht jedoch beim Wolligen Scheidling: Hut und Stiel stecken in einem richtigen, braungelblichen Sack. Der Hut entfaltet sich zu einer Glocke und ist dicht mit anliegenden, seidigen Härchen bekleidet. Der silbrige, mattseidene Glanz der weißlichen bis ockergelblichen Oberfläche bietet einen prächtigen Anblick, besonders bei Pilzen, die über 15 cm Breite erreichen und zu mehreren beisammenstehen.

Ungewöhnlich ist auch sein Vorkommen: Der Pilz besiedelt Eschen, Ulmen, Roßkastanien und andere Laubhölzer in Parks und Alleen, und zwar oft in einigen Metern Höhe, wo morsche Äste abgebrochen sind. Wer Glück hat, kann ihn auch an liegenden Stämmen entdecken. Alle Scheidlinge sind Sommerpilze auf Holz, Kompost oder stark humosem Boden und sollten wegen ihrer Seltenheit nicht gesammelt werden.

Auf der Huthaut kleben oft Sandkörnchen

Am Stiel sitzen mehr oder weniger deutlich erkennbare grüngelbe Schüppchen

Der Pilz erhebt sich meist kaum über die Nadelstreu

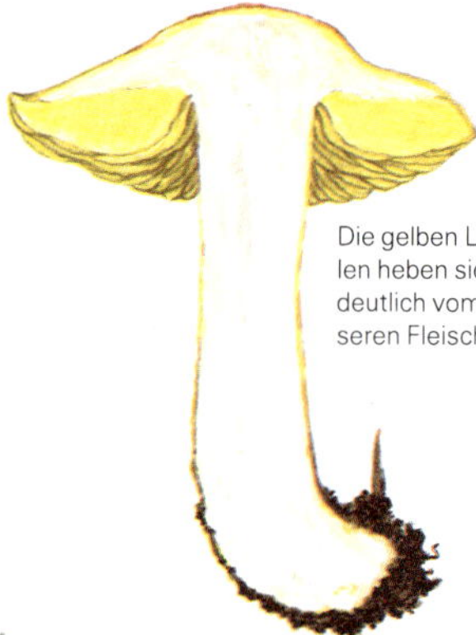

Die gelben Lamellen heben sich deutlich vom blasseren Fleisch ab

Am Wuchsort sieht man vom Stiel des Pilzes nichts, und nur der grüngelbe Hut ragt ein wenig über die Nadelstreu

Eßbar		
Breite cm	Höhe cm	Monate
6–11	5–8	Okt.–Nov. (Dez.)

Grünling *Tricholoma auratum*

Wo Grünlinge in Mengen vorkommen, werden sie als begehrte Speisepilze eifrig gesammelt, so z. B. in den sandigen Kiefernwäldern Norddeutschlands. In den süddeutschen Mittelgebirgen findet man sie nur zerstreut, und auch hier nur auf Sandböden unter Kiefern. Der Grünling ist ein ausgesprochener Herbstpilz, der noch Anfang Dezember auftreten kann. Seine Kennzeichen sind eine klebrige, abziehbare, gelbgrüne Huthaut mit feinen, dunkleren Schüppchen, schön schwefelgelbe, am Stiel ausgebuchtete Lamellen und ein gelber Stiel. Das blassere Fleisch des auch Echter Ritterling genannten Pilzes riecht schwach mehlartig.

Die Familie der Ritterlingartigen enthält nicht weniger als 67 Gattungen, von denen die Gattung Ritterling, *Tricholoma*, 64 Arten zählt. In der Farbe am nächsten kommt dem Grünling der Schwefelritterling, *T. sulphureum*, ein Laubwaldbewohner. Durch seinen intensiven Gasgeruch ist er hinlänglich verschieden. Alle Ritterlinge sind Weißsporer. Farbähnliche Schleierlinge werfen rostfarbene Sporen ab.

Der Fastberingte Ritterling gehört zu den bitteren, klebrigen Braunhütern, die durchweg ungenießbar sind

Fastberingter Ritterling *Tricholoma batschii*

Dieser Herbstpilz des Kiefernwaldes auf Kalkböden gehört zu einer Gruppe rotbrauner Ritterlinge mit schmierigen Hüten. Der Stiel der abgebildeten Art ist im oberen Drittel weiß und scharf abgesetzt gegen den unteren Teil, der wie der Hut kräftig rotbraun gefärbt ist. Rostfarbene Flecken an der Lamellenschneide, Mehlgeruch und bitterer Geschmack des weißen Fleisches kommen auch bei anderen Arten dieser Gruppe vor, z. B. beim Weißbraunen Ritterling, *T. albobrunneum.* Unterschieden ist dieser durch ein stumpferes Braun des Hutes und einen Stiel, der anfangs blaß ist und sich langsam braun färbt und dabei kleine flockige Schuppen bildet. Die Stielspitze bleibt weiß, ohne deutlich abgesetzt zu sein. Der Pilz wächst auch unter Kiefern, aber nur auf Sandböden; ebenso der Getropfte Ritterling, *T. pessundatum,* der dunkle, konzentrische Tropfenflecken auf dem Hut und einen blaß bleibenden Stiel hat; die Art gilt als giftig. Ebenfalls giftig ist der Halsbandritterling, *T. focale,* der einen deutlichen Stielring aufweist. Alle diese Arten sind so bitter, daß man sie nicht essen kann.

Ungenießbar		
Breite cm	Höhe cm	Monate
6–11	6–9	Sep.–Nov.

Schwarzolivfarbene Hüte sind ein Extrem, ganz cremeweiße das andere

Das rot anlaufende Fleisch riecht nach Seife

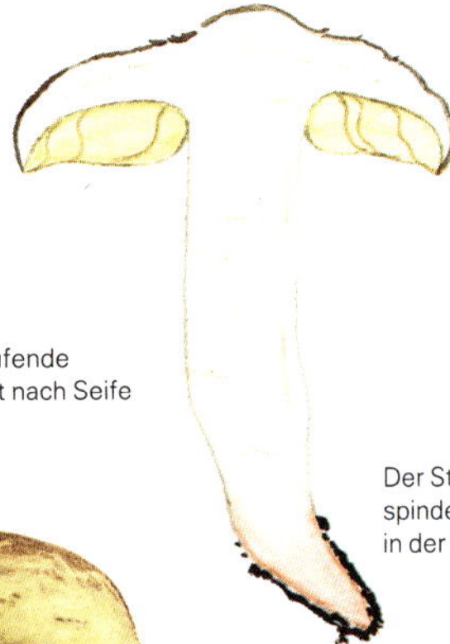

Der Stiel steckt oft spindelig verjüngt in der Erde

Die dunklen Stielschuppen können auch völlig fehlen

Am umgewendeten Pilz ist die Furche deutlich, die am Stiel oben durch die hier ausgebuchteten Lamellen entsteht

Seifenritterling *Tricholoma saponaceum*

Mit dem September beginnt die Zeit der Ritterlinge. Sie haben weißen Sporenstaub, dünnhäutige Lamellen, die am Stiel ausgerandet sind und daher zusammen einen „Burggraben" bilden, sowie einen vollfleischigen, nicht röhrigen Stiel. Der Seifenritterling, im Laub- und Nadelwald gleichermaßen häufig, ist ein typischer Vertreter der seidig-glatten Artengruppe. Ausschlaggebend bei der Bestimmung dieses sehr veränderlichen Pilzes sind das leichte Röten des oft zugespitzten Stielgrundes und der Geruch nach Seife. Der Hut kann schwarzgrün, heller graugrün, ganz weiß oder ganz rot angelaufen, außerdem seidig-glatt oder schuppig zerklüftet bis rissig sein. Der Stiel kommt ganz weiß, leicht grünlich, aber auch schwarzoliv geschuppt vor. Wenn diese Merkmale vorhanden sind, handelt es sich immer um dieselbe Art, den Seifenritterling. Man nennt ihn mit Recht einen Verwandlungskünstler. Als Speisepilz eignet er sich allerdings nicht, da er schon leichte Vergiftungserscheinungen hervorgerufen hat. Anfänger halten ihn mitunter für die Graukappe (siehe Seite 139).

Ungenießbar		
Breite cm	Höhe cm	Monate
6–9	5–8	Aug.–Okt.

Ungenießbar		
Breite cm	Höhe cm	Monate
6–10	7–10	Aug.–Okt.

Die Lamellen sind unterschiedlich lang; das ist, mit Ausnahme vieler Täublinge, bei den Lamellenpilzen die Regel

Die Bräunung des flockig-lockeren Fleisches im hohlen Stiel ist ein typisches Merkmal

Zur Aufnahme wurden die Pilze freigelegt; sonst wären weder der Stiel noch die Fransen am Rand zu sehen

Bärtiger Ritterling *Tricholoma vaccinum*

Wenn auf kalkreichen oder mergeligen Böden Fichtenkulturen angelegt werden, dauert es bestimmt nur wenige Jahre, bis sich der Bärtige Ritterling einstellt. Man findet ihn in Trupps oder Reihen bei den Jungfichten, mit denen er durch Wurzelverpilzung (Mykorrhiza) verbunden ist. Mit ihm zusammen erscheint oft der Fichtenreizker, *Lactarius deterrimus*. Der Bärtige Ritterling fällt allerdings weniger auf, da er mit kurzem Stiel dicht auf dem Boden sitzt. Der kuhrote Hut ist zuerst stark eingerollt und mit groben, fransigen, am Rande als Zotten überstehenden Schuppen besetzt. Vergängliche Schleierfäden verbinden den Hutrand mit dem hohlen Stiel, der von zarteren Schüppchen bedeckt ist. Die blassen Lamellen werden später schmutzigrot-fleckig. Der Pilz schmeckt bitterlich und ist ungenießbar.

Die gleiche Hutfarbe, aber viel kleinere, manchmal kaum sichtbare Hutschuppen und einen höheren Wuchs hat der Feinschuppige Ritterling, *T. imbricatum*, der im sandigen Kiefernwald zu Hause ist.

Die Hutschuppen sind nicht immer so deutlich ausgebildet

Der Stiel ist meist keulig verdickt

Das Fleisch riecht nach Mehl

Blasse Tigerritterlinge mit schwachen Hutschuppen und ohne Stieltröpfchen werden bei Trockenheit leicht verkannt

Tigerritterling *Tricholoma pardinum*

Der Tigerritterling ist ein Vertreter der grauschuppigen Erdritterlinge. Er ist Waldbewohner und bei den Baumarten nicht wählerisch, zieht jedoch kalkhaltigen Boden vor. Da er örtlich zahlreich auftritt, sollte man auf ihn achten, zumal andere Erdritterlinge gerne zu Speisezwecken gesammelt werden. Kräftiger Wuchs mit Stieldicken selten unter 1 cm, hellgraue, breite, konzentrisch angeordnete Hutschuppen, weiße Lamellen und weißer Stiel sind seine Kennzeichen. Es gibt aber auch ganz blasse, fast schuppenlose und dunkelbraune Exemplare. Beim gerade erwachsenen Pilz sitzen an den Lamellen und an der Stielspitze wasserklare Tröpfchen. Das gibt es bei keiner der ähnlichen Arten. Nach dem Genuß treten heftige Verdauungsstörungen auf.

Verwechseln kann man ihn mit dem Mäusegrauen, *T. terreum,* und dem Silbergrauen Erdritterling, *T. argyraceum,* doch sind beide viel kleiner, und der erstere hat graue, der zweite in der Jugend weiße, im Alter gelbe Lamellen. Obwohl eßbar, sollte man sie wegen der Verwechslungsgefahr meiden.

Giftig		
Breite cm	Höhe cm	Monate
6–11	7–10	Aug.–Okt.

Der glatte Hut kann auch durch austreibende Myzelflöckchen wie verschimmelt aussehen

Der keulige Stielgrund ist bei feuchtem Wetter von weißem Myzelflaum bedeckt.

Die gelblichen Lamellen laufen weit am Stiel herab

Junge Graukappen sehen wie der Wohlriechende Schneckling aus, sind aber nie schmierig und riechen weniger gut

Graukappe *Lepista nebularis*

Der Pilz heißt auch Nebelgrauer Trichterling. Bis vor kurzem galt die Graukappe auch als Trichterling, Gattung *Clitocybe,* ist jetzt aber den Rötelritterlingen, Gattung *Lepista,* zugeteilt. Der gebuckelte Hut paßte schon immer schlecht zum Bild eines Trichterlings. Mit den weit am Stiel herablaufenden, gelblichen Lamellen und dem weißen statt rötlichen Sporenstaub bildet die Graukappe auch bei *Lepista* eine Ausnahme. Auffallend häufig wächst sie mit dem Violetten Rötelritterling zusammen (siehe Seite 141). Die Myzelien beider Arten breiten sich im milden Waldhumus radial aus und erzeugen dichtbestandene Hexenringe von mehreren Metern Durchmesser. Man findet sie daher oft im selben Wald beisammen, vor allem ab September, der Hauptzeit der Graukappe. Ganz jung ist sie ein guter Speisepilz. Ältere, noch ganz brauchbar aussehende Pilze können aber gesundheitsschädlich sein.

Der giftige Riesenrötling (siehe Seite 171) wurde schon mit Graukappen verwechselt. Auch graugefärbte Seifenritterlinge (siehe Seite 136) sehen manchmal ganz ähnlich aus.

Jung eßbar		
Breite cm	Höhe cm	Monate
7–12	8–10	Sept.–Nov.

Graukappe mit Doppelgängern

Die beiden Doppelgänger gehören verschiedenen Familien an. Unter sich sind sie durch die Sporenfarbe auseinanderzuhalten, von der Graukappe durch die am Stiel ausgebuchteten statt herablaufenden Lamellen und den Mehlgeruch.

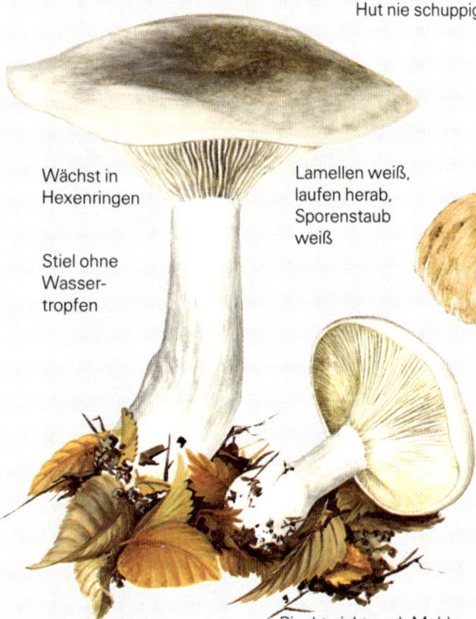

Graukappe
Lepista nebularis Seite 139
Jung eßbar

Riesenrötling
Entoloma sinuatum Seite 171
Giftig

Tigerritterling
Tricholoma pardinum Seite 138
Giftig

Die Huthaut ist sehr dünn und nicht als Ganzes abziehbar

Der längsgestreifte Stiel ist oft knollig angeschwollen

Das Fleisch ist nur ganz am Anfang durchweg intensiv violett

An jungen Pilzen fallen die intensiv violetten Lamellen und das ebenso gefärbte Fleisch besonders ins Auge

Eßbar		
Breite cm	Höhe cm	Monate
6–13	7–11	April–Dez.

Violetter Rötelritterling *Lepista nuda*

Organische Abfälle aller Art, Komposthaufen, modernde Heu- und Strohreste sowie Laub- und Nadelstreu beliebiger Herkunft dienen dem Violetten Rötelritterling, der häufig mit der Graukappe (siehe Seite 139) zusammen vorkommt, als Saatbeet. Er ist reiner Saprophyt (Humuszehrer). Sein Myzel durchwuchert das Substrat in wenigen Wochen und kann von April bis Dezember frische Fruchtkörper erzeugen. Bei ungestörtem Wachstum entstehen im Waldboden Hexenringe, die sich ständig vergrößern und alljährlich Pilze hervorbringen. Junge Pilze sind durch und durch schön violett. Im Alter wird die Hutmitte bräunlich, und die Lamellen sind von Sporen blaß bestäubt. Der Pilz riecht aufdringlich und dabei leicht süßlich. Nur die jungen Exemplare schmecken gut.

Ab Frühjahr findet man eine geruchlose, schmächtige Form mit durchwässertem Hut, *L. lilacea*. Beide Formen können mit harmlosen violetten Schleierlingen (siehe Seite 182–183) ähnlicher Statur verwechselt werden. Doch haben diese anfangs einen fädigen Schleier und später rostfarbene Lamellen.

Der Hut ist oft rein aschgrau

Die Stielfarbe spielt bis ins Violette hinein

Das Stielfleisch älterer Pilze ist grau

Die hellgraue Hutfarbe läßt nicht ahnen, wie schön violett der Stiel aussieht, wenn man den Pilz umdreht

Lilastieliger Rötelritterling *Lepista personata*

Der Pilz wird abgekürzt auch einfach Lilastiel genannt. Erscheinungszeit ist Mitte Oktober bis Ende November. Wie beim Violetten Rötelritterling (siehe Seite 141) bildet sein Myzel Hexenringe, aber stets außerhalb des Waldes, und hier auch nicht auf Kompost, sondern auf Wiesen, gern im Rasen unter Obstbäumen, weil hier weniger Kunstdünger ausgebracht wird. Wie beim Wiesenegerling (siehe Seite 108) fallen die dunkelgrünen Grasringe schon von weitem auf. Kommt man zur rechten Zeit, entdeckt man die darin versteckten hellgrauen Hüte, die jungen am Rande noch eingerollt, die älteren flach ausgebreitet und nach Regen vollgesogen wie Schwämme. Beim Umwenden wird man überrascht durch den prächtig violetten Stiel, der netzartig überfasert erscheint. Wenn der Herbst zu trocken war, können bei „herbstlicher" Witterung auch im Frühjahr einmal Lilastiele erscheinen. Als Speisepilze haben sie etwa die gleich gute Qualität wie die Violetten Rötelritterlinge. Verwechslungen sind ausgeschlossen, auch in baumbestandenen Auen, in denen der Pilz gelegentlich vorkommt.

Eßbar		
Breite cm	Höhe cm	Monate
10–15 (20)	7–11	Okt.–Nov. (April)

Die dichtknäuelige Wuchsform ist für alle Raslingarten typisch. Das Weiß der Hüte erhöht noch die Auffälligkeit

Eßbar		
Breite cm	Höhe cm	Monate
6–10	8–12	Aug.–Nov.

Weißer Rasling *Lyophyllum connatum*

Weiße Blätterpilze gibt es viele, und sie zu unterscheiden fällt nicht immer leicht. Raslinge wachsen in dichten Knäueln, haben verbogene Stiele und wellig gelappte Hüte. Die Lieblingsplätze des Weißen Raslings sind die schotterbedeckten Ränder der Waldfahrwege, wo sich Gräser und Kräuter ansiedeln. Die großen Büschel mit ihren schneeweißen Hüten fallen jedem Spaziergänger schon von weitem auf. Wie bei anderen Raslingen sind die Lamellen am Stiel aufgebogen oder angeheftet oder leicht herablaufend – und das am selben Hut. Zwei Besonderheiten zeichnen den Weißen Rasling aus: Er riecht aromatisch, und seine Lamellen, schwächer auch Hut und Stiel, laufen langsam dunkelviolettblau an, wenn man ein Eisensulfatkristall daran reibt. Den Pilz kann man übrigens als Speisepilz recht gut verwerten.

Geradezu zwergenhaft nehmen sich neben Weißen Raslingen kleine weiße Trichterlinge aus, die auch an Waldstraßen wachsen können. Zu ihnen gehört der giftige Feldtrichterling (siehe Seite 151).

Rahmfarbe ist die häufigste Farbvariante des Maipilzes. Alle Spielarten riechen aber nach frischem Mehl

Eßbar		
Breite cm	Höhe cm	Monate
7–12	6–10	April–Juni

Maipilz *Calocybe gambosa*

Der Maipilz hieß einst Georgsritterling, *Tricholoma georgii,* ein Name, der auf das frühzeitige Erscheinen des Pilzes, nämlich um den Georgstag, den 23. April, hindeuten sollte. Wie der Lilastiel (siehe Seite 142) im Herbst und der Feldegerling (siehe Seite 108) im Sommer, so erfreut der Maipilz im Frühjahr den Pilzfreund durch seine ausgedehnten Hexenringe, die, saftig grün in der manchmal noch winterlich bleichen Grasnarbe, ihn herbeilocken, so etwa auf den Höhen und an den Hängen des Juras in Franken, Schwaben und der Schweiz oder auf den noch verbliebenen Schaftriften im Muschelkalkland. Wo hier mit Kiefern oder Fichten aufgeforstet wurde, hält sich der Pilz noch jahrelang. Der sahnegelbe Pilz mit seinem überaus starken Mehl- oder Gurkengeruch ist nicht zu verkennen, auch wenn einige Farbvarianten vorkommen. Wird das Wachstum verzögert, sind sogleich Pilzfliegen zur Stelle und nehmen den ganzen Hexenring in Beschlag. Schon anderntags sind dann alle Pilze restlos vermadet, so daß der enttäuschte Pilzsammler nur noch das Nachsehen hat.

Verwechselbare Rasenbewohner

Die abgebildeten Blätterpilze sind vor allem durch ihre Lamellenfarben unterschieden, aber auch durch ihre Gerüche. Verwechslungsgefahr besteht von Mai bis Juli, weil dann alle drei Arten gleichzeitig auftreten können.

Maipilz
Calocybe gambosa Seite 144
Eßbar

Ziegelroter Rißpilz
Inocybe patouillardi Seite 191
Giftig

Feldegerling
Agaricus campester Seite 108
Eßbar

Der gedrungene Wuchs und die hellgrauen Lamellen sind nicht typisch

Diese Varietät weicht vom Typus durch bräunliches Stielfleisch ab

Wer an grasigen Waldstraßenrändern Pilze sucht, wird dort immer wieder Weichritterlinge antreffen

Genießbar		
Breite cm	Höhe cm	Monate
4–8	6–9	Aug.–Nov.

Gemeiner Weichritterling

Melanoleuca melaleuca

Weichritterlinge unterscheiden sich von echten Ritterlingen, *Tricholoma,* durch den stark längsgefaserten, langen und schlanken Stiel, der einen flachgebuckelten, weichfleischigen Hut trägt. Die Hutfarbe kann von Dunkelbraun bis fast Weiß abgestuft sein. Unter dem Mikroskop findet man an der Lamellenschneide charakteristische Zellen (Zystiden), die den echten Ritterlingen fehlen. Die Weichritterlinge gehören überwiegend zur Herbstflora von Ödstellen (Ruderalplätzen), Wegrändern, Schlagflächen und, seltener, von Bergwiesen. Der Gemeine Weichritterling ist ein solcher Straßen- und Wegrandpilz. Als Typus gilt eine schlanke Form mit weißem Fleisch. Ihr nahestehende Varietäten sind gedrungener und im Stiel hell- oder dunkelbraun.

Eine in der Farbe übereinstimmende, aber sehr große Art mit breitem Hutbuckel und unangenehmem Geruch ist der Rillstielige Weichritterling, *M. grammopodia.* Der Frühlingsweichritterling, *M. cognata,* hat buttergelbe Lamellen.

Jung eßbar		
Breite cm	Höhe cm	Monate
12–22	12–18	Sept.–Nov.

In der hier dargestellten Form und Farbe ist der Mönchskopf so typisch, daß er nicht verkannt werden kann

Mönchskopf *Clitocybe geotropa*

Sie ziehen unweigerlich den Blick auf sich, diese Giganten der Pilzwelt im herbstlichen Wald, die auch Riesentrichterlinge genannt werden. Lichte Waldstellen mit humosem Boden sind ihre bevorzugten Wuchsorte. Hier stehen sie in Reihen und Hexenringen, die einen Radius von mehr als 3 m haben können. Trichterform nehmen sie allerdings erst an, wenn der anfangs gewölbte Hut auswächst und seinen eingerollten Rand aufwärts richtet. Dabei bleibt der Buckel in der Mitte erhalten. Das Kennzeichen der Trichterlinge, die sichelig weit herablaufenden Lamellen, wird dann besonders deutlich. Das helle Ledergelb des ganzen Pilzes verändert sich nur wenig. Der junge Pilz mit kräftigem Stiel und kleinem Hut ist noch zart genug, um zum Essen gesammelt zu werden. Er riecht wie zerdrückte Mandelkerne stark nach Blausäure; der Geruch vergeht aber beim Kochen. Später wird das Fleisch so zäh, daß man den Pilz ruhig stehenlassen kann.

Mehr ockergelb und viel kleiner ist der Hut des Ockerbraunen Trichterlings (siehe Seite 149).

Der dünne Hutrand des Keulenfußtrichterlings verflacht sich frühzeitig und wird dann wellig-flatterig

Keulenfußtrichterling *Clitocybe clavipes*

Dieser Trichterling ist ein Pilz der sandigen bis moorigen Nadelwälder. Hier kommt er von Juli bis November häufig vor, während er auf mildem, kalkreichem Humus völlig fehlt. Er ist also Säurezeiger. Der graubraune Hut spielt oft etwas ins Olivfarbene, ebenso der typisch aufgeblasene Keulenfuß. Dieser ist innen locker ausgefüllt und kann sich wie ein Schwamm mit Wasser vollsaugen. Der Hut vertieft sich nicht zur Trichterform, bleibt vielmehr flach gebuckelt, die gelblichen Lamellen laufen jedoch weit am Stiel herab. Dies ist ein wesentliches Merkmal der Trichterlinge. Der Pilz riecht angenehm, etwas parfümiert, schmeckt mild und lohnt das Einsammeln.

Graubraune und olivgraue Trichterlinge gibt es in zahlreichen kleinwüchsigen Arten, die scharenweise oder in Hexenringen wachsen. Manche riechen nach Mehl, andere nach Anis. Bei Regen sind sie ganz dunkel, bei Trockenheit verlieren sie Wasser und werden weißlich: Sie sind hygrophan. Als Waldstreuzersetzer sind sie wichtig; für den Pilzesser sind sie uninteressant.

Eßbar		
Breite cm	Höhe cm	Monate
4–7	5–8	Juli–Nov.

Genießbar		
Breite cm	Höhe cm	Monate
4–8	6–9	(Juni) Juli–Nov.

Der Hutrand ist im Alter flach ausgebreitet und wellig nach oben und unten gebogen, aber nie auffallend gekerbt

An der Stielbasis entwickelt sich bei feuchtem Wetter ein weißer Myzelfilz

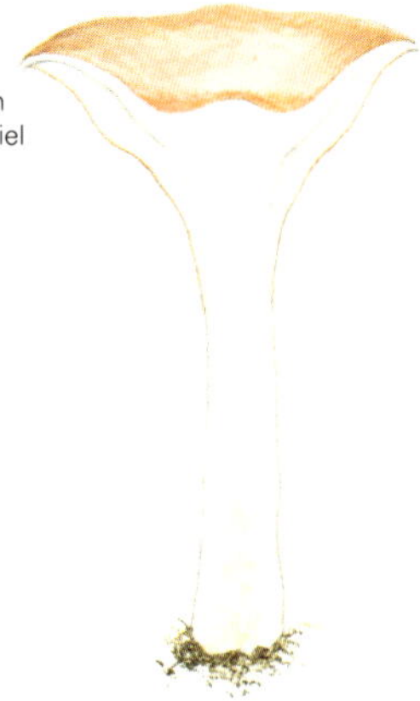

Die Lamellen laufen bogenförmig am Stiel herab

Am liegenden Pilz sieht man, daß verschieden lange Lamellen miteinander abwechseln: Sie sind untermischt

Ockerbrauner Trichterling *Clitocybe gibba*

Ein Trichterling mittlerer Größe, anspruchslos und deshalb einer der häufigsten Gattungsvertreter. Humus unter Waldbäumen, in Grünanlagen, Alleen, unter Gebüsch oder auch auf Rasenflächen genügt, um ihn in kleinen Gruppen auftreten zu lassen. Das Ockerbraun des Hutes kann bis zu Blaßgelb aufgehellt sein, und fast weiße Exemplare werden oft für andere, seltene Arten gehalten. Der seidige Hut wird bald trichterförmig, sein Rand flatterig-wellig. Ein kleiner Buckel bleibt jedoch meistens im Hut erhalten. Die blassen, eng stehenden Lamellen laufen bogenförmig am Stiel herab. Im Unterschied zu ähnlichen Arten behält der Stiel die Farbe der Lamellen bei. Ein gutes Kennzeichen ist der Geruch nach Mandelgebäck. Der dünnfleischige Pilz ist nicht ergiebig und kann allenfalls als Mischpilz verwendet werden.

Es gibt mehrere ähnliche Arten, deren Unterscheidung selbst für den Pilzkenner recht schwierig ist. Zwei davon sind beim Kohlentrichterling, Seite 150, aufgeführt. In der Fachliteratur werden für Mitteleuropa etwa 70 Trichterlinge angegeben.

Zwillingsbildungen sind Ausnahmen

Der Stiel ist von den Lamellen an fein liniert und oft verbogen

Das Fleisch bleibt weiß

Von allen Trichterlingen mit ähnlicher Hutfarbe riecht keiner so stark nach Mehl wie der Kohlentrichterling

Kohlentrichterling *Clitocybe sinopica*

Alte Feuerstellen im Wald verraten sich noch Jahre später durch verkohlte Holzreste und brandgeschwärzte Erde. Solche Brandstellen haben ihre eigene Pilzflora, an der Arten aus den verschiedensten Familien beteiligt sind. Eine davon ist der Kohlentrichterling, ein eher kleiner Pilz mit schön fuchsrotem Hut, wellig gekerbtem Rand, blassen Lamellen und einem Stiel in der Farbe des Hutes. Bestes Kennzeichen ist der starke Geruch nach Gurken oder Mehl. Der Pilz ist biologisch interessant, da er Brandstellen besiedelt, von denen fast alle anderen Pilze ausgeschlossen sind. Er kommt aber auch im Kleinschotter an Waldstraßenrändern vor, ist also nicht streng spezialisiert. Andere Brandstellenbewohner, wie manche Becherlinge, gedeihen dagegen nur auf verkohltem Boden.

Ähnliche braunrote Trichterlinge sind der Umgewendete Trichterling, *C. inversa,* von gleicher Farbe, aber ohne Mehlgeruch, der im Nadelwald Kreise bildet, und der stumpfbraune Feinschuppige Trichterling, *C. squamulosa,* der sehr schwach nach Mehl riecht und an lichten Waldstellen wächst.

Genießbar		
Breite cm	Höhe cm	Monate
4–7	5–8	Mai–Aug. (Okt.)

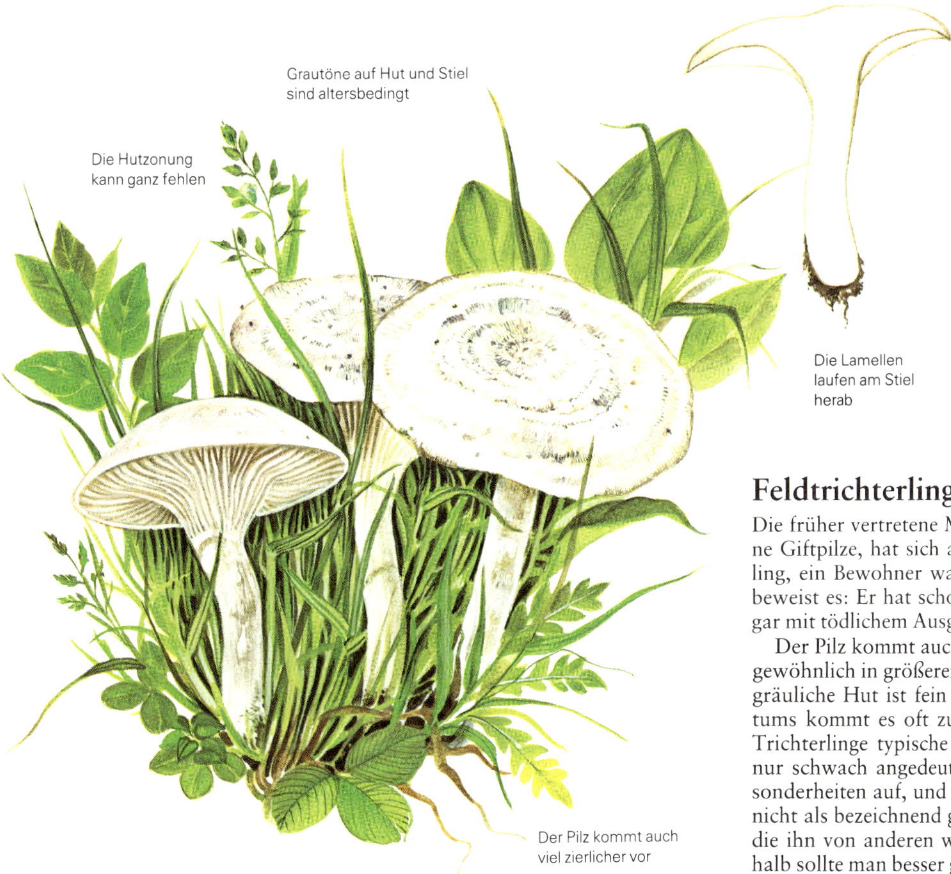

Bei dem ebenfalls weißen Schnee-Ellerling laufen die Lamellen weiter herunter und stehen nicht so dicht

Feldtrichterling *Clitocybe dealbata*

Die früher vertretene Meinung, fernab vom Walde gebe es keine Giftpilze, hat sich als irrig herausgestellt. Der Feldtrichterling, ein Bewohner waldferner Wiesenränder und Grasplätze, beweist es: Er hat schon wiederholt schwere Vergiftungen, sogar mit tödlichem Ausgang, verursacht.

Der Pilz kommt auch an begrasten Waldstraßenrändern vor, gewöhnlich in größeren Scharen. Der reinweiße, im Alter leicht gräuliche Hut ist fein bereift. Infolge des büscheligen Wachstums kommt es oft zu flatterig-welligen Hutformen. Das für Trichterlinge typische Herablaufen der Lamellen am Stiel ist nur schwach angedeutet. Der verbogene Stiel weist keine Besonderheiten auf, und auch der schwach mehlige Geruch kann nicht als bezeichnend gelten. So fehlen markante Kennzeichen, die ihn von anderen weißen Blätterpilzen unterscheiden. Deshalb sollte man besser gar keine weißen Trichterlinge essen.

Der nahe verwandte Rinnigbereifte Trichterling, *C. rivulosa*, mit fleischblasser Grundfarbe und konzentrisch einreißender Huthaut ist ebenfalls giftig.

Giftig		
Breite cm	Höhe cm	Monate
3–6	3–6	Aug.–Okt. (Nov.)

Die Randwimpern am Hut des Bewimperten Filzkremplings kommen in der Aufnahme gut zur Geltung

Bewimperter Filzkrempling

Ripartites tricholoma

Dieser Nadelstreubesiedler wird wegen seines kleinen, schmutzigweißen Hutes leicht übersehen. Die feine, weiße, anliegende Behaarung, die abstehenden Striegelborsten am Rand und die bräunlichen Lamellen legen ihn hinreichend fest. Von den rund 2500 Lamellenpilzen Mitteleuropas haben etwa 900 eine Hutbreite von nur 0,5–3 cm. Fast alle diese Zwerge sind für die Küche wertlos, können aber, wie manche Helmlinge, durch zeitweiliges Massenauftreten im Spätherbst die ganze Pilzflora z. B. eines Fichtenwaldes bestimmen.

Tricholoma heißt wörtlich Haarrand und bezeichnet bei diesem Filzkrempling die Art, bei den Ritterlingen die ganze Gattung, z. B. *Tricholoma vaccinum* (siehe Seite 137). Die Familie der Ritterlingartigen vereinigt alle Lamellenpilze mit dünnhäutigen Lamellen, welche weißen, selten gelblichen oder rosa getönten Sporenstaub abwerfen, und deren Hut vom Stiel nicht an einer locker gebauten Trennschicht abgelöst werden kann. Die Filzkremplinge haben keinerlei Speisewert.

Wertlos		
Breite cm	Höhe cm	Monate
2–4	3–5	Aug.–Okt.

Der Hut ist oft stark wellig verbogen

Der Stielgrund ist von einem blassen Myzelfilz besetzt

Die Stielhöhlung ist faserig ausgekleidet

Die weißlichen Fasern am Stiel des Violetten Lackpilzes sind nur an ganz jungen Pilzen zu beobachten

Eßbar		
Breite cm	Höhe cm	Monate
2–4	5–9	Juli–Nov.

Violetter Lackpilz *Laccaria amethystina*

Durch ihr geselliges Wachstum machen sich die kleinen Lackpilze bemerkbar. Man findet sie in größeren Trupps in Wäldern aller Art. Als Substrat dienen ihnen Laub, gehäufte Nadeln und moosbedeckte Waldwegränder. In regnerischen Sommern erscheinen sie schon ab Juli und gegen Herbst mit zunehmender Häufigkeit. Der intensiv violette Hut verblaßt bei Trockenheit rasch; im Alter wird er schmutzigbraunviolett. Die Lamellen, anfangs besonders schön violett, werden durch die Sporen weißmehlig bestäubt; sie stehen weit auseinander und sind sehr dick. Da der Stiel recht knorpelig ist, bleiben dem Speisepilzsammler nur die kleinen Hüte, und die lohnen das Sammeln kaum.

Der überall häufige Fleischrote Lackpilz, *L. laccata*, ist Leitart mit mehreren Varietäten: An moorigen Orten wachsen z. B. der langstielige Fuchsige Lackpilz, *L. l. var. proxima,* und der Zweifarbige Lackpilz, *L. l. var. bicolor*, mit fleischrotem Hut und Stiel, aber violetten Lamellen. Selbst in den Dünen der Nord- und Ostseeküste wächst ein Lackpilz, *L. maritima*.

Die Hutschuppen sind rotbraun

Ring und Stiel zeigen honiggelbe Töne

Das Stielfleisch wird bald zäh und mißfarben

Das Foto gibt den Honiggelben Hallimasch wieder. Er tritt an Laubhölzern, unter anderem an Obstbäumen auf

Hallimasch *Armillariella mellea*

Der Hallimasch ist einer der Rotfäuleerreger der Fichte. Es handelt sich dabei um eine der Unterarten, in die neuerdings die Gesamtart Hallimasch unterteilt wird, und zwar um den Fichtenhallimasch, *A. obscura*. Er hat schwarzbraune, struppige Hutschuppen auf rotbraunem Grund und einen dünnen, weißen Stielring. Der Honiggelbe Hallimasch, *A. mellea* (im engeren Sinn), wächst dagegen an Laubholz. Sein Hut ist mehr olivhoniggelb, hat feinere Schuppen und einen dicken Stielring mit gelben Flocken. Der Knollige Hallimasch, *A. bulbosa*, gedeiht an Laub- und Nadelholz, hat einen zwiebelförmigen Stiel und einen faserigen, vergänglichen Ring. Alle drei Unterarten sind Herbstpilze. Sie leben lange und sind zuletzt ganz vom Sporenstaub überpudert. Im Juni tritt eine Frühform auf, die als Sommerhallimasch, *A. praecox*, bezeichnet wird.

Junge, geschlossene Hallimaschhüte schmecken sehr gut, müssen aber gründlich erhitzt werden, da sie sonst unbekömmlich sind. Die zähen Stiele sind unbrauchbar. Die Geschmackswerte der Unterarten sind noch nicht eindeutig festgestellt.

Jung eßbar		
Breite cm	Höhe cm	Monate
5–11	7–12	Sept.–Nov.

Die dargestellte Unterart wächst auf Laubholz; sie ist in Mitteleuropa nicht so häufig

Ungenießbar		
Breite cm	Höhe cm	Monate
5–9 (20)	8–11 (15)	Juli–Nov.

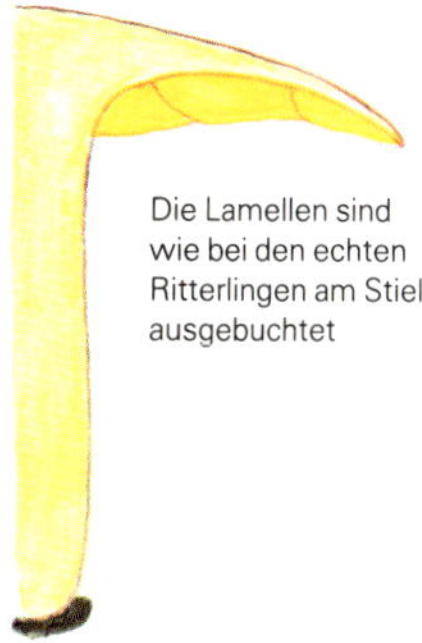

Das Purpurrot an Hut und Stiel steht in starkem Kontrast zu dem schönen Gelb der jungen Lamellen

Purpurfilziger Holzritterling

Tricholomopsis rutilans

Ein sehr schöner Pilz, der im Sommer und Herbst die Stümpfe von Fichten, Tannen und Kiefern ziert. Meistens sitzen mehrere Stiele büschelig verbunden am morschen Holz. Einzelnstehend können sie zu Riesen mit 20 cm Hutbreite heranwachsen. Der anfangs geschlossene, purpurweinrote Filz der Oberfläche zerreißt bald in konzentrische Schuppen, so daß der schön gelbe Grund sichtbar wird. Die gelben Lamellen sind am Stiel nach Art der Ritterlinge ausgebuchtet angewachsen; der Stiel selbst ist gelb und mit purpurnen Schüppchen besetzt. Das Fleisch sieht einladend dottergelb aus, und da der Pilz häufig vorkommt, wurde immer wieder versucht, ihn schmackhaft zuzubereiten. Doch behält er seinen erdigen Beigeschmack.

An alten Nadelholzstümpfen im Bergland findet man, wenn auch ziemlich selten, den Olivschuppigen Holzritterling, *T. decora*. Er wird nicht ganz so groß, ist öfter exzentrisch gestielt und hat kleine olivbraune Schüppchen auf einem dünnen, mehr schwefelgelben Hut.

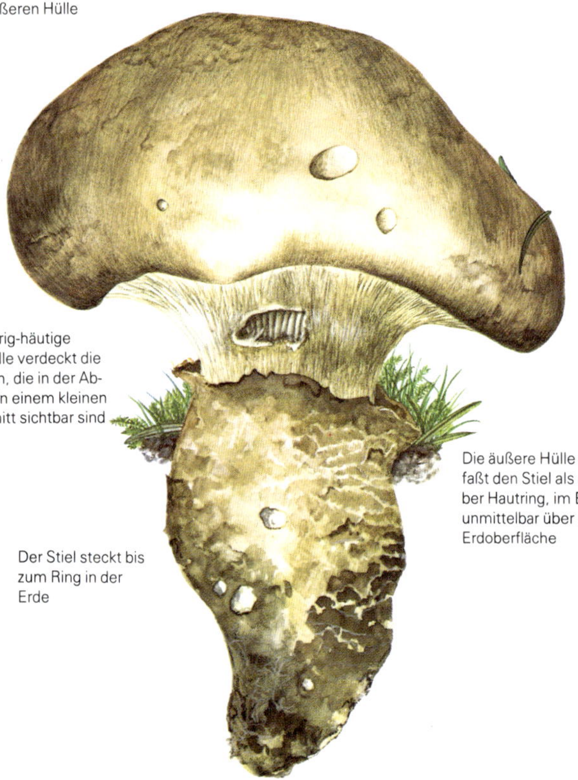

Der Pilz ist durch schuppig-fleckigen Hut, herablaufende Lamellen und doppelt beringten Stiel gekennzeichnet

Eßbar		
Breite cm	Höhe cm	Monate
8–16 (20)	8–15	Aug.-Sept. (Okt.)

Wurzelmöhrling *Catathelasma imperiale*

So einzigartige Pilze wie den Wurzelmöhrling zu finden ist der Wunsch eines jeden Pilzfreundes. Die Art fehlt weithin, tritt mancherorts aber zahlreich auf. Die kompakten Fruchtkörper stecken mit ihren kräftigen, kurzen Stielen oft nesterweise tief in der Nadelstreu, von der sich die dunkelbraungefleckten Hüte kaum abheben. Der einer Möhrenwurzel gleich im Boden versenkte Stiel hat dem Pilz seinen Namen eingebracht. Eine Haut verbindet den eingerollten Hutrand mit dem Stiel, eine zweite hüllt anfangs den ganzen Fruchtkörper ein. So kommt es, daß als deren Reste zwei Ringe erhalten bleiben. Das weiße, sehr feste Fleisch riecht gurken- oder mehlartig. Es ist eßbar. Wo der Pilz selten ist, sollte er jedoch geschont werden.

In der Systematik läßt sich der Pilz nur sehr schwer einordnen. Die doppelte Hülle und die am Stiel herablaufenden Lamellen hat aber nur der Wurzelmöhrling. Man hat deshalb für diesen Sonderling allein die Gattung *Catathelasma* geschaffen, wie für den Samtfußrübling (siehe Seite 162) die Gattung *Flammulina*. Beides sind monotypische Gattungen.

Genießbar		
Breite cm	Höhe cm	Monate
3–6	4–7	Mai–Sept. (Okt.)

Die Stiele sind fast knorpelig, hohl, jung jedoch flockig-weich ausgestopft

Dies ist eine kräftig gefärbte Sommerform

Die Lamellen sind verschmälert an den Stiel geheftet

Beim Waldfreundrübling ist der Stiel weder gerillt noch flockig. Das unterscheidet ihn von ähnlichen Arten

Waldfreundrübling *Collybia dryophila*

Nach den ersten warmen Mairegen stellt sich mit zuverlässiger Regelmäßigkeit der Waldfreundrübling ein. Vor allem in Buchenwäldern mit dichter Laubdecke stehen die dünnstieligen Pilze eng gedrängt in Reihen oder Kreisen. Diese Wuchsform ist bei Humuszehrern häufig anzutreffen (siehe auch Seite 108, 139–142, 147). Die blaßbeige- bis hellockerfarbenen Hüte sind erst eingerollt, dann flach ausgebreitet; der Rand ist flatterig, bei Regen durchwässert. Die weißlichen bis gelblichen Lamellen stehen dicht und sind wie bei den Ritterlingen am Stiel aufgebogen.

Waldfreundrüblinge können auch ganz rotbraun sein oder durch schwefelgelbe Lamellen auffallen. Von Fleisch ist nicht viel zu bemerken; außerdem ist der Stiel auch noch röhrig hohl und zähfaserig. So bleibt für den Speisepilzsammler herzlich wenig übrig; man kann die Pilze als wertlos bezeichnen. Wertvoll sind sie jedoch insofern, als sie die organischen Abfallstoffe aufbereiten und so das biologische Gleichgewicht in den Waldgesellschaften aufrechtzuerhalten helfen.

Die roten Fleckchen und die engen, schmalen Lamellen sind führende Merkmale. Zudem schmeckt der Pilz bitter

Ungenießbar		
Breite cm	Höhe cm	Monate
5–10	7–12	Sept.–Nov.

Gefleckter Rübling *Collybia maculata*

Der Gefleckte Rübling ist ein gesellig wachsender Herbstpilz des Nadelwaldes. Am jungen Pilz ist kaum etwas von Flecken auf dem weißen Hut zu bemerken. Erst nach und nach stellen sich rostrote Tupfen ein, aus denen schließlich kleinere oder größere Flecken werden. Rotfleckig werden auch die weißen Lamellen, die artkennzeichnend sehr eng und schmal sind. Ihre Schneide ist gesägt-gezähnt. Der schlanke, längsgestreifte Stiel ist röhrig hohl und verlängert sich im Boden zu einer spindeligen „Wurzel". Der Fruchtkörper wird in 5–8 cm Tiefe angelegt, wächst zunächst als sich allmählich verstärkender Strang nach oben und bildet an der Oberfläche des Substrats dann den Stiel mit Hut und Lamellen. (Echte Pflanzenwurzeln wachsen dagegen von oben nach unten.) Wegen seines bitteren Fleisches ist der Gefleckte Rübling ungenießbar.

Ebenfalls gefleckte Lamellen, aber einen rotbraunen Hut und einen verdrehten Stiel zeigt der Drehstielige Rübling, *C. distorta*. Er wächst büschelig an Nadelholz. Auch ihm ist geschmacklich nichts abzugewinnen.

Büschelwachstum, Roßkastanienfarbe und Spindelstiel kennzeichnen den Spindelfüßigen Rübling zur Genüge

Genießbar		
Breite cm	Höhe cm	Monate
7–9	6–10	Juli–Okt.

Spindelfüßiger Rübling *Collybia fusipes*

Durch sein Büschelwachstum am Grunde lebender Eichen ist der Spindelfüßige Rübling gut gekennzeichnet. Wenn man die runzelige Riefung des knorpeligen Stieles beachtet, kann man ihn kaum mit anderen Rüblingen verwechseln. Bei älteren Pilzen finden sich braunrote Flecken an den Lamellen und auf den Stielen. Für Speisezwecke sind allenfalls die Hüte der jungen Pilze zu gebrauchen. Dank ihrer Konsistenz halten die Fruchtkörper wochenlang. Sie können übrigens außer an Eichen auch an anderen Laubhölzern erscheinen. Nennenswerte Schäden treten durch den Befall nicht ein.

Gleichfalls in Büscheln wachsen zwei ähnlich gefärbte Rüblinge: der Rotstielige Rübling, *C. erythropus*, an Laubholzstümpfen und der Büschelrübling, *C. acervata*, an stehenden Nadelholzstämmen. Ihre Stiele sind glatt und nie rot gefleckt. Bei allen Rüblingen bildet der Lamellenansatz am Stiel wie bei den Ritterlingen einen „Burggraben“ (siehe Seite 136); sie unterscheiden sich aber von ihnen durch einen recht knorpeligen und röhrigen Stiel.

Der Hut reißt bei trockenem Wetter strahlig ein. An ihren sehr breiten Lamellen ist die Art aber doch kenntlich

Genießbar		
Breite cm	Höhe cm	Monate
10–15	7–14	Mai–Okt.

Breitblättriger Holzrübling

Megacollybia platyphylla

Von allen Blätterpilzen, die ab Mai an altem Holz auftreten, gehört der Breitblättrige Holzrübling zu den auffälligsten, denn sein Hut wird in der Regel über 10 cm breit, und gewöhnlich stehen gleich mehrere Pilze beisammen. Bevorzugt besiedelt werden Stümpfe von Buchen und Weißtannen.

Zunächst entwickelt sich aus Sporen ein im Mulm alter Baumstümpfe wucherndes Myzel, das sich in charakteristischer Weise zu einem Netz aus schneeweißen, bis zu 5 mm starken, Rhizoiden genannten Myzelsträngen umbildet. Diese Stränge lassen sich meterweit in das umgebende Erdreich hinein verfolgen. An ihnen entstehen die Fruchtkörper, die in wenigen Tagen heranwachsen.

Das Hutfleisch wird nur wenige Millimeter dick; dafür werden die Lamellen 15 mm breit. Sie streuen reichlich weißen Sporenstaub aus. Wenn ein Hut den anderen teilweise überdeckt, braucht man nur den oberen zu entfernen und kann dann den darunter abgelagerten Sporenstaub betrachten.

Die Schleimschicht auf dem Hut junger Schleimrüblinge glänzt besonders stark. Ältere Pilze haben deutliche Hutriefen

Genießbar		
Breite cm	Höhe cm	Monate
5–10	7–12	Aug.–Nov.

Beringter Schleimrübling *Oudemansiella mucida*

Entdeckt man an einer alten Buche hoch oben ein Büschel weißer Hutpilze, an denen mit dem Fernglas weiße Lamellen und Ringe an den Stielen auszumachen sind, dann handelt es sich so gut wie sicher um den Beringten Schleimrübling. An abgefallenen Ästen läßt sich feststellen, daß ein arttypischer Schleim den Hut bedeckt und daß der Stielring fein gerieft ist. Der Pilz kann auch hell- bis olivgrau sein. Außer an Buchen wurde er auch schon an Eichen und anderen Laubhölzern beobachtet. Da er nur bereits erkranktes oder schon abgestorbenes Holz besiedeln kann, ist er nicht als Schädling einzustufen. An dem ziemlich dünnfleischigen Pilz ist zwar nicht viel dran, man kann ihn aber dennoch als Mischpilz verwerten.

Nicht an stehenden Stämmen, sondern an Stümpfen von Laubbäumen, seltener von Nadelbäumen, wächst der Wurzelnde Schleimrübling, *O. radicata.* Seine Kennzeichen sind ein brauner, runzeliger, schmieriger Hut und ein überlanger, dünner, ringloser Stiel. Auch er kann durchaus als Mischpilz verwendet werden.

Der Pilz erträgt mäßigen Frost und leichte Schneebedeckung

Der samtige Stiel ist das beste Erkennungsmerkmal

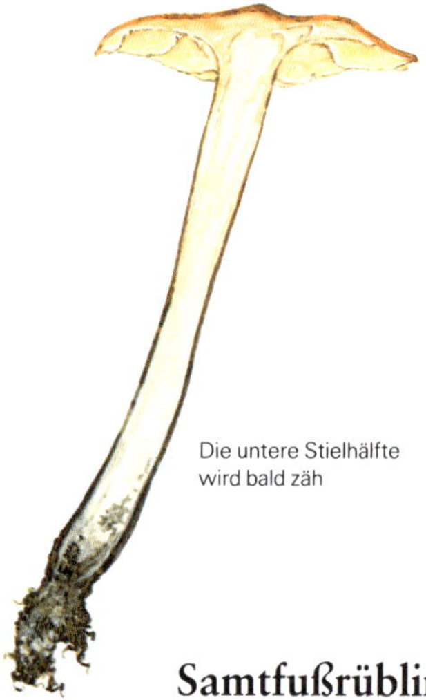

Die untere Stielhälfte wird bald zäh

Die Büschel des Samtfußrüblings erscheinen an Stümpfen, toten, noch stehenden Bäumen und liegenden Stämmen

Samtfußrübling *Flammulina velutipes*

Der Oktober mit den ersten leichten Nachtfrösten ist schon vorüber, und das Laub fällt von den Bäumen – dann erst fängt der Samtfußrübling zu wachsen an; deswegen wird er auch treffend Winterpilz genannt. In kleinen oder großen Büscheln erfreut er Auge und – Gaumen des Kenners; er ist nämlich ein erstklassiger Speisepilz. Den ganzen Winter hindurch kann man ihn finden, sobald es einmal taut. Er wächst an Eschen-, Erlen- und Pappelstümpfen in Auwäldern und an Bachläufen, an denen man das Ufergehölz stehenließ, kommt aber auch an Buchen und – wenn auch selten – an Fichtenholz vor. Der klebrig glänzende, schön orange- bis braungelbe Hut und der ein dichtsamtiges, braunes Kleid tragende Stiel schließen jede Verwechslung aus. Der Pilz hält viele Wochen am Wuchsort aus; man sollte solche überständigen, schmutzigbraunen, durchwässerten Exemplare nicht essen.

Holzbewohnende Speisepilze lassen sich durchweg leicht kultivieren, und so ist auch der Samtfußrübling, besonders in Japan, als Zuchtpilz sehr beliebt.

Eßbar		
Breite cm	Höhe cm	Monate
5–9	7–11	Nov.–März

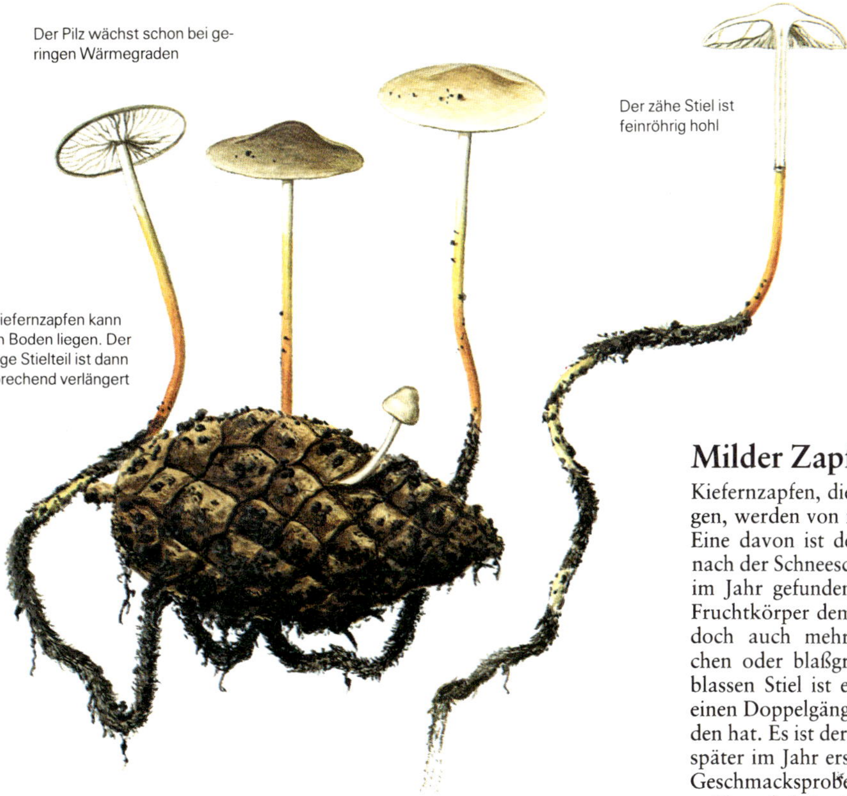

Die Länge des Stiels und seiner „Wurzel" hängt davon ab, wie tief der zugehörige Kiefernzapfen im Boden liegt

Eßbar		
Breite cm	Höhe cm	Monate
1–3	5–15	März-Mai (Okt.-Dez.)

Milder Zapfenrübling *Strobilurus tenacellus*

Kiefernzapfen, die in Moos, Humus oder Sand eingebettet liegen, werden von mehreren kleinwüchsigen Pilzarten besiedelt. Eine davon ist der Milde Zapfenrübling. Er erscheint gleich nach der Schneeschmelze im März, kann aber auch noch später im Jahr gefunden werden. Meist entspringt nur ein einziger Fruchtkörper dem verborgenen Zapfen; manchmal sind es jedoch auch mehrere. Am rotbraunen Hut, an den gelblichen oder blaßgrauen Lamellen und dem rotbraunen, oben blassen Stiel ist er unschwer zu erkennen. Es gibt allerdings einen Doppelgänger, den man bis vor kurzem nicht unterschieden hat. Es ist der Bittere Zapfenrübling, *S. stephanocystis*, der später im Jahr erscheint. Am Fundort bleibt praktisch nur die Geschmacksprobe: Er schmeckt leicht bitter.

Eher als beim Milden Zapfenrübling lohnt sich das Einsammeln des Fichtenzapfenrüblings, *S. esculentus*. Auf nassen Zapfen können bis zu 15 der dunkelbraunen Pilze wachsen, und in einem einzigen Fichtenbestand findet man im März oft Tausende Fichtenzapfenrüblinge.

Es kommt vor, daß ein Hexenring von Nelkenschwindlingen mit Hunderten dieser schmackhaften Pilze besetzt ist

Eßbar		
Breite cm	Höhe cm	Monate
3–7	5–8	Mai–Okt.

Nelkenschwindling *Marasmius oreades*

Der Name Schwindling sagt schon, daß der Pilz etwas mit Schwinden zu tun hat. Als Wiesenbewohner ist er im Sommer oft trockenen Winden ausgesetzt: Er schrumpft dann rasch zusammen, quillt aber beim nächsten Regen ebenso rasch wieder auf und lebt weiter. Trotz dünnem Hut und dünnem Stiel (daher auch der Volksname Dürrbeindl) ist der Nelkenschwindling ein viel gesammelter Speisepilz. Besonders in Frankreich wird er sehr geschätzt. Wo Kunstdünger verwendet wird, verschwindet er allerdings bald endgültig. So bleiben ihm Graswege an Waldrändern und begraste Feldwege.

Unter den Hexenringbildnern auf Wiesen (siehe Seite 108, 142, 144) wurde beim Nelkenschwindling erstmals nachgewiesen, daß sein Myzel Ammoniak freisetzt. Das bedeutet zusätzliche Stickstoffdüngung, die man an der dunkler grünen Grasnarbe des Hexenrings erkennt. Bei Wassermangel verbraucht das Myzel jedoch das verfügbare Wasser, und das Gras des Hexenrings wird braun, während die umgebende Wiese sonst noch schön grün aussieht.

Der getrocknete Pilz nimmt seine ursprüngliche Gestalt an, wenn er wieder befeuchtet wird

Der Pilz riecht intensiv nach Knoblauch

Der röhrige Stiel ist sehr zäh

Die äußerst dünnen Pilzchen trocknen im Sonnenschein rasch ein: Sie schwinden; deshalb heißen sie Schwindlinge

Knoblauchschwindling *Marasmius scorodonius*

Es gibt mehrere Schwindlinge, die nach Knoblauch riechen, doch als Gewürzpilz genießt der „echte" Knoblauchschwindling Vorrang. Er ist leider nicht gerade häufig. Man findet ihn in der Fichtennadelstreu und an den Wurzelanläufen stehender Fichten, und zwar meist in kleinen Gruppen. Der schön braunrote, runzelige Hut und der relativ kurze, schwarzbraune Stiel unterscheiden ihn von anderen Arten. Die auffallendste unter diesen ist im Buchenwald der Saitenstielige Knoblauchschwindling, *M. alliaceus*. Sein fast schwarzer Stiel kann 12 cm lang, sein hellbrauner Hut 6 cm breit werden.

Im Spätherbst wächst auf abgefallenen Eichenblättern der Große Knoblauchschwindling, *M. prasiosmus*, mit 3 cm breitem Hut und 4 cm langem Stiel. Er hebt sich in der Farbe kaum von den umgebenden Blättern ab und wird meist erst bemerkt, wenn man ihn zertreten hat, denn dann entströmt ihm ein starker Lauchgeruch. Im Fichtenwald gibt es schon ab Mai den übelriechenden Nadelschwindling, *M. perforans*. Jedes der Pilzchen sitzt auf seiner eigenen Fichtennadel.

Würzpilz		
Breite cm	Höhe cm	Monate
2–3 (4)	4–7	Aug.–Okt.

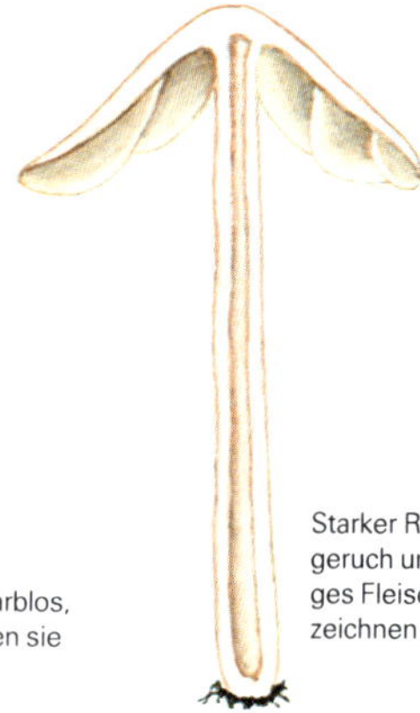

Rettichhelmlinge gibt es überall. Ganz weiße und dunkelviolette erkennt man am starken Rettichgeruch

Giftig		
Breite cm	Höhe cm	Monate
3–5	4–7	Juli–Nov.

Rosenfarbiger Rettichhelmling

Mycena pura var. rosea

Die Gattung Helmling, *Mycena*, hat über 100 Arten, und auf kleinem Raum können Tausende der Pilzchen stehen. Die wenigsten der überaus zierlichen Pilze erreichen 3 cm Hutbreite. Zu den größten unter ihnen gehören die Rettichhelmlinge. Ihre Hutfarbe variiert von Blaßgrau über Lila bis Braunviolett. Die rosenfarbige Varietät ist ein Pilz des Buchenwaldes; die anderen findet man in allen Waldarten. Eng stehende, weiße Lamellen, starker Rettichgeruch und brüchiges Fleisch kennzeichnen die Art ausreichend. Es sind wiederholt schwere Vergiftungen durch Rettichhelmlinge bekanntgeworden. Dabei scheint gerade die Varietät *rosea* besonders giftig zu sein. Selbst wenn sich herausstellen sollte, daß die violettfarbenen Varietäten unschädlich sind, empfiehlt es sich, alle Rettichhelmlinge vom Verzehr auszuschließen.

Die ähnlichen, eßbaren Lackpilze (siehe Seite 153) riechen nie nach Rettich, und ihre dickeren, weiter auseinanderstehenden Lamellen sind wie der Hut violett oder fleischrot.

An den Stielen der jungen Pilze sind die Flöckchen deutlich sichtbar. Der zuletzt braunrote Stiel ist brüchig

Wertlos		
Breite cm	Höhe cm	Monate
1–3	4–8	Sept.-Nov.

Flockenstieliger Helmling *Mycena zephirus*

Zwei Besonderheiten heben diesen Helmling aus der großen Schar der übrigen heraus: der über und über mit kurzen Faserflöckchen bekleidete Stiel und das frühzeitig einsetzende rostige Fleckigwerden der Lamellen, später auch des Hutes und des Stiels. Der Pilz heißt daher auch Rostiger Helmling. Sein flach kegelförmiger Hut bleibt auch im Alter gebuckelt. Die Art ist für Kiefernwälder typisch; hier kann sie zu Tausenden erscheinen, nachdem sich ihr Myzel in der Nadelstreu des ganzen Bestandes ausgebreitet hat.

Helmlinge bieten gute Beispiele für standörtliche Spezialisierung. In Südeuropa wächst ein purpurfarbener Helmling, *M. seynii,* nur auf den Zapfen der dort heimischen Kiefern. In Mitteleuropa ist es *M. strobilicola,* der im März mit den Zapfenrüblingen (siehe Seite 163) erscheint und nur auf Fichtenzapfen gefunden wird. Kenntlich ist er an den rosa werdenden Lamellen und dem Geruch nach Ammoniak. Andere Ammoniakhelmlinge wachsen büschelig an Nadelholzstümpfen, so z. B. *M. alcalina* und *M. luteoalcalina.*

Das Hütchen ist zart gerieft

Die Stiele sind binsendünn
und sehr zerbrechlich

Weißen Milchsaft im
Stiel gibt es bei keinem
anderen Helmling

Die Milchprobe gelingt, wenn man den Stiel im unteren Drittel abschneidet und dann vorsichtig zusammendrückt

Wertlos		
Breite cm	Höhe cm	Monate
1–2	5–8	Mai–Nov.

Weißmilchender Helmling *Mycena galopus*

Wie dieser Helmling sehen die meisten Vertreter der Gattung *Mycena* aus: kegeliges Hütchen, fadenartig dünner Stiel, blasse, aufsteigende Lamellen und wenig auffallende Farben. Der Weißmilchende Helmling hat in seinem weißen Milchsaft ein artbestimmendes Kennzeichen. Wenn man den Stiel in der unteren Hälfte durchschneidet, tritt ein weißer Safttropfen aus. In Nadel- und Laubwäldern, auf dem Erdboden wie in Moospolstern, ist dieser Helmling eine der am sichersten anzutreffenden Pilzarten überhaupt. Die graubraune Hutfarbe herrscht vor; es gibt aber auch eine weiße und eine schwarze Varietät.

Orangegelber Milchsaft zeichnet den Gelbmilchenden Helmling, *M. crocata,* aus. Er ist ein Buchenwaldbewohner und kommt auffallend oft zusammen mit dem Saitenstieligen Schwindling (siehe Seite 165) vor. Nicht selten trifft man auf Bluthelmlinge mit blutrotem Milchsaft; einer davon ist der Purpurschneidige Helmling, *M. sanguinolenta,* der eine unter der Lupe gut erkennbare purpurrote Lamellenschneide hat. Er wächst an ähnlichen Orten wie der Weißmilchende Helmling.

Die Lamellen werden allmählich fleischrosa

Der Pilz wächst oft dort, wo Steinpilze vorkommen

Das Fleisch riecht wie frische Gurken oder feuchtes Mehl

Mehlräslinge haben die Form und Größe von Pfifferlingen, aber rosa werdende Lamellen und sind weißlich

Eßbar		
Breite cm	Höhe cm	Monate
4–8	5–8	Aug.–Okt.

Mehlräsling *Clitopilus prunulus*

Junge Mehlräslinge erinnern wegen des eingerollten Hutrandes an Kremplinge, wegen der weit am Stiel herablaufenden Lamellen an weiße Trichterlinge. Von beiden unterscheiden sie sich durch allmählich rosa werdende Lamellen. Der aus ihnen ausfallende Sporenstaub ist ebenfalls rosa gefärbt. Die weiße oder ins Graue gehende Hutoberfläche fühlt sich trocken wie Waschleder an; bei Regen wird sie leicht schmierig. Der Pilz kommt in allen Waldarten vor, wobei er schwach sauren Boden bevorzugt. Er wächst gewöhnlich in kleinen Trupps im Bereich lebender Baumwurzeln, mit denen er durch Mykorrhiza in symbiotischer Verbindung steht. Das beste Merkmal dieses geschätzten Speisepilzes ist der intensive Mehl- oder Gurkengeruch.

Besonders an grasig-moosigen Waldrändern kommen giftige weiße Trichterlinge (siehe Seite 151) vor, mit denen der Mehlräsling verwechselt werden könnte. Doch Trichterlinge bekommen nie rosa getönte Lamellen. Die weißen Arten riechen eher unangenehm und wachsen in Reihen oder Kreisen.

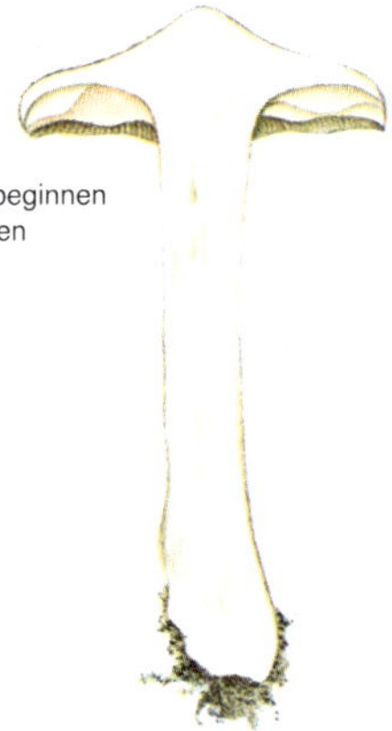

Das Foto stellt einen Doppelgänger des Aprilrötlings, den Heckenrötling, *E. sepium*, dar. Sein Hut ist klebrig

Eßbar		
Breite cm	Höhe cm	Monate
4–7	4–8	April–Juni

Aprilrötling *Entoloma aprile*

In Mitteleuropa gibt es 140 Arten der Gattung Rötling, *Entoloma*. Sie erreichen oft kaum 4 cm Hutbreite. Viele sind ohne Mikroskop nicht sicher bestimmbar, und nur wenige kommen häufig vor. Zu den selteneren gehört der Aprilrötling, ein Frühlingspilz feuchter Laubwälder, in denen er gesellig und öfters in Gesellschaft von Speisemorcheln wächst. Der durchfeuchtete Hut ist gleichmäßig graubraun und am Rand durchscheinend gerieft. Beim Austrocknen geht die Farbe in ein silbriges Hellgrau über. Dabei reißt der Rand stellenweise ein. Die Lamellen nehmen zuletzt die fleischrote Farbe der Sporen an. Der Pilz riecht deutlich nach Mehl und gehört zu den guten Speisepilzen, ähnelt aber sehr dem dunkleren Giftrötling.

In Grasgärten unter Obstbäumen trifft man gleichfalls im Frühling auf den robusteren, büschelig wachsenden Schildrötling, *E. clypeatum*. Sein Hut ist ähnlich gefärbt wie der des Aprilrötlings, trocknet aber in charakteristischen radialen Streifen aus und bricht in der Mitte felderig bis grobschuppig auf. Auch er ist ein guter Speisepilz.

Trotz einladendem Mehlgeruch ist der Pilz giftig

Die Faserung der Huthaut ist deutlich erkennbar

Die Lachsfleischfarbe älterer Lamellen ist ein wichtiges Merkmal

Der Pilz wächst truppweise

Kräftige Riesenrötlinge mit lachsfarbenen Lamellen sind gut erkennbar. Es gibt aber auch dünnere mit blasserem Hut

Giftig		
Breite cm	Höhe cm	Monat
7–15	8–12	Juli–Okt.

Riesenrötling *Entoloma sinuatum*

Der Name Riesenrötling sagt es schon: Es handelt sich um den größten unter den Rötlingen. Die helle, blaßlehmgelbe bis gelblichgraue Farbe und das oft büschelige Wachstum machen ihn noch auffälliger. Lichte Laubwälder, Gebüsche und Waldränder auf kalkhaltigen Böden sind bevorzugte Wuchsorte. Die eingewachsen-gefaserte Huthaut reißt bei Trockenheit und im Alter netzartig auf. Die Lamellen sind von Anfang an gelblich und nehmen allmählich einen lachsfleischfarbenen Ton an. Der Pilz ist giftig.

Er kann leicht für die gleichzeitig und an ähnlichen Orten vorkommende Graukappe (siehe Seite 139) gehalten werden. Die gelbrötlichen Lamellen des Riesenrötlings laufen aber nie herab, sondern sind am Stiel aufgebogen. Der anfänglich dumpfe Mehlgeruch des gelblichen Fleisches wird im Alter ausgesprochen widerlich. Ähnlich, aber kleiner und viel dünner sind der Niedergedrückte Rötling, *E. rhodopolium,* und der Nitroserötling, *E. nidorosum;* letzterer riecht stark nach Salpetersäure. Beide Arten sind ungenießbar.

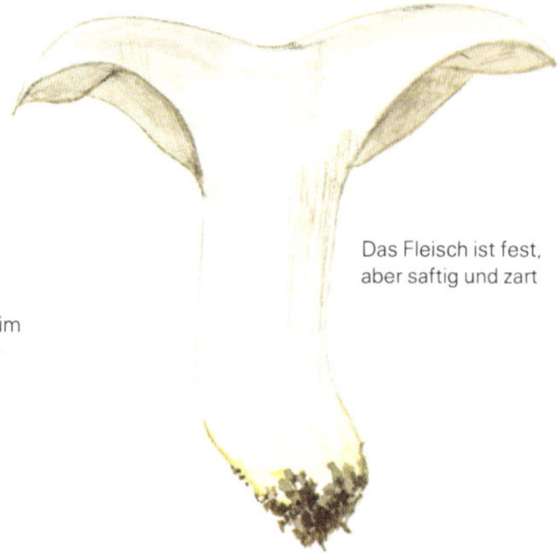

So frei sichtbar wie auf dem Foto wird man den Märzschneckling nie finden. Oft ist er ganz im Moos versteckt

Eßbar		
Breite cm	Höhe cm	Monate
9–13	6–10	März–Mai (Dez.)

Märzschneckling *Hygrophorus marzuolus*

Schon mit der Schneeschmelze gehen viele Sammler, vor allem in der Schweiz, auf die Suche nach dem begehrten Märzschneckling. Unter Fichten und – selten – unter Kiefern, am häufigsten jedoch unter Weißtannen und nur auf Lehm- und Kalkböden wächst dieser ausgezeichnete Speisepilz. Er kommt einzeln oder büschelig vor und manchmal auch sehr zahlreich. Doch ist er schwer zu finden, da er sich unter der lockeren Moosschicht, im Nadelbett oder, falls er im Laubmischwald wächst, unter der Laubdecke entwickelt.

Der anfangs blasse, dann bald grauschwarz werdende Hut ist nur wenig schmierig. Da die feinen Flocken der typischen Schnecklinge an der Stielspitze fast fehlen, hat man den Pilz früher zu den Ellerlingen gezählt. Das Familienmerkmal der Wachsblättler jedoch, die dicken, wachsartigen Lamellen, ist beim Märzschneckling besonders gut ausgeprägt. Große Liebhaber des Märzschnecklings sind Rehe, und nicht selten verraten vom Rehwild umgestoßene Pilze durch ihre weißen Lamellen und Stiele den Wuchsort.

Das Fleisch ist saftig und bricht leicht in Fasern auseinander

Der Hutrand ist gewöhnlich wellig verbogen

Die graubraune Faserung an Stiel und Hut ist charakteristisch

Der früher als Ziegenellerling bekannte Pilz kommt sehr gesellig vor. Vielerorts fehlt er heute ganz

Graubrauner Schneckling

Hygrophorus camarophyllus

Obwohl dem Märzschneckling (siehe Seite 172) ziemlich ähnlich, kann der Graubraune Schneckling nicht mit ihm verwechselt werden, denn er erscheint nie vor August und wächst zudem an ganz anderen Orten, nämlich in moorigen Bergwäldern und hier gern in Bleichmoospolstern unter Kiefern. Dem Graubraun des Huts ist oft ein Olivton beigemischt. Die dicken, entfernt stehenden Lamellen werden im Alter gelblich. Das weiße Fleisch riecht eigenartig modrig-süßlich.

Unter Tannen und Fichten erscheint im Herbst ein Doppelgänger, der Schwarzfaserige Schneckling, *H. atramentosus;* er kommt jedoch nur auf Lehm- oder Kalkböden vor. Sein grauschwarzer Hut und der gleichfarbig gefaserte Stiel zeigen einen Stich ins Stahlblaue. Der Pilz ist zwar nicht ganz so gedrungen wie der Märzschneckling, ähnelt diesem aber mehr als dem Graubraunen Schneckling. Beiden ähnlich ist auch der Schönblättrige Schneckling, *H. calophyllus,* ein seltener Gebirgspilz mit prächtig rosaroten Lamellen.

Eßbar		
Breite cm	Höhe cm	Monate
5–9	6–10	Aug.–Okt.

Nach Regen sind Hut und Stiel überaus schmierig

Die blassen Pusteln oder Körnchen an der Stielspitze sind stets vorhanden

Der angenehme Mandelgeruch kennzeichnet die Art eindeutig

Die Hutmitte ist meist von feinen Schleimtröpfchen punktiert. Der Marzipangeruch führt zum richtigen Namen

Wohlriechender Schneckling

Hygrophorus agathosmus

Dieser Schneckling gehört zur Flora junger Nadelholzbestände, wo er gern an moosigen und grasigen Stellen wächst, fast stets gesellig bis dicht gedrängt. Die Hutfarbe gleicht derjenigen der Graukappe (siehe Seite 139); der Hut ist aber klebrig-schmierig und viel kleiner. Am Stiel bemerkt man im oberen Drittel feine, weiße Körnchen – ein Merkmal aller typischen Schnecklinge. Ein sicheres Artmerkmal ist der starke Geruch nach Mandelseife. Es gibt noch eine ganz weiße Varietät und eine weitere, bei der die Stielkörnchen schön goldgelb sind.

Dem Wohlriechenden Schneckling sehr ähnlich ist der im Gebirge beheimatete Hyazinthenschneckling, *H. hyacinthinus,* eine seltene Art, die an ihrem feinen Hyazinthengeruch und an der mit Fasern statt mit Körnchen besetzten Stielspitze zu erkennen ist. Viel häufiger trifft man auf den Pustelschneckling, *H. pustulatus,* der im Herbst scharenweise in Nadelwäldern vorkommt. Sein Hut ist ebenfalls grau, die Stielpusteln sind aber dunkelgrau, und er riecht kaum.

Eßbar		
Breite cm	Höhe cm	Monate
5–8	6–10	Aug.–Nov.

Schlanker, olivgebänderter Stiel und Vorkommen auf saurem Boden mit Heidelbeere, Bleich- und Haarmoos sind typisch

Olivgestiefelter Schneckling

Hygrophorus olivaceoalbus

Der Olivgestiefelte Schneckling ist einer der wenigen Schnecklinge, die auf stark sauren Böden wachsen können: Er ist azidiphil. Im Bergland gehört er zu den Charakterpilzen des Fichtenwaldes und begleitet die Fichte bis in die Hochmoore hinein. Hut und Stiel sind sehr schleimig, so daß der Pilz bei nassem Wetter überaus schlüpfrig ist. Die Olivfarbe des Huts setzt sich auf dem Stiel in einer natternartigen Bänderung auf weißem Grund fort. Die Lamellen sind wie bei allen Schnecklingen dick und laufen etwas bogig herab. Das Fleisch riecht schwach würzig.

Es gibt noch einige weitere, nicht leicht einzuordnende olivfarbene Schnecklinge. Sie kommen nur in Wäldern vor, deren Böden wenig sauer oder neutral reagieren. Sie sind ebenfalls alle eßbar.

Die Schnecklinge sind durchweg baumgebundene Mykorrhizapilze, d. h., sie können ihre Fruchtkörper nur im Wurzelbereich ihrer Baumpartner bilden (siehe Seite 10).

Eßbar		
Breite cm	Höhe cm	Monate
3–7	6–10	Aug.–Okt.

Hut und Stiel sind bei feuchtem Wetter von Schleim überzogen

Die dicklichen Lamellen sind am Grund queraderig

Das weiße Fleisch riecht nur schwach und verfärbt sich nicht

Die Bestimmung weißhütiger Schnecklinge fällt oft schwer, da sie sich nur wenig unterscheiden

Eßbar		
Breite cm	Höhe cm	Monate
4–6	5–7	Aug.–Okt.

Elfenbeinschneckling *Hygrophorus eburneus*

Eine Schar weißer Elfenbeinschnecklinge im Laub eines Buchenwaldes zieht unweigerlich den Blick auf sich. Bei feuchtem Wetter sind Hüte und Stiele von Schleim überzogen und daher sehr glitschig. Bei Trockenheit feuchtet man einen Finger an, drückt ihn kurz auf die Hutmitte und hebt ihn hoch. Der Pilz wird an ihm klebenbleiben, und damit ist das Merkmal Klebrigkeit nachgewiesen.

Wie fast alle Schnecklinge weist auch der Elfenbeinschneckling im oberen Stieldrittel feine Pusteln auf. Das Fleisch ist entweder geruchlos oder riecht schwach wie das des zum Verwechseln ähnlichen Starkriechenden Schnecklings, *H. cossus*. Der Geruch dieses Pilzes stimmt genau mit dem der Weidenbohrerraupe überein. Der Weidenbohrer ist ein selten gewordener Schmetterling, dessen Raupe verborgen in alten Weiden lebt. Heutzutage findet sich kaum mehr eine Gelegenheit, die verblüffende Geruchsübereinstimmung von Pilz und Raupe nachzuprüfen. Am besten erkennt man den Pilz an der rostgelben Verfärbung von Hut und Lamellen.

Der Hutrand ist bei Feuchtigkeit durchscheinend gerieft

Die dicken, entferntstehenden Lamellen kennzeichnen den Wachsblättler

Das Fleisch ist fast geruchlos

Dem Schnee-Ellerling fehlt eine richtige Huthaut. Die Lamellen scheinen deshalb durch das Hutfleisch hindurch

Eßbar		
Breite cm	Höhe cm	Monate
2–5	4–6	Sept.–Dez.

Schnee-Ellerling *Camarophyllus niveus*

Der auch Schneeling genannte Pilz gehört zu den Wachsblättlern mit glatter Stielspitze und Hüten, die auch bei Nässe nicht oder kaum schmierig werden. Er ist ein Pilz des Spätherbstes und wächst wie die meisten Ellerlinge außerhalb des Waldes auf Wiesen, Rasenplätzen und selbst in den Grünanlagen der Städte. Das Fleisch ist zwar recht zart, schmeckt jedoch nicht besonders. Doch lohnt sein geselliges Auftreten mitunter die Mühe des Sammelns, vor allem noch im November, wenn sonst nicht mehr viel zu finden ist.

Nahe verwandt ist der Jungfernellerling, *C. virgineus,* mit etwas kräftigerer Statur. Oftmals an ihm zu beobachtende karminrote Flecken rühren von Bakterienbefall her. Die beiden Arten kann man nur mit Hilfe des Mikroskops unterscheiden. Einen kleinen bräunlichen, weißgerandeten Hut hat der Juchtenellerling, *C. russocoriaceus,* ein Pilz der Bergwiesen, der am starken Juchtenledergeruch sofort zu erkennen ist. Bis 8 cm Breite erreicht der orangegelb gefärbte Hut des Wiesenellerlings, *C. pratensis,* der gern als Speisepilz gesammelt wird.

Eßbar		
Breite cm	Höhe cm	Monate
6–11	8–10	Sept.–Okt.

Der Größte Saftling ist ein rasch vergehender Schmuck kurzrasiger Bergwiesen. Im Sonnenlicht blaßt er stark aus

Größter Saftling *Hygrocybe punicea*

Saftlinge, auch Glasköpfe genannt, gibt es in vielen Arten, die großenteils sehr lebhaft gefärbt sind. Eine der schönsten ist unstreitig der Größte Saftling. Mit seinem prächtig roten Hut, der Kegelform und dem saftigen Fleisch ist er ein typischer Vertreter der Gattung. Seine Größe wird nur ausnahmsweise von wenigen anderen Saftlingen erreicht. Bergwiesen und -weiden sowie Waldwiesen sind die besten Fundplätze. Hier geben sich oft zahlreiche Saftlingarten ein Stelldichein, während man in anderen Gebieten keine antrifft.

Die genaue Artbestimmung der zahlreichen roten und gelben Saftlinge bereitet auch Spezialisten oft große Schwierigkeiten. An den gleichen Wuchsorten wie der Größte Saftling und nicht selten mit ihm zusammen erscheint der Kirschrote Saftling, *H. coccinea*. Er ist so etwas wie sein Abbild im kleinen. Einige Arten werden bei Berührung und im Alter schwarz, so z. B. der Kegelige Saftling, *H. conica*, mit orange- bis feuerrotem Hut und gelbem Stiel. Er gehört zu den Arten, die am häufigsten anzutreffen sind.

Die grüne Farbe wird im Sonnenlicht zerstört

Der Stiel ist ebenso glitschig wie der Hut

Das Fleisch ist glasig-wässerig

Saftlinge sind Pilze offenen Geländes. Der Papageiensaftling liebt Grasflächen, die nicht gedüngt werden

Genießbar		
Breite cm	Höhe cm	Monate
2–3	4–7	Aug.–Okt.

Papageiensaftling *Hygrocybe psittacina*

Grüngefärbte Pilze sind nicht gerade häufig. Auch unter den Saftlingen ist der grüne Papageiensaftling eine Ausnahme. Im Sonnenlicht bleicht die Farbe aber schnell aus und bleibt nur an der Stielspitze unter dem Hut erhalten. Der in der Jugend schmierige, glänzende Hut wird im Gras der Wiesen und Rasenplätze leicht übersehen, ganz im Gegensatz zu den auffallend roten und gelben Saftlingen, mit denen er nicht selten zusammen vorkommt. Alle diese Arten sind zwar eßbar, sollten aber möglichst nicht gesammelt werden.

Ausgebleichte Papageiensaftlinge können für den Zähen Saftling, *H. laeta,* gehalten werden, zumal auch dessen Stiel oben oft grün getönt ist. Seine Grundfarbe ist jedoch orangebraun. Außerdem ist der ganze Pilz knorpelig-zäh, eine Eigenschaft, die ihn von allen anderen Saftlingen unterscheidet, denn die meisten Arten lassen sich leicht in Längsfasern zerlegen, ja sie sind geradezu zerbrechlich. Da Bergwiesen, Trockenrasen und Riedwiesen immer seltener werden, wird auch die bunte Vielfalt der Saftlinge bald der Vergangenheit angehören.

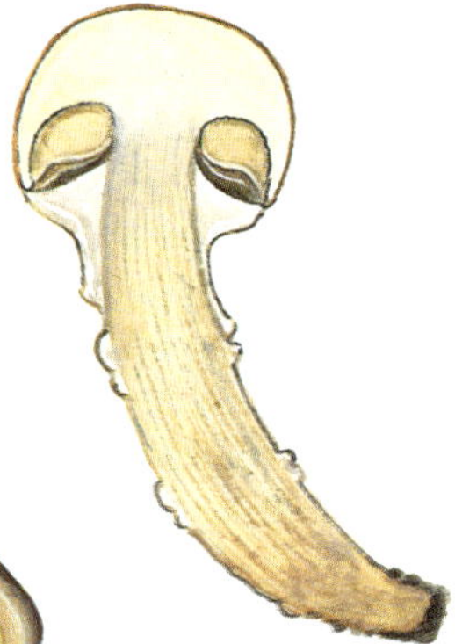

Im Stielgrund ist das Fleisch braun

Der Pilz wächst gern unter Buchen und Birken, wo er auch in großen Scharen auftreten kann

Natterstieliger Schleimfuß *Cortinarius trivialis*

Zur Gattung Schleierling, *Cortinarius,* zählen in Mitteleuropa mehr als 400 Arten: Damit ist sie die artenreichste Blätterpilzgattung. Bei den Schleimfüßen, Untergattung *Myxacium,* sind Hut und Stiel stets schleimig; der sonst übliche fädige Schleier zwischen Hutrand und Stiel verquillt zu einer Schleimhaut, die beim heranwachsenden Pilz am Stiel als Schleimwulst sichtbar bleibt. Für den Natterstieligen Schleimfuß ist artkennzeichnend, daß der Stielbelag in mehrere unregelmäßig gezackte Bänder aufreißt. Gelbolivfarbene Hüte und lilafarbene Lamellen kommen auch bei anderen Arten vor. Bei allen Schleierlingen nehmen die Lamellen die rostgelbe bis rotbraune Farbe der Sporen an.

Alle Schleimfüße sind unschädlich, aber von geringem Speisewert, manche wegen des bitteren Fleisches ungenießbar. Einen dunkelolivbraunen, leicht gerunzelten Hut hat der Buchenschleimfuß, *C. integerrimus.* Im Fichtenwald wächst der Blaustielschleimfuß, *C. collinitus,* dessen Hut schön fuchsrot bis orangebraun ist.

Ungenießbar		
Breite cm	Höhe cm	Monate
5–10	8–12	Aug.–Okt.

Die Haarschüppchen und die weiße, seidige Hutrandbekleidung bleiben lange erhalten

Die weißlichen Gürtel am Stiel sind Schleierreste

Außer den Schleierfäden, die zum Stiel hinabziehen, sind auch die weißen Haarschüppchen auf dem Hut schön zu sehen

Die reifen Lamellen sind rostbraun wie die Sporen

Die Spitze des Stiels über den weißen Flockengürteln kann violett sein. Hut und Stiel verlieren die Bekleidung

Ungenießbar		
Breite cm	Höhe cm	Monate
3–5	7–11	Sept.–Nov.

Pelargoniengürtelfuß *Cortinarius paleaceus*

Diese Art gehört zur Untergattung Gürtelfuß, *Telamonia*. Alle Gürtelfüße haben einen hygrophanen Hut, d. h., die sehr dünne Huthaut läßt beim Austrocknen Wasser durchtreten, wodurch ihre anfänglich dunkle Farbe erheblich blasser wird. Sie haben einen spinnwebartigen Schleier, der deutlich, aber auch nur sehr schwach entwickelt sein kann.

Beim Pelargoniengürtelfuß ist er nur im ersten Jugendstadium vorhanden. Wichtige Kennzeichen hingegen sind die haarigen weißen Hutschüppchen und die weiße, flockige Gürtelung auf dem Stiel. Hinzu kommt der sonst nur bei wenigen Gürtelfüßen festzustellende recht intensive Geruch nach Pelargonienblättern. Der Pilz wächst nur dort, wo Nadelbäume auf saurem Boden stehen und Moospolster die benötigte Feuchtigkeit festhalten.

Gürtelfüße können plump, aber auch zierlich sein und binsendünne Stiele haben. Die Arten mit schwachem, flüchtigem Haarschleier nannte man früher Wasserköpfe; man kann sie aber nicht von den Gürtelfüßen trennen.

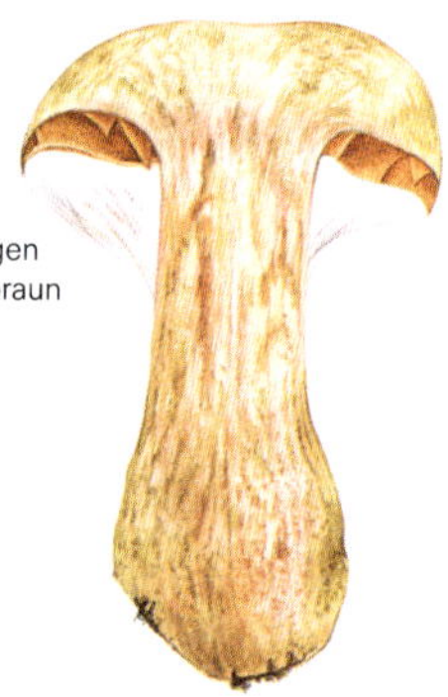

Im Längsschnitt sieht das Fleisch wässerig marmoriert aus. Trockene Hüte werden gelbbraun

Ungenießbar		
Breite cm	Höhe cm	Monate
9–12	7–10	Aug.–Okt.

Liladickfuß *Cortinarius traganus*

Die markantesten Vertreter der Untergattung *Sericeocybe* – was wörtlich Seidenkopf bedeutet – werden wegen ihrer keulenförmigen Stiele Dickfüße genannt. Sie sind weder hygrophan (siehe Seite 181) noch schmierig-schleimig (siehe Seite 180 und 184) und sind auch nicht schön braunrot oder gelb (siehe Seite 185–186). Zur Bestimmung ist ihre seidige Hutoberfläche wichtig, die nicht durch Wasserentzug, sondern durch Ausbleichen des Farbstoffes blasser wird. Das schöne Lila des Liladickfußes kann auf diese Weise in ein schmutziges Gelbbraun übergehen. Dabei bekommt der Hut oft Trockenrisse. Die Lamellen sind von Anfang an rostbraun – ein wichtiger Unterschied gegenüber anderen, ähnlichen Arten. Der süßliche und zugleich abstoßend widerliche Geruch des braungetönten Fleisches sichert vollends die Bestimmung.

Einen mehr an faulende Kartoffeln erinnernden Geruch und anfangs intensiv violette Lamellen hat der leicht zu verwechselnde Bocksdickfuß, *C. camphoratus*. Beide Arten wachsen in Laub- und Nadelwäldern auf sauren Böden.

In der Mitte und am Rand des blausilbrigen Huts haften Schleierreste an

Weiße Schleierreste bedecken den Stiel

Der noch unversehrte Haarschleier ist schon durch herabgefallene Sporen rostfarben geworden

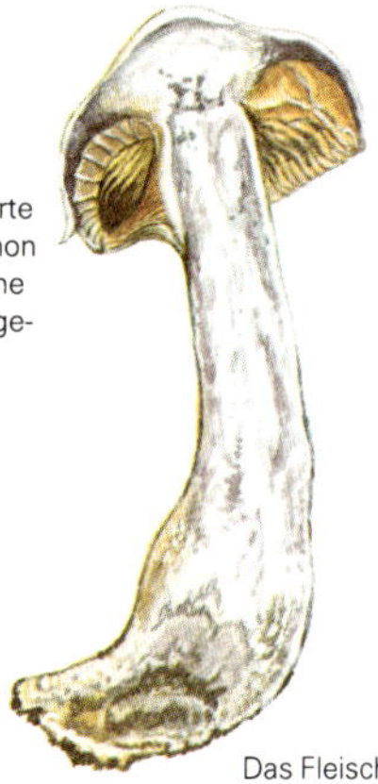

Das Fleisch ist schon im Anschnitt blauviolett

Hut- und Stielfarbe des Weißvioletten Dickfußes geht mehr als bei anderen violetten Schleierlingen ins Blaue

Ungenießbar		
Breite cm	Höhe cm	Monate
5–8	7–10	Aug.–Okt.

Weißvioletter Dickfuß *Cortinarius alboviolaceus*

Ein Vergleich mit dem Liladickfuß (siehe Seite 182) zeigt, daß die Hut- und Stielfarbe des Weißvioletten Dickfußes mehr Blau enthält. Auffällig ist außerdem die weiße, fast gürtelförmig angeordnete Überkleidung des Stiels. Die anfangs graulilafarbenen Lamellen nehmen bald die rostbraune Endfärbung an – ein Kennzeichen aller Schleierlinge. Läßt man die Sporen auf ein weißes Blatt ausfallen, erhält man nach wenigen Stunden ein Bild der Lamellenanordnung, das gerade bei rostsporigen Blätterpilzen besonders hübsch aussieht. Zwischen den auf dem Papier liegenden Lamellenschneiden sammelt sich der Sporenstaub und markiert exakt die Zwischenräume, während die Schneiden selbst weiße Linien hinterlassen, die den Lamellen entsprechen.

Der Weißviolette Dickfuß ist ein Charakterpilz bodensaurer Buchenwälder, kommt aber auch in Nadelwäldern vor. Reich an schönfarbigen Dickfüßen, Schleimfüßen und Schleimköpfen sind Kalkbuchenwälder, während auf Sandböden die Gürtelfüße weit überwiegen.

Weiße Schleierfäden verbinden Hutrand und Stiel

Die Oberhaut ist bei feuchtem Wetter schmierig

Die erst lilafarbigen Lamellen werden später rostgelb

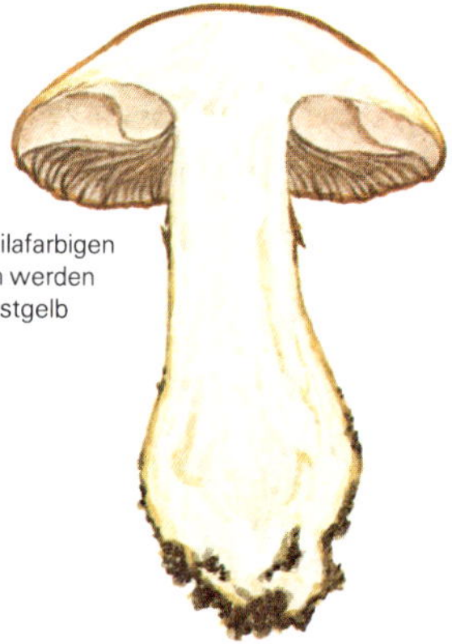

Die Schleimköpfe sind auf Kalkböden mit oft schönfarbigen Arten sehr reich, auf Sand dagegen schwach vertreten

Semmelgelber Schleimkopf *Cortinarius varius*

Zu den fast unübersehbar vielen mitteleuropäischen Schleimköpfen gehört auch der Semmelgelbe Schleimkopf. Er ist ein Nadelwaldpilz und kann auf kalkhaltigen Böden massenhaft auftreten. Die wenig veränderliche Hutfarbe, die lange Zeit rein blauvioletten Lamellen, der weiße, keulige Stiel und das bei Schleimköpfen seltene fast reine Weiß des Fleisches erlauben eine sichere Bestimmung.

Im Unterschied zu den Schleimfüßen (siehe Seite 180) sind die Schleimköpfe nur auf der Hutoberfläche schmierig. Was mit dem Haarschleier, Cortina, der Schleierlingartigen gemeint ist, läßt sich nirgends besser zeigen als an einem Längsschnitt durch einen jungen Schleimkopf. Wie von Spinnen gefertigt, ziehen sich die Schleierfäden vom eingerollten Hutrand zum Stiel. Später lösen sie sich vom Hut, liegen als eine Art Ringzone um den Stiel und wirken hier als Sporenfänger: Die von oben herabfallenden braunen Sporen bleiben in ihnen hängen.

Der Pilz ist recht schmackhaft. Es gibt aber auch giftige Schleimköpfe; ihr Fleisch ist gelb.

Eßbar		
Breite cm	Höhe cm	Monate
5–10	6–10	Aug.–Okt.

Sehr giftig		
Breite cm	Höhe cm	Monate
5–8	6–10	Aug.–Okt.

Der Hutbuckel ist ein typisches Merkmal

Mehrere ungenießbare, ähnlich gefärbte Arten können mit dem Orangefuchsigen Schleierling verwechselt werden

Die Hutfaserung verschwindet oft im Alter

Der goldgelbe Stiel ist längs gefasert

Nur ganz junge Pilze weisen am Stiel einen Haarschleier auf

Orangefuchsiger Schleierling

Cortinarius orellanus

Die Art hat eine traurige Berühmtheit erlangt, denn in den 50er Jahren starben zahlreiche Menschen nach dem Genuß des Pilzes (siehe Seite 290). Er gehört in die Untergattung *Leprocybe*, für die es noch keinen deutschen Namen gibt, weshalb man den allgemeinen Namen Schleierling verwendet. In ihr herrschen olivgrüne und gelbe Farben vor, und die Hüte sind faserig oder geschuppt.

Der Orangefuchsige Schleierling ist ein Pilz des Laubwalds der tieferen Lagen und der Mittelgebirge. Die goldgelbe Farbe des fast kahlen Stiels kontrastiert mit dem kräftigen, fuchsigen Orange der feingefaserten Huthaut. Die zimtfarbenen Lamellen sind breit und stehen ziemlich weit auseinander. Das safrangelbe Fleisch riecht etwas rettichartig. In größerer Zahl wird der Pilz selten angetroffen, doch kommt er vereinzelt an vielen Orten in Mitteleuropa vor und wird oft verkannt, da es mehrere ähnliche Arten gibt. Alle gelben Schleierlinge aus der Untergattung *Leprocybe* müssen als giftverdächtig gelten.

Der Hut ist stets kegelig

Am Stiel bleiben Schleierreste sichtbar

Das Fleisch ist nur wenig heller als der Hut

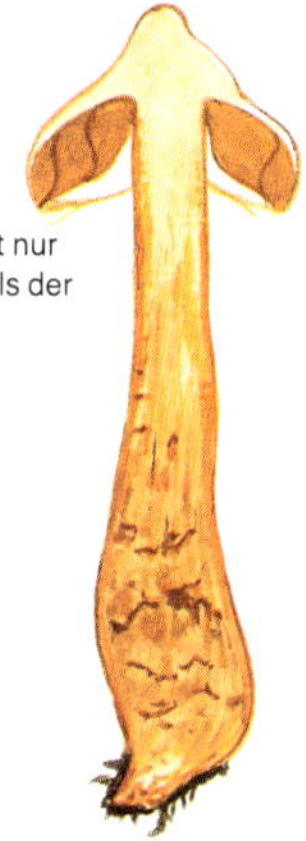

Die Orangeschleierlinge befinden sich auf dem Foto in der für sie typischen Umgebung, nämlich im Bleichmoospolster

Spitzbuckliger Orangeschleierling

Cortinarius speciosissimus

Seinen überlangen deutschen Namen erhielt der Pilz erst, als bekanntgeworden war, daß er wie der Orangefuchsige Schleierling (siehe Seite 185) zu den gefährlichen Giftpilzen zu rechnen ist. Zuvor war er allenfalls in der Spezialliteratur zu finden. Der stumpfbraungelbe, gebuckelte Hut und die faserig-schuppige Oberhaut unterscheiden ihn von mehreren ähnlichen Arten derselben Gruppe. Er tritt einzeln und in kleinen Trupps auf, vor allem auf sauren Böden in Bergnadelwäldern sowie in den Bleichmoospolstern der Waldmoore.

Stellenweise viel häufiger und an den gleichen Orten wächst der Zitronengelbe Schleierling, *C. limonius*. Sein Hut ist in feuchtem Zustand dunkelorangebraun; wenn er trocknet, wird er schön zitronen- bis goldgelb. Wegen dieser Hygrophanität wurde er früher zu den Gürtelfüßen gerechnet (siehe Seite 181). Die Art ist stark giftverdächtig: Die chemische Analyse hat eine weithin mit den verwandten Giftpilzen übereinstimmende stoffliche Zusammensetzung ergeben.

Giftig		
Breite cm	Höhe cm	Monate
3–7	7–11	Juli–Okt.

Ungenießbar		
Breite cm	Höhe cm	Monate
4–6	5–7	Aug.–Nov.

Junge Lamellen des Zimthautkopfs sind stets orangerötlich getönt. Ähnliche Arten sind schwer zu unterscheiden

Zimthautkopf *Dermocybe cinnamomea*

Wenn die Hautköpfe erscheinen, dann ist der Herbst nicht mehr fern. Einige von ihnen sind schön blut- oder zinnoberrot, die meisten aber unauffällig gefärbt und nur mittelgroß. Die häufigste Art ist der Zimthautkopf, ein Pilz der Laub- und Nadelwälder, der kalkarme Böden bevorzugt. Hautköpfe unterscheiden sich vor allem durch die Farbe der Lamellen und der Schleierfäden. Beim Zimthautkopf sind die Lamellen von Anfang an deutlich gelbrötlich und gehen mit der Sporenreife ins Olivbraune über. Den gelben, zur Basis hin bräunlichen Stiel überziehen blaßgelb bis bräunlich gefärbte Fasern als Reste des vergänglichen Schleiers. Das Fleisch riecht schwach nach Rettich und schmeckt unangenehm.

Hautköpfe sind schwer zu unterscheiden, da die Farben stark variieren können und auch die Untersuchung mit dem Mikroskop kaum weiterhilft. Dem Zimthautkopf ähnlich, aber durch reingelbe Lamellen ausgezeichnet ist der Gelbblättrige Hautkopf, *D. cinnamomeolutea*, durch rote der Blutblättrige Hautkopf, *D. semisanguinea*.

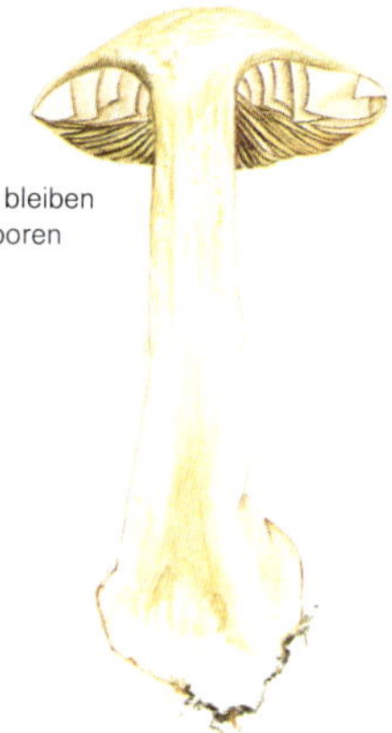

Der Hut ist nicht klebrig, die Sporen sind blaß; sonst gleicht der Schleierritterling genau manchen Schleimköpfen

Eßbar		
Breite cm	Höhe cm	Monate
6–10	6–9	Aug.–Okt.

Schleierritterling *Leucocortinarius bulbiger*

Der in Nadelwäldern beheimatete Schleierritterling stellt ein Unikum dar: Die blassen Lamellen sind wie bei Ritterlingen am Stiel ausgebuchtet und werfen einen weißlichen Sporenstaub ab. Deshalb zählte man den Pilz früher zur Gattung Ritterling, *Tricholoma,* und von dieser hat er jetzt noch seinen deutschen Namen. Gestalt und Farbe sowie der fädige Schleier gleichen jedoch so sehr manchen ebenfalls gerandet-knolligen Schleimköpfen, daß man sie leicht mit ihm verwechseln kann, wenn man deren rostfarbene Lamellen nicht beachtet. Vom Schleim ist beim Schleierritterling allerdings nichts zu bemerken; sein Hut ist vielmehr geglättet-faserig und zum Rand hin von vereinzelten blassen Schleierresten bedeckt.

Die mitunter deutlich zu erkennende faserige Ringzone am Stiel gab auch schon Anlaß, den Pilz in die Gattung Armringblätterpilz, *Armillaria,* einzuordnen. Die eigens für ihn geschaffene Gattung *Leucocortinarius,* was Weißschleierling bedeutet, enthält nur diese eine Art: Sie ist monotypisch. Kenner sammeln den Schleierritterling, wenn er häufig vorkommt.

Eßbar		
Breite cm	Höhe cm	Monate
10–15	8–12	Aug.–Okt.

Bis auf die gesägte Lamellenschneide sind im Foto alle im Text unten angegebenen Merkmale zu sehen

Reifpilz *Rozites caperata*

Ein paar feuchtwarme Gewitterregen im August, und man kann sicher sein, in Kiefernforsten und mit Kiefern durchsetzten Mischwäldern den wohlschmeckenden Reifpilz anzutreffen – vorausgesetzt, der Boden ist sauer genug. Der auch Zigeuner genannte Pilz ist nämlich Säurezeiger. In älteren, lichten Beständen mit Heidelbeere, Heidekraut, Preiselbeere und Adlerfarn wird er geradezu zum Charakterpilz; er kommt allerdings auch in reinen Laubwäldern vor. Wahrscheinlich bildet er mit verschiedenen Waldbaumarten Mykorrhizen, vielleicht auch mit der Heidelbeere. Junge Exemplare können stark lila getönt sein, werden aber bald semmelgelb mit typisch bereifter Mitte und radial gerunzeltem Rand. Die hellbraunen Lamellen haben eine gesägte Schneide. Der dauerhafte Ring am Stiel und die häutigen Schleierreste am Grund sind weitere gute Artkennzeichen.

Der ältere Name Runzelschüppling erinnert daran, daß der Pilz früher wegen des Rings und der braunen Sporen zu den Schüpplingen, *Pholiota*, gerechnet wurde (siehe auch Seite 202).

Der Reifpilz mit Doppelgängern

In typischer Ausbildung dem Reifpilz unähnlich, können ihm die beiden Giftpilze gelegentlich doch in Form und Farbe ähneln. Wichtig sind die unterschiedlichen Lamellenfarben, die Stielbeschleierung und die Ausbildung des Stielgrunds.

Reifpilz
Rozites caperata Seite 189
Eßbar

Spitzbuckliger Orangeschleierling
Cortinarius speciosissimus Seite 186
Giftig

Kegelhütiger Knollenblätterpilz
Amanita virosa Seite 128
Sehr giftig

Durch kräftiges Reiben an Stiel und Lamellen beschleunigt sich das den Ziegelroten Rißpilz kennzeichnende Röten

Ziegelroter Rißpilz *Inocybe patouillardi*

Gerade zu der Zeit, da der Maipilz in vollem Wachstum steht und die ersten weißen Wiesenchampignons geerntet werden, stellt sich an den gleichen Wuchsorten der gefährlich giftige Ziegelrote Rißpilz ein. Er erscheint in lichten Laubwäldern, aber auch auf Rasenflächen von Parkanlagen. Gefährlich ist er auch deshalb, weil die jungen Pilze ganz weiß sind und so den obengenannten Speisepilzen sehr ähnlich sehen können. Allmählich erst setzt die Rötung der Hutfasern, der Lamellen und des Stiels ein. Am Hutrand des ganz jungen Pilzes bemerkt man zarte, zum Stiel verlaufende Schleierfäden, die bald verschwinden. Der Stiel ist an der Spitze fein flockig und hat keinen Ring. Der zunächst nicht einmal unangenehme Geruch wird mehr und mehr durchdringend modrig.

Wichtig ist: Der Maipilz hat immer weißliche bis rahmgelbe Lamellen und riecht nach Mehl. Die Lamellen der Champignons dagegen färben sich von Graurötlich oder Rosa nach Purpurbraun bis Braunschwarz um, und außerdem haben diese Pilze einen ausgeprägten Hautring am Stiel.

Giftig		
Breite cm	Höhe cm	Monate
5–8	6–10	Mai–Juli

Schleierfäden sind nur am Hutrand ganz junger Erdblättriger Rißpilze zu sehen. Der Hutbuckel bleibt bestehen

Erdblättriger Rißpilz *Inocybe geophylla*

Dieser Rißpilz ist viel kleiner als der Ziegelrote Rißpilz (siehe Seite 191), bleibt in der Typusform bis zuletzt schön weiß und riecht ganz anders, nämlich spermatisch wie viele Rißpilze. Der Pilz tritt erst gegen Ende des Sommers auf humosem Boden in den verschiedensten Waldarten auf – dann aber in großen Scharen. Im Unterschied zu den auf Seite 180–186 abgebildeten Schleierlingen sind die Sporen der Rißpilze und damit auch ihre Lamellen im Alter nicht rostbraun, sondern graubraun, erdfarben.

Man zählt rund 200 verschiedene Rißpilze. Vom Erdblättrigen Rißpilz gibt es neben dem weißen Typus zwei Farbvarianten: eine ganz violette, *I. g. var. violacea*, und eine weißliche, rot anlaufende, *I. g. var. lateritia*. Weiß- und zugleich flachhütig ist auch der Rosafärbende Rißpilz, *I. pudica*. Durch einen knolligen Stiel und eckige statt eiförmige Sporen unterscheidet sich der Weißliche Rißpilz, *I. umbratica*, von allen diesen Pilzen. Hier verhelfen dem Pilzfreund nur Mikroskop und weiterführende Literatur zu genauer Kenntnis der Arten.

Giftig		
Breite cm	Höhe cm	Monate
3–5	6–8	Aug.–Nov.

Die Pilze sind oft klein-büschelig verwachsen

Das Fleisch läuft schwach rötlich an

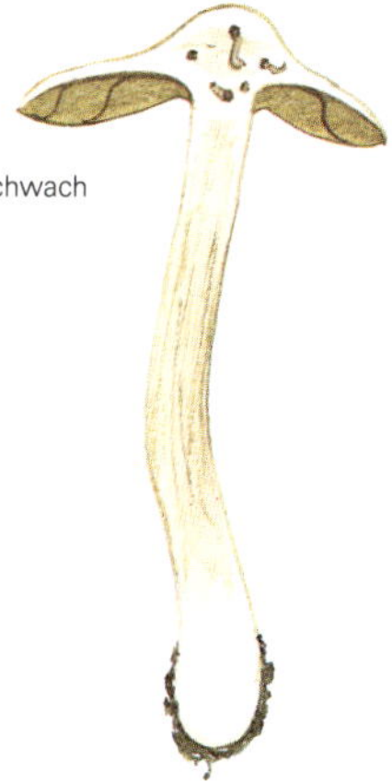

Der Grünspitzige Rißpilz läßt sich schon an seinem grünen Hutbuckel und an dem Birnenduft erkennen

Giftig		
Breite cm	Höhe cm	Monate
4–8	5–8	Aug.–Okt.

Grünspitziger Rißpilz *Inocybe corydalina*

Der Grünspitzige Rißpilz hat die kräftige Statur des Ziegelroten Rißpilzes (siehe Seite 191), eine fast faserig-schuppig zerreißende Oberhaut und einen sehr charakteristischen grünen Hutbuckel. Dem Pilz entströmt ein feiner, aromatischer Duft, der an gekochte Birnen erinnert, aber auch mit dem des Jasmins zu vergleichen ist.

Genauso riecht der verwandte Birnenrißpilz, *I. pyriodora*, der einen cremeockerfarbenen Buckel mit braunen Schuppen und leicht rosa anlaufendes Fleisch hat. Eine kleinere Art mit rotbraun geschupptem Hut und ebenso gefärbtem, aber viel schlankerem Stiel ist der Duftende Rißpilz, *I. bongardii.* Auch er riecht nach Birnen. Die drei genannten Arten sind Sommerpilze des Laubwalds auf kalkhaltigen Böden.

Rißpilze gibt es in den verschiedensten Biotopen. Man findet sie auf Stranddünen, in Mooren, Kiefernheiden, Bergtannen- und Buchenwäldern, auf mulmigen Baumstümpfen, Rasenflächen unter Laubgebüsch und in der alpinen Region. Speisepilze gibt es keine unter ihnen, wohl aber giftige Arten.

Der radial feinrissige Hut und das weiße Stielknöllchen heben sich von dem untergelegten Blatt deutlich ab

Giftig		
Breite cm	Höhe cm	Monate
3–6	5–8	Juni–Okt.

Sternsporiger Rißpilz *Inocybe asterospora*

In Laubwäldern mit Eiche, Hainbuche und Rotbuche trifft man hier und da auf den Sternsporigen Rißpilz. Man erkennt ihn am ausgeprägt kegeligen, rotbraunen Hut mit seiner strahlig eingerissenen Oberhaut und am ebenfalls rotbraunen Stiel mit blasser Spitze und abgesetzt knolliger Basis. Verglichen mit den Lamellen anderer Rißpilze, sind die des sporenreifen Pilzes sehr dunkel. Sie liefern dementsprechend einen dunkelerdbraunen Sporenstaub. Schon bei 500facher Vergrößerung zeigt das Mikroskop die sternartig mit Zapfen besetzten Sporen, nach denen der Pilz benannt ist. Solche Sporen mit stumpfen Ecken und Höckern haben viele Rißpilze. Sie bilden die Untergattung *Clypeus*. Die Mehrzahl der Rißpilze hat jedoch eirunde bis lang-elliptische, glatte Sporen; sie werden in der Untergattung *Inocibium* zusammengefaßt.

Eine genaue Bestimmung ohne Mikroskop gelingt nur bei einer begrenzten Zahl von Arten. Für den Einstieg in das Pilzmikroskopieren eignet sich die Gattung *Inocybe* so gut wie kaum eine andere.

Da der Pilz in großen Scharen vorkommt, lassen sich alle Altersstufen vergleichen. Sein Sporenstaub ist hellbraun

Ungenießbar		
Breite cm	Höhe cm	Monate
3–6	6–9	Sept.–Nov.

Dunkelscheibiger Fälbling

Hebeloma mesophaeum

Der Dunkelscheibige Fälbling wächst gerne an Waldstraßen, besonders häufig aber unter Ziersträuchern in Parks und im kurzgehaltenen Rasen unter Parkbäumen. Der schwarz- bis gelbbraune Hut fällt durch seine viel hellere, anfangs stark eingerollte Randzone auf. Da der Haarschleier besonders dicht ausgebildet ist, bleiben deutlich sichtbare, fast häutige Reste auf dem Hutrand zurück; am Stiel ist ein Haarring angedeutet.

Obwohl manche Fälblinge appetitlich aussehen und eine ansehnliche Größe erreichen, ist nicht einer von ihnen für die Küche zu gebrauchen. Sie sind schwer zu bestimmen, und fortgesetzt werden neue Arten beschrieben. Die Hutfarben gehen von Braun über alle Abstufungen zu Falb (Fälbling) bis Strohgelb und Gelblichweiß. Eine klebrige Huthaut, trübbraune Lamellen und ein mehr oder weniger deutlicher Haarschleier sind die Gattungsmerkmale. Die Arten verteilen sich auf Laub- und Nadelwälder, auf Kalk und Sand, auf Moore, Bergwiesen, Parkrasen und sogar Dünen und Brandstellen.

Kein anderer semmelgelber Pilz mit beringtem Stiel hat einen derart starken Marzipangeruch

Ungenießbar		
Breite cm	Höhe cm	Monate
8–11	9–12	Aug.–Okt.

Wurzelnder Fälbling *Hebeloma radicosum*

Der Wurzelnde Fälbling ist eine der stämmigen Arten mit dem für die meisten Fälblinge typischen semmelfarbenen Hut. Er weist prägnante Kennzeichen auf. Da ist einmal der starke Marzipanduft, zum anderen der in der Gattung nur bei ihm vorhandene Hautring am Stiel. Hinzu kommen die dem klebrigen Hut angedrückten Schuppen, die sparrig abstehen und sich am Stiel bis zum Grund fortsetzen, sowie die lange Spindelwurzel, auf die der Name des Pilzes hinweist.

Für Fälblinge ungewöhnlich ist auch der Wuchsort: Immer sind morsche Holzstümpfe in der Nähe. Ein japanischer Forscher hat unlängst jedoch eine erstaunliche Entdeckung gemacht: Nicht das Holz ist für das Vorkommen des Pilzes maßgebend, sondern der Urin von Waldmäusen, der sich dort ansammelt, wo diese Tiere ihre Kinderstuben einrichten. Dies gelingt ihnen am leichtesten in morschem Holz. Wenn die Jungen groß geworden sind, wird das Nest verlassen. Verdünnt nun Regen den Mäuse-Urin genügend, dann können die Sporen keimen, und der Pilz kann sich entwickeln.

Rostig gefleckte Lamellen und ein bitterer Geschmack machen die Art kenntlich

Rostfleckige Lamellen, weißüberfaserter Stiel und bitterer Geschmack unterscheiden diesen von anderen Holzpilzen

Die weißen Stielfasern sind ein gutes Merkmal

Der Pilz wächst vornehmlich auf Nadelholzästen

Ungenießbar		
Breite cm	Höhe cm	Monate
4–7	6–8	Aug.–Nov.

Gefleckblättriger Flämmling

Gymnopilus penetrans

Im Herbst nimmt der Anteil an Pilzarten, die an Holz ihre Fruchtkörper bilden, ständig zu. Zu ihnen gehört auch der Gefleckblättrige Flämmling. Er siedelt sich an Stümpfen und abgefallenen Ästen der Nadelhölzer an. Sein goldgelber bis fuchsiger Hut ist glatt und kahl. Die Lamellen sind gleichfalls gelb und werden bald von kleinen rostfarbenen Flecken gesprenkelt. Die Sporen sind braun. Der heller gelbe Stiel ist spärlich von feinen, weißen Fasern überkleidet. Das blaßgelbe Fleisch schmeckt so bitter, daß man es nicht essen kann. Neben der Art gibt es die Varietät *hybridus* mit stärker überfasertem Stiel und ungefleckten Lamellen.

Man kann den Gefleckblättrigen Flämmling leicht mit dem Schuppigen Flämmling, *G. sapineus,* verwechseln. Dieser hat jedoch einen dunkleren, dicht mit feinen Schuppen besetzten Hut. Es gibt noch eine ganze Anzahl kleinerer Flämmlinge mit gelben bis rotbraunen Farben. Die Flämmlinge färben sich durchweg mit Laugen schwarz.

Die jungen Pilze lassen schwache Schuppen auf den Hüten erkennen. Der Stielring wird erst später frei

Ungenießbar		
Breite cm	Höhe cm	Monate
7–14	9–15	Aug.–Okt.

Beringter Flämmling *Gymnopilus spectabilis*

Der Hautring am Stiel stempelt diesen Flämmling zum Außenseiter in seiner Gattung. Seine übrigen Merkmale entsprechen aber durchaus denen typischer Flämmlinge (siehe Seite 197). Als beringten Braunsporer zählte man ihn früher zu den Schüpplingen (siehe Seite 202). Der Hut des jungen Pilzes ist zwar anliegend geschuppt, wird aber später glatt, während der Stiel nur längs braun überfasert ist. Seine respektable Größe und das warme Orangegelb des Huts machen ihn zu einem geradezu vornehm zu nennenden Vertreter der Holzpilzflora, auch wenn er nach Flämmlingsart bitter schmeckt und deshalb ungenießbar ist. Vom beringten Stiel abgesehen, gibt es noch eine Besonderheit: Er ist der einzige Flämmling, der sich auf Laubholz spezialisiert hat. Leider ist der schöne Pilz in vielen Gegenden sehr selten.

Häufiger findet man den Hochthronenden Schüppling, *Pholiota aurivella*. Er ist in Farbe, Größe und Wachstum ähnlich, doch unterscheidet er sich durch dunkle Schuppen im schleimigen Hutüberzug und durch einen schuppigen Stiel.

Die Pilze können auch in kleinen Büscheln wachsen und erinnern dann etwas an Stockschwämmchen

Giftig		
Breite cm	Höhe cm	Monate
3–4	4–7	Sept.–Nov.

Nadelholzhäubling *Galerina marginata*

Unter den Häublingen ist der Nadelholzhäubling die stattlichste Art, auch wenn der Hut kaum breiter als 4 cm wird. Als Holzbewohner weicht er von der Häublingsregel ab, nach der moosige und grasige Wuchsorte üblich sind. Dem Pilz wird mehr Aufmerksamkeit geschenkt, seit feststeht, daß er giftig wirkt. Er kann nämlich leicht mit dem eßbaren Stockschwämmchen (siehe Seite 204) verwechselt werden. Die weißlichen, an den Stiel gedrückten Fasern und ein deutlicher Mehlgeruch sowie das Vorkommen auf Nadelholz reichen aber zur Unterscheidung aus. Außer auf modernden Stümpfen trifft man ihn auch auf Sägespänen und Sägemehl, sogar auf abgelagerten Preßholzplatten, sofern sie feucht genug liegen.

Häublinge haben gewöhnlich die Gestalt von Helmlingen, etwa die des Weißmilchenden Helmlings (siehe Seite 168). Da sie Braunsporer sind, werden die Lamellen mit der Sporenreife braun. Auch an Hut und Stiel herrschen braune bis gelbliche Farben vor. Der für die ganze Familie typische Schleier ist nur bei jungen Pilzen festzustellen.

Aufgenommen wurden Grünspanträuschlinge, auf die es noch nicht geregnet hat: Die weißen Flocken sind noch da

Eßbar		
Breite cm	Höhe cm	Monate
5–7	7–9	Sept.–Nov.

Grünspanträuschling *Stropharia aeruginosa*

Wenn im Herbst die ersten Blätter von den Bäumen fallen, trifft man im Wald auf Grünspanträuschlinge. Die grünen oder blaugrünen Hüte bieten einen hübschen Anblick, besonders wenn die im Hutschleim eingesenkten weißen Flocken schön regelmäßig verteilt sind. Diese Schleierreste setzen sich im schmalen Hautring am Stiel fort, der unten mit abstehenden Schüppchen bekleidet ist. Blaßgraulila, im Alter purpurschwarz gefärbte Lamellen vervollständigen das Bild des Grünspanträuschlings. Er kann überall dort wachsen, wo sich Waldhumus anreichert und Laub oder Nadelstreu vermodert. Ältere Pilze bleichen meist völlig aus, und Regen spült die Hutflocken weg. Unter der schleimigen, leicht abziehbaren Oberhaut erscheint das hellgrüne Hutfleisch, das etwas rettichartig riecht. Gemischt mit besseren Speisepilzen ist der Pilz gut verwertbar.

Wenig verschieden ist der Blaugrüne Träuschling, *S. cyanea,* mit spärlichen Hutflocken, schwachem Ring und helleren Lamellen. Er wächst eher außerhalb des Waldes. Auch er kann als Mischpilz verwendet werden.

Die klebrige Huthaut ist abziehbar

Ein Stielring wird stets ausgebildet

Der derbe Stiel hat Keulenform

Die Aufnahme stammt von einer Träuschlingskultur. Die Lamellen bewahren ihre lila Farbe noch längere Zeit

Eßbar		
Breite cm	Höhe cm	Monate
7–18	10–15	Mai–Nov.

Kulturträuschling *Stropharia rugosoannulata*

Dies ist der Goliath unter den Träuschlingen. Der klebrige Hut, der beringte Stiel und violettschwarz werdende Lamellen sind die Gattungsmerkmale. Der Kulturträuschling ist weltweit verbreitet; in Mitteleuropa tritt er zwar nur sporadisch, dann aber gewöhnlich in Mengen auf. Die Fundplätze liegen fernab von Wäldern; faulendes Stroh und andere organische Abfälle aus Landwirtschaft und Gartenbau sind die geeignetsten Nährböden, in denen er sich mit weißen Strängen ausbreitet.

Bei den Pilzzüchtern ist er groß in Mode gekommen. In der Kultur erzielt man Riesenformen, die in der freien Natur kaum je vorkommen. Dabei kann die Hutfarbe von Blaßgelb bis Dunkelweinbraun variieren. Der wohlentwickelte Ring ist an der Unterseite gerippt gerieft. Das leicht gelbliche Fleisch ist sehr fest und haltbar – eine für die gewerbliche Nutzung wichtige Eigenschaft. Es schmeckt recht gut, wird allerdings unterschiedlich beurteilt: Die Skala reicht von delikat bis fad. Anfänger halten den Kulturträuschling oft für einen Champignon. Es gibt aber keinen einzigen Champignon mit klebrigem Hut.

Die sparrigen Schuppen lassen sich nicht abwischen

Die Lamellen werden frühzeitig durch die Sporen braun gefärbt

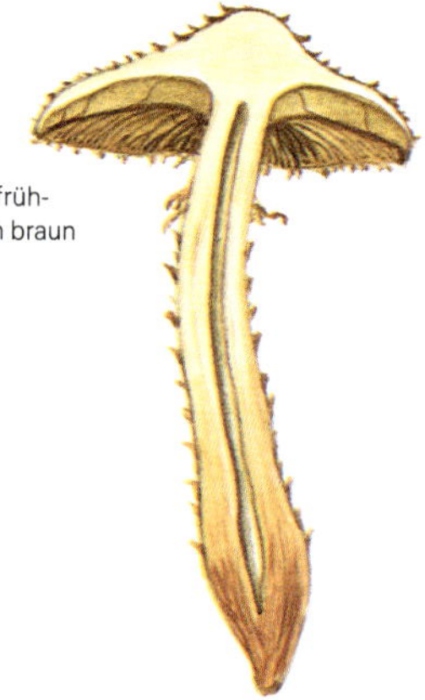

Dicht gebüschelt drängen die Sparrigen Schüpplinge an einem Stammgrund hervor; sie kommen oft noch zahlreicher vor

Ungenießbar		
Breite cm	Höhe cm	Monate
6–13	8–13	(Sept.) Okt.–Nov.

Sparriger Schüppling *Pholiota squarrosa*

Erst im Oktober brechen mit Macht vielköpfige Büschel dicht mit rostbraunen Schuppen besetzter Pilze aus dem Stammgrund lebender Apfel- und Birnbäume. Nicht der Hallimasch (siehe Seite 154), wie oft fälschlich angenommen wird, sondern der Sparrige Schüppling ist hier der Schmarotzer. Der Schaden, den sein Myzel im Holz anrichtet, wird erst nach Jahren sichtbar, wenn der Baum, innen braun und morsch, auseinanderbricht oder vom Sturm gefällt wird. Bis dahin grünt und blüht er weiter, und alljährlich drängen im Oktober von neuem Pilzbüschel hervor. Der Pilz befällt auch Waldbäume.

Schüpplinge sind Braunsporer, der Hallimasch ist Weißsporer. Mit der Genießbarkeit ist es nichts: Auch wenn man ihn gründlich abbrüht und das Brühwasser weggießt, wird er nicht zum Speisepilz. Mit anderen Schüpplingen sieht es auch nicht besser aus. Genannt seien nur der Schleimige Schüppling, *P. adiposa,* bei dem die Schuppen auf Hut und Stiel unter einer Schleimschicht liegen, sowie der Hochthronende Schüppling (siehe Seite 198).

In solch ansehnlichen Büscheln kann der Blasse Schüppling noch spät im Jahr auf verborgenen Holzresten erscheinen

Blasser Schüppling *Pholiota gummosa*

Am sichersten erkennt man den Blassen Schüppling an dem zitronengrünlichen Ton von Hut und Stiel. Im Schleim des Huts sind weiße Schüppchen eingebettet. Die Bestimmung wird erschwert, wenn Schüppchen und Zitronenfarbe vergehen, denn auch die Schuppen und der Ring am Stiel sind schwach entwickelt und daher nicht beständig. Der Pilz erscheint erst im Herbst, und zwar auf Stümpfen und Ästen von Laubholz. Früher wurden unbefestigte Waldwege für die Holzabfuhr befahrbar gemacht, indem man sie mit Rundholzprügeln belegte. Wo es solche Wege noch gibt, sind sie bevorzugte Wuchsorte des Blassen Schüpplings. Oft stehen die Pilzbüschel dann mitten auf dem Fahrweg. Obwohl als Mischpilze verwendbar, sollten sie doch stehengelassen werden. Holzabbauende Pilze sind nämlich auf ihre Sporen angewiesen, wenn es darum geht, weitab liegende Substrate neu zu besiedeln. Dabei stehen die selteneren, wie der Blasse Schüppling, unter starkem Konkurrenzdruck und können sich nur halten, wenn möglichst viele Fruchtkörper bis zur Sporenreife gelangen.

Genießbar		
Breite cm	Höhe cm	Monate
6–8	9–11	Sept.–Nov.

Bei feuchtem Wetter wird der Hut etwas klebrig

Der Stiel ist braun geschuppt

Als Substrat dient Laubholz, seltener Nadelholz

Die Lamellen sind braun und laufen leicht bogig herab

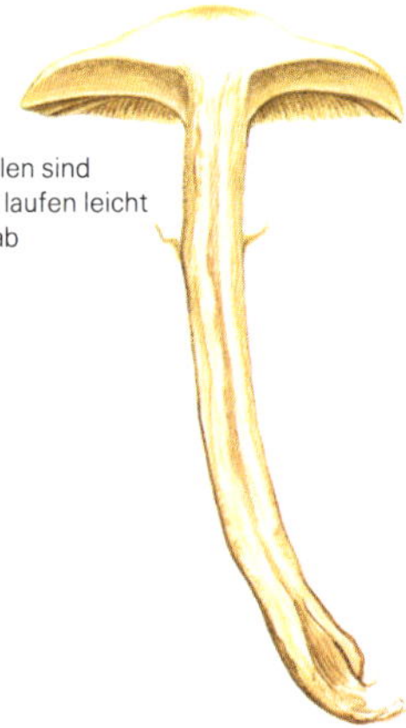

Der anfangs helle Ring am Stiel wird durch die bald reichlich ausfallenden Sporen dunkelbraun eingefärbt

Eßbar		
Breite cm	Höhe cm	Monate
4–9	4–8	April–Nov.

Stockschwämmchen *Kuehneromyces mutabilis*

Seit langem wird das Stockschwämmchen, ein Holzbewohner, als wohlschmeckender Suppen- und Bratpilz geschätzt. In letzter Zeit wurde er zu einem der am häufigsten kultivierten Speisepilze (Stockschwammkultur siehe Seite 292–293). Laubholzstümpfe verschiedenster Art sind manchmal über und über von Hunderten dichtgedrängter Stockschwämmchen besetzt, so daß man sich an einer überreichen Ernte erfreuen kann.

Der durchwässerte Hutrand ist viel dunkler als die Hutmitte und bewirkt die typische Zweifarbigkeit. Bei trockenen Hüten ist jedoch die Mitte dunkler. Die Lamellen werden braun und werfen braune Sporen ab. Der deutlich beringte Stiel ist außen und innen braun und recht zäh. Man erntet daher nur die Hüte. Das Reinigen ist einfach, da man auch Huthaut und Lamellen verwendet.

Büschelig-rasig auf Stümpfen wächst auch der Grünblättrige Schwefelkopf (siehe Seite 206). Die schwefelgelbe Farbe und der sehr bittere Geschmack des Fleisches unterscheiden ihn vom Stockschwämmchen (siehe auch Seite 205).

Verwechselbare Blätterpilze an Holz

Büschelig an Holz wachsende Blätterpilze gibt es in vielen Arten. Lamellenfarbe, Stielbekleidung und Wuchsort, ob Laub- oder Nadelholz, liefern die wichtigsten Unterscheidungsmerkmale.

Stockschwämmchen
Kuehneromyces mutabilis Seite 204
Eßbar

Nadelholzhäubling
Galerina marginata Seite 199
Giftig

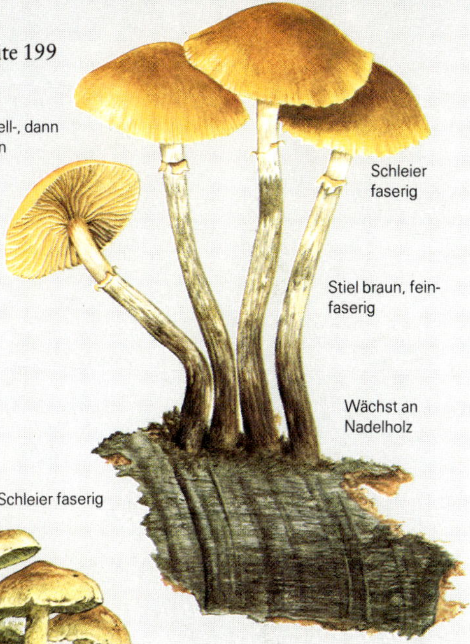

Grünblättriger Schwefelkopf
Hypholoma fasciculare Seite 206
Giftig

Die Faserreste auf dem Hutrand sind durch verwehte Sporen purpurschwarz

Faserflocken bedecken den ganzen Stiel

Die schwefelige Farbe des Fleisches ist ein wichtiges Erkennungsmerkmal

Schwefelköpfe können wie Stockschwämmchen aussehen. Sie haben aber grüne, später violette Lamellen

Giftig		
Breite cm	Höhe cm	Monate
3–7	6–10	April–Dez.

Grünblättriger Schwefelkopf

Hypholoma fasciculare

An Holz kommen viele in Büscheln wachsende Blätterpilze vor, aber keiner ist so wenig wählerisch wie der Grünblättrige Schwefelkopf: Alle Arten von Laub- und Nadelholz sind ihm recht. So ist es nicht einmal ungewöhnlich, daß er von Wurzelresten, die beim Ausroden eines Obstbaums im Rasen verblieben sind, schon im Jahr darauf Besitz ergreift. So täuscht er einen Wiesenpilz vor.

Für die Gattung *Hypholoma* typisch ist der Fadensaum, der am Hutrand als Schleierrest verbleibt, und die violettbraune Sporenfarbe. Die lebhaft gelben Arten werden Schwefelköpfe genannt. Der Grünblättrige Schwefelkopf ist, wie schon sein Name sagt, durch die in der Jugend reingrünen Blätter oder Lamellen ausgezeichnet. Mit der Reife werden sie dunkel; den purpurnen Sporenstaub findet man dann auf dem Stiel und den benachbarten Hüten. Das gelbe Fleisch schmeckt gallenbitter. Der Pilz hat sich als unbekömmlich erwiesen und gilt als giftig. Über Verwechslungsmöglichkeiten siehe Seite 205.

Der frische Hut läßt sich leicht zerbrechen

Die Lamellen sind längere Zeit hellgrau und lila übertönt

Der Pilz ist streng an totes Nadelholz gebunden

Das milde Fleisch hat einen leicht laugenhaften Nachgeschmack

Der Rauchblättrige Schwefelkopf zeigt unten weder an den Lamellen noch am oder im Stiel schwefelgelbe Farbe

Eßbar		
Breite cm	Höhe cm	Monate
4–9	5–9	März–April Sept.–Dez.

Rauchblättriger Schwefelkopf

Hypholoma capnoides

Ganz auf Nadelholz beschränkt sich der Rauchblättrige Schwefelkopf. Vom September an wird er zunehmend häufiger und erbringt bei milder Witterung noch Ende November reiche Ernten. Im pilzarmen Monat April kommt er wieder, sehr zur Freude des kundigen Speisepilzsammlers. Er ist nicht schwefelfarben; Hut und Stiel sind vielmehr blaßgelb. Bei trockenem Wetter und im Alter herrschen Ockertöne vor. Die blassen Lamellen werden lilagrau und zuletzt rauchgrau – daher auch sein Name. Das Fleisch ist ebenfalls blaßgelb und frei von jeder Bitterkeit. Die hervorragende Qualität dieses Speisepilzes wird oft verkannt.

Da er auf Nadelholzstümpfen einer der häufigsten Pilze ist, sollte er viel mehr gesammelt werden. Er ist außerdem leicht zu reinigen und obendrein madenfrei. In den Notzeiten der Nachkriegsjahre war es dieser Pilz, der schon mit Spuren von Margarine wohlschmeckende Gerichte lieferte. Auf der Vergleichstafel Seite 205 sind die Doppelgänger dargestellt.

Die gelben Flockenschüppchen werden vom Regen weggespült

Ein Faserschleier verdeckt die jungen Lamellen

Die Faserreste am Stiel sind von herabgefallenen Sporen purpurbraun gefärbt

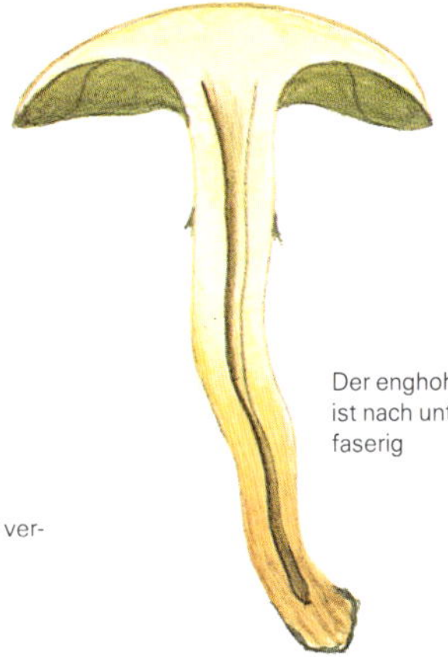

Der enghohle Stiel ist nach unten zähfaserig

Wächst der Pilz einzeln, kann der Hut 18 cm breit werden, da ihm dann das ganze Nahrungspotential zukommt

Bedingt genießbar		
Breite cm	Höhe cm	Monate
5–8 (13)	7–11	(Mai) Sept.–Nov.

Ziegelroter Schwefelkopf

Hypholoma sublateritium

Mit über 10 cm Hutbreite ist der Ziegelrote Schwefelkopf der ansehnlichste aller Schwefelköpfe. Er kommt nur auf Laubholz vor. Hellgelbe, haarige Schüppchen schmücken die Randpartie des meist kräftig ziegelrot gefärbten Hutes; sie werden aber vom Regen leicht abgewaschen. An jungen Pilzen sieht man deutlich den für die ganze Gattung bezeichnenden Haarschleier; er bleibt später als fädiger Randsaum erhalten. Die anfangs olivgrünlichen Lamellen werden bald violettbraun. Ein schwach bitterer Geschmack lädt nicht gerade zum Verzehr ein. Der hochgeschätzte Basler Pilzkenner Arthur Flury berichtete aus persönlicher Erfahrung, daß der Ziegelrote Schwefelkopf gegen rheumatische Beschwerden wirksam sei.

An Nadelholzstümpfen im Bergland findet sich ein etwas kleinerer, ebenfalls büschelig wachsender Pilz, den man leicht mit dem Ziegelroten Schwefelkopf verwechseln kann. Es ist der Safranrote Schüppling, *Pholiota astragalina*. Die Lamellen sondern aber braunen, nicht violettschwarzen Sporenstaub ab.

Eßbar		
Breite cm	Höhe cm	Monate
5–8	6–9	(April) Mai–Juli

Der Voreilende Ackerling pflegt in kleinen Gruppen aufzutreten. Schon im Mai kann er den Speisezettel bereichern

Voreilender Ackerling *Agrocybe praecox*

Die Ackerlinge sind ausnahmslos Pilze offener Böden, der Äkker, Wiesen, Straßenränder und Schuttstellen. In Wäldern kommen einige wenige auch auf den Rasenbanketten der Waldfahrwege und auf gehäuftem Laub vor. Zu diesen zählt der Voreilende Ackerling. Er stellt sich regelmäßig schon im Mai ein. Der Hut ist anfangs halbkugelig und mit dem Stiel durch eine feste Haut verbunden. Beim heranwachsenden Pilz bleibt diese als Ring am Stiel zurück. Die Huthaut ist im Randbereich durchwässert und läßt die Lamellen durchscheinen. Die Farbe geht von trübem Beige bis zu hellem Braun. Da die Sporen erdbraun gefärbt sind, nehmen auch die Lamellen diese Farbe an. Das weißliche bis schmutziggelbe Fleisch riecht nach Mehl.

Der Kurzflügelkäfer, *Oxyporus rufus*, ist geradezu auf diesen Pilz spezialisiert. Er frißt von den Lamellen her eine Höhlung in das Hutfleisch, die er eiligst verläßt, wenn er gestört wird. Auch den Würfeligrissigen Ackerling, *A. dura*, eine nahverwandte Art auf Feldern, sucht er heim.

Eßbar		
Breite cm	Höhe cm	Monate
4–8	11–18	Mai–Okt.

Der Pilz heißt wegen seines Aussehens auch Porzellanpilz

Die Schwärzung der Lamellen hat begonnen

Der Ring wird mit dem Aufschirmen frei beweglich

Form und Beschaffenheit der Stiele haben dem Schopftintling den weiteren Namen Spargelpilz eingebracht

Schopftintling *Coprinus comatus*

Der Schopftintling ist einer der auffälligsten und zugleich am leichtesten zu erkennenden Pilze. Er kann auf Rasenflächen jeder Art über Nacht heranwachsen und um die Mittagszeit schon in voller Größe dastehen. Frisch planierte und mit Gras eingesäte Spielplätze und Parkrasen liebt er besonders; hier können zeitweise Hunderte Pilze einen märchenhaften Anblick bieten. Der weiße Ring ist nicht mit dem Stiel verwachsen und läßt sich auf und ab schieben; er fällt nach dem Aufschirmen von selbst nach unten. Im Längsschnitt wird deutlich, daß die sehr eng stehenden Lamellen von unten nach oben erst rosa, bald darauf schwarz werden. Zugleich setzt die für alle echten Tintlinge typische Verflüssigung der Lamellen- und Hutsubstanz ein. Die schwarzen Sporen verleihen dieser „Tinte" die Farbe und tropfen mit ihr zu Boden. Übrig bleibt der Stiel mit einem dürftigen Hutrest. Die halberwachsenen, noch geschlossenen Pilze sind zart und schmecken ausgezeichnet, müssen aber sofort nach dem Einsammeln zubereitet oder in die Tiefkühltruhe gebracht werden, wo sie sich monatelang halten.

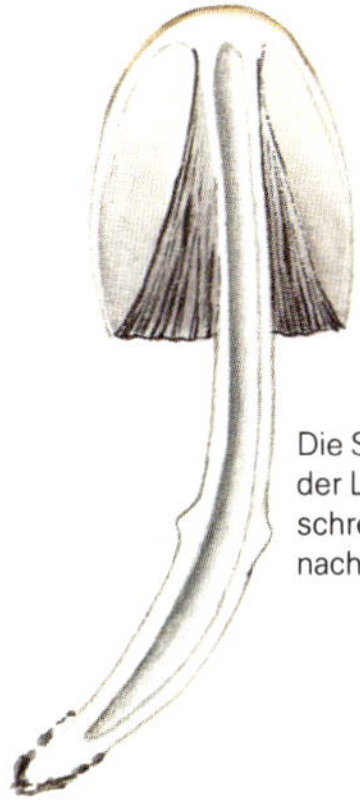

Der Faltentintling, ein Pilz des offenen Bodens, gehört wie Brennessel und Wegwarte zur Ruderalflora

Bedingt eßbar		
Breite cm	Höhe cm	Monate
4–8	7–12	Mai–Okt.

Faltentintling *Coprinus atramentarius*

Nicht durch auffällige Färbung macht der Faltentintling auf sich aufmerksam, sondern durch seine Wuchsform: Dicht gedrängt wächst Pilz an Pilz büschelig aus dem humusreichen Boden. Der Hut ist eng gefaltet, so daß er wie liniert aussieht. Den Stielgrund markiert ein gerandeter Wulst. Daher wird er auch Knotentintling genannt. Die Lamellen sind anfangs hellgrau und werden wie beim Schopftintling (siehe Seite 210) von unten nach oben schwarz und zerfließen. Als man noch mit Feder und Tinte schrieb, konnte man sich sogar eines Rezeptes zur Herstellung von Tinte aus der Pilzbrühe bedienen: Pilze auf einem Teller zerlaufen lassen, Brühe abgießen, etwas Nelkenöl und Gummiarabikum zusetzen – und fertig war die Tinte. Vor Gebrauch mußte man die Mischung nur schütteln.

Beim Verzehr ist Vorsicht geboten. Ein Gericht aus jungen Faltentintlingen ist völlig unbedenklich, wenn kein alkoholisches Getränk dazu eingenommen wird, denn in Verbindung mit Alkohol treten unangenehme Vergiftungserscheinungen auf (siehe Seite 290).

Die Körnchen auf den Hüten glitzern im Sonnenlicht

Die faltige Längsriefung des Huts ist ein Merkmal aller Tintlinge

Die Sporen des Glimmertintlings sind braunschwarz

Herdenwachstum, Ockerfarbe und die glimmerigen Körnchen auf dem Hut kennzeichnen den Glimmertintling

Glimmertintling *Coprinus micaceus*

Der Glimmer, der diesem Tintling zum Namen verholfen hat, ist am besten bei schräg einfallendem Sonnenlicht unter der Lupe zu sehen: Er besteht aus lichtbrechenden Körnchen auf dem rostgelben Hut. Diese Körnchen unterscheiden ihn von allen anderen großwüchsigen Tintlingarten.

Schon im April können an alten Stümpfen und um deren Wurzeln vielzählige Büschel des Glimmertintlings für eine angenehme Überraschung sorgen. Solange der Hut am Stiel anliegt, ist der Pilz noch jung genug, um für die Küche gesammelt zu werden. Wenn sich aber die Randpartie grau verfärbt, dann dauert es nur noch wenige Stunden, bis der Pilz zerlaufen ist. Bei sehr trockenem Wetter kann er auch verdorren.

Auf abgefallenen Laubholzästen, besonders in Auwäldern, erscheint gleichfalls früh im Jahr der ockergelbe, schon jung zum Rand hin graue Spitzwarzige Tintling, *C. radians*. Anstelle der Glimmerkörnchen trägt der Hut braune, kegelige Warzen, und auf dem Holz liegt ein *Ozonium* genanntes rostgelbes, wie Plüsch aussehendes Luftmyzel.

Eßbar		
Breite cm	Höhe cm	Monate
2–4	5–8	April–Okt.

Die aschgraue Farbe stellt sich immer erst kurz vor der Reife ein

Die Pilze erscheinen stets in so großen Massen, als ob sie gesät worden wären

Der Pilz siedelt sich nur auf bereits vermodertem Holz an

Die ganze Entwicklung bis zur Sporenreife dauert nur 24 Stunden

Es gibt kaum einen anderen Blätterpilz, der auf kleiner Fläche gleichzeitig so viele Fruchtkörper erzeugt

Gesäter Tintling *Coprinus disseminatus*

Es ist gar nicht so selten, daß sich auf einem halben Quadratmeter Tausende dieser kleinen Tintlinge drängen. Stümpfe von Laubhölzern, deren Abbau schon vorher durch andere Pilze eingeleitet wurde, geben den besten Nährboden ab; von hier aus breitet sich der Gesäte Tintling auch im umgebenden Humus aus. Das einzelne Pilzchen ist überaus zart. Ein glasigweißer Stiel trägt den zerbrechlichen Glockenhut, der nach Tintlingsart faltig gerieft ist, aber nicht zerfließt. Die jungen Hütchen sehen gelb aus, die älteren grau. Wenn die violettschwarzen Sporen abgestreut sind, werden die Lamellen wieder blaß, und die Pilzkolonie beginnt zu verwelken. Bleibt das Wetter feucht, dann schieben in der Nähe alsbald neue Hundertschaften nach.

Es gibt eine Unmenge verschiedener Tintlinge, von denen viele an gedüngten Orten oder direkt auf Mist wachsen. So können Scharen des Struppigen Tintlings, *C. cinereus,* mit ihren grauen, weißbefaserten Hütchen einer Dunglege über Nacht ein abenteuerliches Aussehen verleihen.

Wertlos		
Breite cm	Höhe cm	Monate
1–1,2	4–6	Mai–Nov.

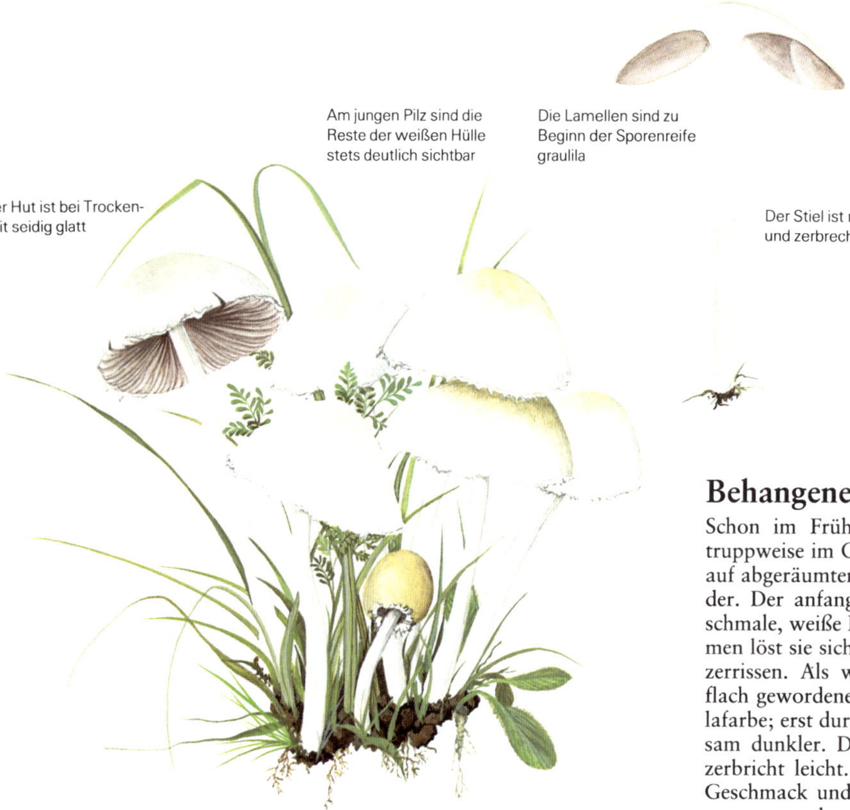

An den dauerhaften Schleierresten und den lange lila bleibenden Lamellen ist der Pilz leicht zu erkennen

Eßbar		
Breite cm	Höhe cm	Monate
4–6	6–9	April–Nov.

Behangener Faserling *Psathyrella candolleana*

Schon im Frühjahr findet man den Behangenen Faserling truppweise im Gras an Waldstraßenrändern, an Holzabfällen, auf abgeräumten Holzlagerplätzen und im Humus der Auwälder. Der anfangs gelbe Hut ist fast kugelig und durch eine schmale, weiße Haut mit dem Stiel verbunden. Beim Aufschirmen löst sie sich vom Stiel ab und wird dabei in kleine Stücke zerrissen. Als weiße Schleierfetzen bekränzen sie dann den flach gewordenen Hut. Die Lamellen bewahren lange ihre Lilafarbe; erst durch die purpurbraunen Sporen werden sie langsam dunkler. Der ganze Pilz ist sehr druckempfindlich und zerbricht leicht. Er hat einen unaufdringlichen, angenehmen Geschmack und kommt in der pilzarmen Zeit des Frühsommers ganz gelegen.

Häufig ist auch der Schmalblättrige Faserling, *P. spadiceogrisea*, ein Frühlingspilz, der in kleinen Gruppen an den gleichen Orten wie der Behangene Faserling vorkommt. Der dunkelschmutzigbraune Hut wird bei Trockenheit fast weiß und verflacht sehr bald. Ein Faserschleier fehlt.

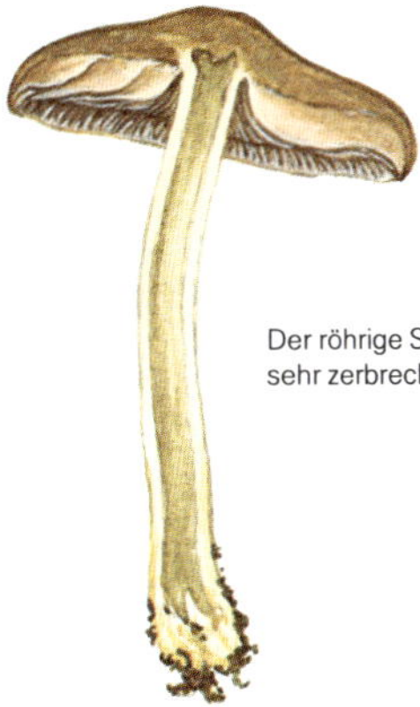

Erst nach dem Umdrehen werden der zarte Randsaum und die weißen Stiele, beides wichtige Merkmale, sichtbar

Eßbar		
Breite cm	Höhe cm	Monate
3–6	5–8	Sept.–Nov.

Wäßriger Saumpilz *Psathyrella hydrophila*

Das Weißstielige Stockschwämmchen, wie der Pilz auch heißt, ist ein Herbstpilz, der nach Art der Schwefelköpfe und des Stockschwämmchens in großen Büscheln an Laubholz, vornehmlich an Buchenstümpfen, wächst. In durchfeuchtetem Zustand ist der Hut gleichmäßig honigbraun. Allmählich trocknet er von der Mitte her aus; dann gleicht er mit seiner Zweifarbigkeit sehr dem Stockschwämmchen (siehe Seite 204). Von unten betrachtet, sieht er aber ganz anders aus: Der weißblasse Stiel ist glatt und ringlos, und die Lamellen sind lilagrau bis purpurbraun. Die anfänglich die Lamellen verhüllenden Schleierfäden bleiben als Saum am Hutrand erhalten. Noch spät im Oktober darf man damit rechnen, den Wäßrigen Saumpilz frisch anzutreffen. Hut und Stiel sind zartfleischig und somit gut verwertbar.

In Mitteleuropa gibt es mindestens 90 Arten der Gattung Faserling, *Psathyrella*. Alle diese Pilze haben durchweg violettbraune Sporen und sehen größtenteils wie kleine Helmlinge oder Häublinge aus.

Die Hüte sitzen gedrängt und fast ohne Stiel am Holz

Die Lamellen zerreißen im Alter leicht

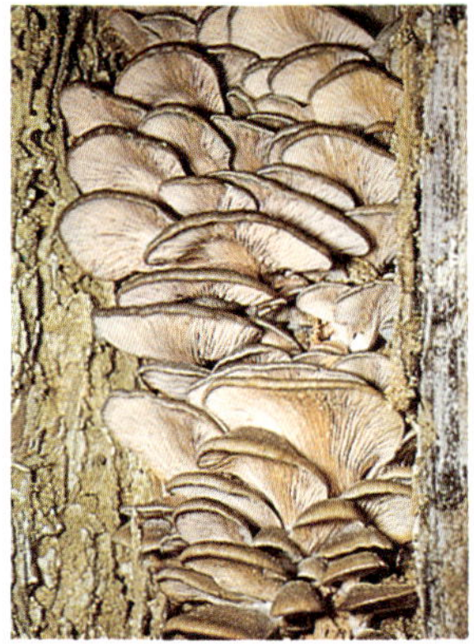

Der Austernseitling kann auch an Baumstümpfen wachsen, bringt aber hier geringere Erträge

Austernseitling *Pleurotus ostreatus*

Eine Buche oder Pappel, die mehrere Meter hoch lückenlos von Hunderten von Austernseitlingen besetzt ist, bietet einen unvergeßlichen Anblick. Durch Blitzschlag, einseitige Sonnenbestrahlung oder Altersschwäche geschädigte Baumstämme werden von dem Pilz besiedelt. Die Fruchtkörper erscheinen im Herbst, seltener im Frühjahr, und bewirken die Weißfäule des Holzes. Die braungrauen oder dachschieferfarbigen Hüte sitzen mit kurzem Stiel oder ohne Stiel seitlich am Holz und überdecken einander. Sie sind muschelartig geformt. Die weißen oder leicht graubläulichen Lamellen haben ganzrandige Schneiden. Junge Pilze riechen würzig und sind sehr schmackhaft; später wird das Fleisch aber ziemlich zäh. Der Pilz läßt sich seit einiger Zeit so leicht kultivieren, daß er weltweit angebaut wird (siehe Seite 293).

Es gibt eine nahverwandte Art mit schön blauem Hut: den Taubenblauen Seitling, *P. columbinus*. Er wächst im Winter und vorwiegend an Nadelholz. Es könnte sich bei ihm vielleicht um eine Kälteform des Austernseitlings handeln.

Eßbar		
Breite cm	Höhe cm	Monate
7–14	2–5	Sept.–Dez. (März–April)

An den dunklen Schüppchen auf hellem Grund und dem Vergilben ist der Getigerte Knäueling leicht kenntlich

Ungenießbar		
Breite cm	Höhe cm	Monate
6–9	5–8	April–Aug.

Getigerter Knäueling *Panus tigrinus*

Durch seine schwarzbraunen Schuppen auf weißem Untergrund wirkt der auch Getigerter Sägeblättling genannte Pilz sehr dekorativ. Er kommt allerdings nicht häufig vor – am ehesten noch in Auwäldern. Hier bevorzugt er Stümpfe von Weichhölzern wie Weide, Pappel und Ulme. Die wurzelartig verlängerten zähen Stiele entspringen meist tief im Holz und steigen verbogen auf. Hut und Lamellen werden bald chromgelbfleckig. Das Fleisch ist ungenießbar zäh.

Ungenießbar ist auch der Muschelknäueling, *P. conchatus*, der auf Buchen- und Birkenstümpfen wächst. Hübsch sieht er aus, wie er mit kurzem Stiel aus dem Hirnschnitt des Holzes oder seitlich aus dem Stumpf hervorbricht: Der Hut ist lilafleischrot, feinsamtig; die Lamellen sind etwas heller und laufen am Stiel herab. Im Alter, einfarbig ledergelb und kahl geworden, erkennt man ihn kaum wieder.

Der Hut des Schuppigen Sägeblättlings, *Lentinus lepideus*, erinnert an den Kleinen Schuppenporling (siehe Seite 218); statt einer Röhrenschicht hat er aber zerrissen-gesägte Lamellen.

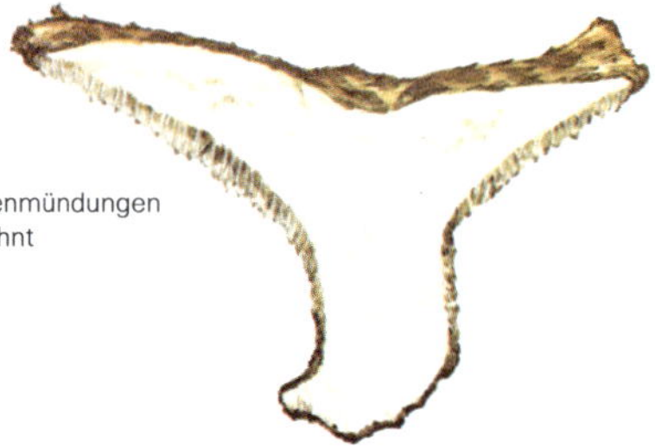

Die Röhrenmündungen sind gezähnt

An einem Ast wachsen in der Regel nur ein bis drei Fruchtkörper. Die gelbe Hutfarbe verblaßt im Alter

Die fransigen Hutschuppen sind angedrückt

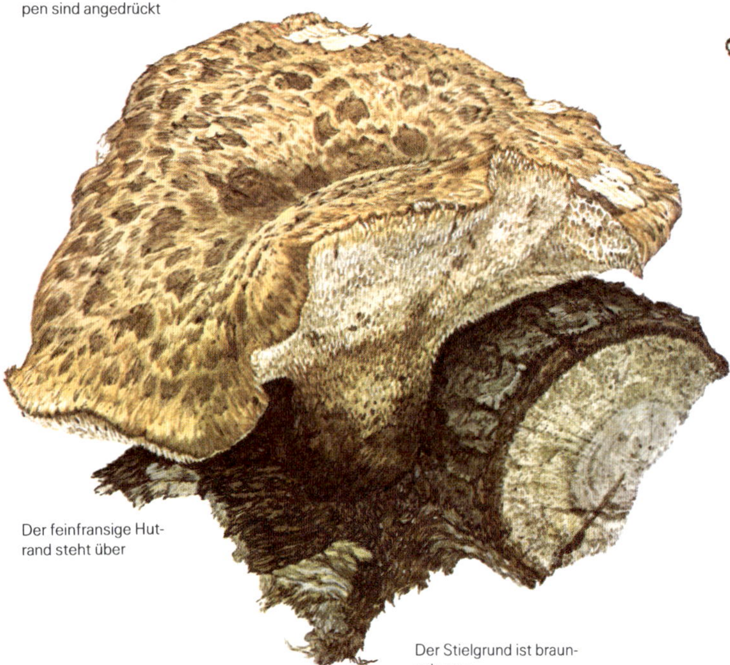

Der feinfransige Hutrand steht über

Der Stielgrund ist braunschwarz

Jung eßbar		
Breite cm	Höhe cm	Monate
8–15	4–8	April–Aug.

Kleiner Schuppenporling *Polyporus tuberaster*

Am Boden liegende Laubholzäste sind der geeignetste Wuchsort für den Kleinen Schuppenporling. Der schön gelbe Hut wird frühzeitig blaß und ist von dachziegelartigen, fransigen Schuppen bedeckt. Die Röhrenschicht läßt sich, anders als bei den Röhrlingen, vom Hut kaum ablösen. Die einzelnen Poren sind unregelmäßig-eckig, etwas in die Länge gezogen und gezähnt. Der Stiel kann exzentrisch sein oder seitlich am Rand sitzen. Der Pilz bildet gelegentlich im Substrat unter dem Ast, an dem er wächst, über faustgroße schwarze Dauerknollen, Pseudosklerotien. Das beweist, daß er mit dem Pilz identisch ist, der in Italien als Erzeuger der *Pietra fungaia* bekannt ist. Dieser Pilzstein bringt mehrfach eßbare Fruchtkörper hervor. Obwohl der Pilz jung eßbar ist, sollte er doch wegen seiner Seltenheit geschont werden.

Eine andere Art, der Große Schuppenporling, *P. squamosus*, erscheint schon ab Mai dachziegelartig an Laubholzstümpfen. Er wird über 25 cm breit, riecht dumpf nach Mehl und wird jung als Speisepilz verwendet.

Ausgewachsene Maiporlinge sind so zäh, daß sie auch abgestorben noch monatelang unverändert bleiben

Ungenießbar		
Breite cm	Höhe cm	Monate
4–7	5–7	April–Juli

Maiporling *Polyporus lepideus*

Der Maiporling ist leicht zu erkennen, da es nur wenige zentralgestielte Porlinge an Holz gibt. Von April an beginnt er sich auf liegenden Ästen, Stämmen und Stümpfen von Laubhölzern zu entwickeln. Der Hut ist in der Jugend feinsamtig und sieht oft wie bereift aus. Die Mitte ist meist genabelt eingedrückt. Die Poren sind nadelstichfein. Die weißliche Substanz – von Fleisch kann man hier kaum sprechen – ist korkig-zäh und wird mit der Zeit immer härter. Beim Trocknen rollt sich der Hut etwas ein, behält aber sonst Form und Farbe. Essen kann man diesen zähen Pilz nicht.

Der sehr ähnliche Winterporling, *P. brumalis,* ist praktisch nur durch die schon am jungen Pilz deutlich sichtbaren weitlöcherigen Röhrchen zu unterscheiden. Seine Vegetationszeit beginnt im November und endet im April. Beide Arten haben braunflockige Stiele, während der Löwengelbe Schwarzfußporling, *P. varius*, außerdem durch eine schwarze Stielbasis gekennzeichnet ist. Der Pilz ist häufig an abgefallenen Buchenzweigen zu finden.

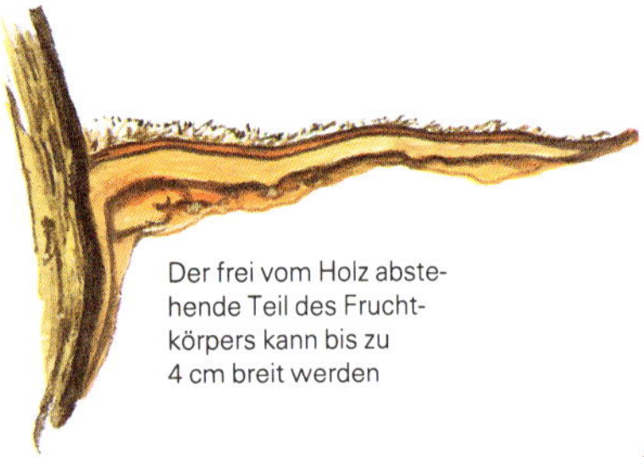

Der frei vom Holz abstehende Teil des Fruchtkörpers kann bis zu 4 cm breit werden

Die Grünfärbung rührt von Luftalgen her

Die Fruchtkörper verwachsen oft seitlich miteinander

An der ringartigen Anordnung erkennt man, daß der Pilz noch nicht weit ins Kernholz vorgedrungen ist

Striegeliger Schichtpilz *Stereum hirsutum*

An lagernden Zweigen, Ästen und Stämmen, an geschichtetem Meterholz, an Baumstümpfen sowie an abgestorbenen, aber noch stehenden Bäumen kann man überall Pilze finden, die krustenartig die Rinde überziehen (siehe Seite 233) oder in Reihen dem Holz ansitzen, wie es in typischer Weise der Striegelige Schichtpilz zeigt. Die abstehenden Teile gleichen welligen Bändern, die anliegenden haften als Krusten fest an der Unterlage. Lamellen, Röhren oder sonstige Erhebungen fehlen. Der Striegelige Schichtpilz besiedelt hauptsächlich lagernde Eichenstämme und stärkere Eichenäste. Die striegeligen Borsten der Oberseite und das kräftige Gelb der glatten Unterseite sind wichtige Merkmale. Im Schnitt sieht man unter der Lupe, daß der Fruchtkörper aus mehreren parallelen Schichten aufgebaut ist. Darauf bezieht sich auch der Name Schichtpilz.

An Buchenstümpfen spielt der Violette Schichtpilz, *S. purpureum,* die Rolle des Erstbesiedlers wie der Striegelige Schichtpilz an Eichenholz. Alle Rindenpilzverwandten sind Saprophyten, d. h., sie wachsen nur auf totem Holz.

Ungenießbar		
Breite cm	Höhe cm	Monate
3–6	0,5	Jan.–Dez.

Die hellen Spitzen zeigen an, daß der Pilz noch wächst

Der Name ist sehr bezeichnend. Der Pilz ist zäh wie Leder und läßt sich kaum zerreißen

Die Vielzahl eng beisammenstehender Pilze täuscht einen einzigen Fruchtkörper vor

Als Streuzersetzer ist die Stinkende Lederkoralle in Fichten- wie in Mischwäldern aller Art anzutreffen

Stinkende Lederkoralle *Thelephora palmata*

Der Pilz sieht aus wie ein Ziegenbart (siehe Seite 239), gehört aber verwandtschaftlich zu einer ganz anderen Gruppe. Den gleichen korallenartigen Aufbau findet man auch beim Klebrigen Schönhorn (siehe Seite 245), einem Pilz, der weder mit Lederkorallen noch mit Ziegenbärten verwandt ist.

Die düster umbrabraune Stinkende Lederkoralle ist auf dem dunklen Nadelboden der Fichtenwälder nur schwer zu sehen, obwohl sie herdenweise auftritt. An den schmalen, flachen Ästchen werden die braunen Sporen erzeugt. Der aufdringliche Geruch nach fauligem Kohl und die lederartige Konsistenz machen den Pilz ungenießbar. Doch ist die kulinarisch uninteressante Stinkende Lederkoralle ein schönes Beispiel für den Formenreichtum der Pilzflora.

Nahe verwandt ist der Erdwarzenpilz, *T. terrestris,* der in sauren Nadelwäldern zu Hause ist. Seine dunkelrotbraunen Fruchtkörper sind nicht korallenförmig, sondern rosettenartig aufgebaut und haben einen helleren, gefransten Rand und eine runzelige Unterseite, auf der Wärzchen sitzen.

Ungenießbar		
Breite cm	Höhe cm	Monate
3–5	4–7	Aug.–Okt.

Die Stacheln werden stielabwärts immer kürzer

Die Netzmaschen am Stiel sind im Alter oft verlängert

Die Stielbasis ist innen nie blaugrün

Schon ganz junge Hüte des Habichtspilzes reißen in der charakteristischen Weise schuppig auf

Habichtspilz *Sarcodon imbricatus*

Gestielte Hutpilze, deren Unterseite mit dichtstehenden kleinen Stacheln besetzt ist, werden als Stachelinge zusammengefaßt. Neben dem Semmelstoppelpilz (siehe Seite 237) ist der Habichtspilz der häufigste Stacheling. Durch die oberen, sparrig abstehenden Schuppen ist er hinreichend gekennzeichnet. Sie können blaßgraubraun bis dunkelbraun, ja sogar violettfarben getönt sein. Das leicht bräunliche Fleisch ist fest und trocken; im Alter wird es leicht bitter. Sind die Stacheln noch hellgrau, der Hut eingerollt und nicht breiter als 10 cm, dann sind die Pilze noch jung genug, daß man sie getrost sammeln kann. In sandigen Kiefernwäldern stehen sie oft zu Dutzenden in weiten Hexenringen. Es werden auch Fichten als Begleitbäume genannt; doch kann man in einem Fichtenbestand eine einzelne Kiefer leicht übersehen: Der Habichtspilz steht jedenfalls mit der Kiefer in einem Mykorrhizenverhältnis (siehe Seite 68).

Der sehr bittere Gallenstacheling, *S. scabrosus,* hat flache Hutschuppen und einen dunkelblaugrünen Stielgrund. Er wird häufiger auf lehmigen Böden angetroffen.

Eßbar		
Breite cm	Höhe cm	Monate
9–20	8–11	Aug.–Okt.

Die Hutoberhaut zerreißt
in unregelmäßige Felder

Die Röhrchen sind sehr
kurz, das Fleisch ist brüchig

Hutpilze muß man zur Bestimmung umdrehen. Für diese wichtige Regel ist der Schafporling ein gutes Beispiel

Eßbar		
Breite cm	Höhe cm	Monate
4–8 (13)	3–7 (10)	Aug.–Okt.

Schafporling *Albatrellus ovinus*

Stößt man auf eine Gruppe von Schafporlingen, dann meint man zunächst, blasse Semmelstoppelpilze (siehe Seite 237) vor sich zu haben. Die Hutunterseite zeigt aber statt Stoppeln feine Poren, die zu sehr kurzen Röhrchen gehören. Nach einiger Zeit werden berührte Stellen zitronengelb. Stehen in der Nähe des Fundorts Kiefern, darf man sicher sein, den Schafporling gefunden zu haben. Der Pilz ist auch unter dem Namen Schafeuter bekannt. Sein Geschmackswert wird unterschiedlich beurteilt. Leider muß man beim Sammeln oft feststellen, daß die meisten Pilze vermadet sind.

Während der Schafporling auf Lehm- oder Kalkböden vorkommt, ist der ihm ähnliche Semmelporling, *A. confluens*, ein Bewohner der Nadelwälder auf mageren Sandböden. Er ist mehr orangeocker getönt. Mehrere Hüte sind mit ihren Stielen eng verwachsen und greifen mit breiten Lappen übereinander weg. Dabei können Gruppen mit mehr als 25 cm Durchmesser entstehen. Das Fleisch schmeckt leicht bitter, wird aber durch Überbrühen mit heißem Wasser genießbar.

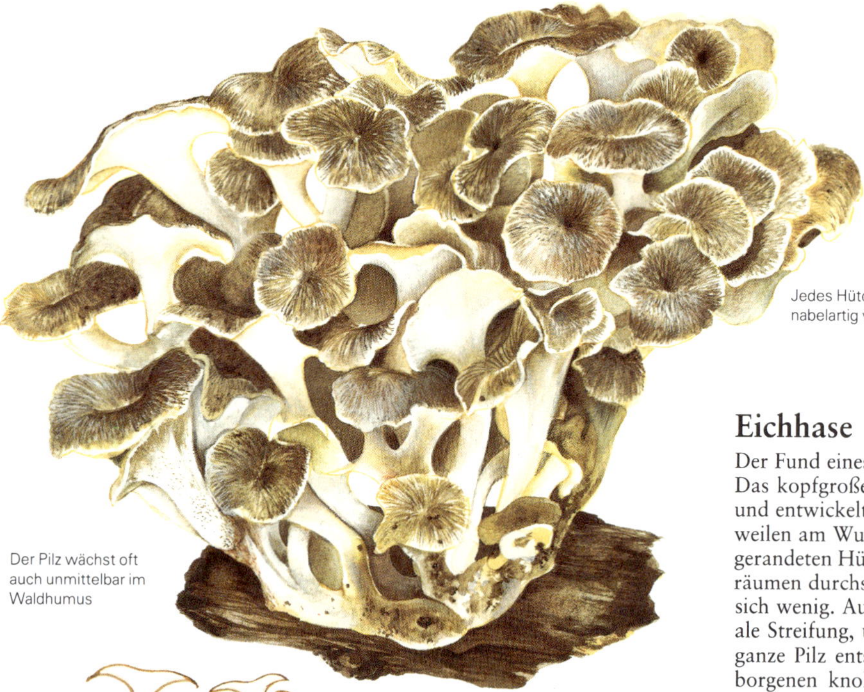

Jedes Hütchen ist nabelartig vertieft

Der Pilz wächst oft auch unmittelbar im Waldhumus

Der Eichhase ist einer jener Pilze, die man leicht erkennt, wenn man auf die porige Hutunterseite achtet

Im Längsschnitt wird die Verzweigung deutlich

Eßbar		
Breite cm	Höhe cm	Monate
15–30	12–20	Aug.–Okt.

Eichhase *Grifola umbellata*

Der Fund eines Eichhasen ist für jeden Pilzfreund ein Ereignis. Das kopfgroße Gebilde ist aus vielen Pilzen zusammengesetzt und entwickelt sich in der Nähe alter Eichen und Buchen, bisweilen am Wurzelanlauf der Bäume. Jedes der vielen, ringsum gerandeten Hütchen sitzt auf einer Verzweigung des von Hohlräumen durchsetzten Strunkes. Ihr helles Gelbbraun verändert sich wenig. Auf der Hutoberseite erkennt man eine feine radiale Streifung, unten die Mündungen sehr kurzer Röhren. Der ganze Pilz entspringt einem im Humus des Waldbodens verborgenen knolligen Körper mit schwärzlicher Rinde. Dieses Sklerotium entspricht jenem, das man gelegentlich beim Kleinen Schuppenporling (siehe Seite 218) findet. Hier wie dort handelt es sich um ein dichtes Dauergeflecht, das wiederholt Fruchtkörper hervorbringen kann. Da auch die Struktur der Fruchtkörper gemeinsame Züge trägt, kann man jeden Teilpilz des Eichhasen als einen kleinen Stielporling auffassen. Der Eichhase ist in jungem Zustand ein guter Speisepilz, wird aber oft schon frühzeitig durch und durch madig.

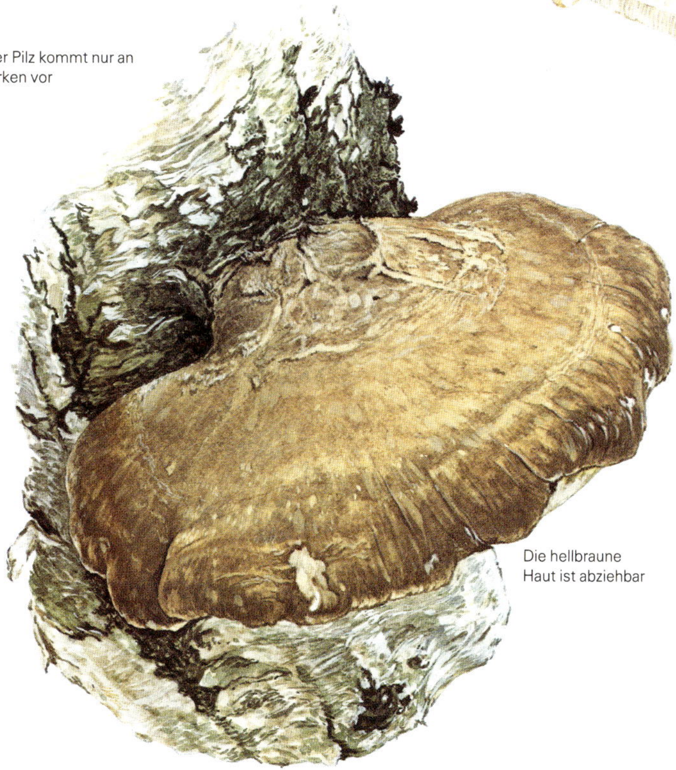

Der Birkenporling ist schon durch seinen Wirtsbaum festgelegt. Die Haut ist in Streifen abziehbar

Ungenießbar		
Breite cm	Höhe cm	Monate
9–20	3–6	(April) Aug.–Sept.

Birkenporling *Piptoporus betulinus*

Wo absterbende Birken stehen, wird man nicht lange nach dem Birkenporling suchen müssen. Vollentwickelte Konsolen des Pilzes sitzen in oft unerreichbarer Höhe an den Stämmen. Stürzt ein morsch gewordener Baum, dann treiben am liegenden Stamm und an seinen stärkeren Ästen neue Fruchtkörper aus, und zwar rechtwinklig zu den vorher am stehenden Stamm gebildeten. Sie reagieren nämlich auf die Schwerkraft, wodurch die Röhrchen stets genau senkrecht ausgerichtet werden. So können die Sporen ungehindert ausfallen. Die Röhrchenschicht läßt sich vom Hutfleisch leicht ablösen. Das weiße Fleisch ist wergig, weich-zäh und wertlos.

Birken an feuchten, schattigen Orten sind dem Befall durch diesen Parasiten besonders ausgesetzt. Andere Baumarten vermag er nicht anzugreifen. Aber auch gefällte gesunde Birken sind vor ihm sicher. Sie wie ihre Stümpfe werden von Birkenblättling, *Lenzites betulina*, Schmetterlingsporling (siehe Seite 228), Zinnobertramete, *Pycnoporus cinnabarinus*, und vielen anderen Pilzen besiedelt.

Die Hüte entspringen einem gemeinsamen Grund und überdecken sich dachziegelartig

Die Röhrchenschicht ist relativ dünn

Wird der befallene Baum gefällt, bildet der Pilz am verbleibenden Stumpf nur selten noch weitere Fruchtkörper

Schwefelporling *Laetiporus sulphureus*

Einer der farbenprächtigsten Porlinge ist der Schwefelporling. Auf der Oberseite sind die konsolenartig ansitzenden Pilze schön orangegelb; die Röhrenschicht der Unterseite ist rein schwefelgelb. Bei dachziegelartig gestaffeltem Wachstum an einer alten Eiche in mehreren Metern Höhe und einer Gesamtbreite von annähernd 1 m bietet eine solche Gruppe dem Beschauer ein imposantes Bild. Befallen werden die verschiedensten Baumarten, und zwar sowohl Wald- als auch Obstbäume. Der junge Pilz hat gelbes, saftiges Fleisch, das mit der Zeit blaß und käsig-trocken wird. Überständige Exemplare des Spätjahres sehen so verändert aus, daß man sie kaum mehr als Schwefelporlinge erkennt. Der herbe Geruch des Pilzes ist nicht gerade einladend. Dennoch trifft man immer wieder Pilzkenner, die über junge Schwefelporlinge, als Schnitzel gebraten, des Lobes voll sind. Doch dazu müssen die Pilze in vollem Wachstum begriffen sein, was daran zu erkennen ist, daß der Rand und die Unterseite goldgelbe Tropfen absondern. Es empfiehlt sich, nur eine etwa 4 cm breite Randschicht zu verwenden.

Jung eßbar		
Breite cm	Höhe cm	Monate
20–30	5–9	Mai-Sept.

Eßbar		
Breite cm	Höhe cm	Monate
10–20	4–8	Aug.–Okt.

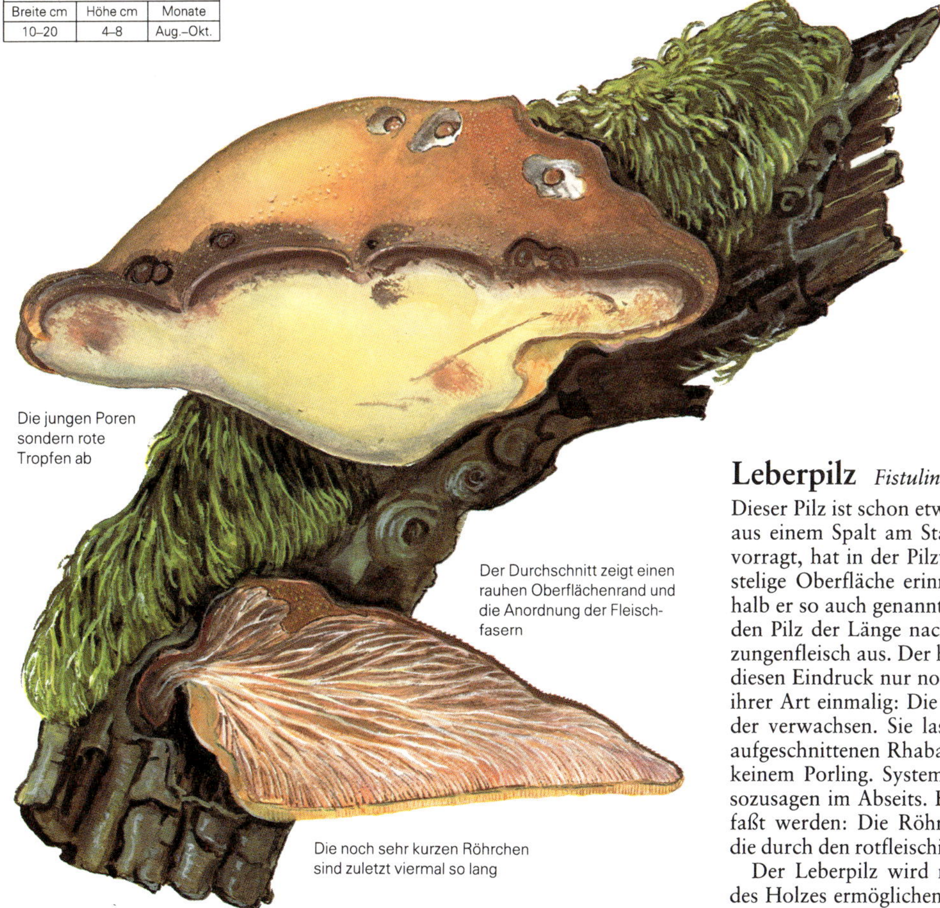

Die jungen Poren sondern rote Tropfen ab

Der Durchschnitt zeigt einen rauhen Oberflächenrand und die Anordnung der Fleischfasern

Die noch sehr kurzen Röhrchen sind zuletzt viermal so lang

Man braucht den Pilz nur anzuschneiden, um zu wissen, daß es sich um den Leberpilz, alias Ochsenzunge, handelt

Leberpilz *Fistulina hepatica*

Dieser Pilz ist schon etwas Besonderes. Die blutrote Zunge, die aus einem Spalt am Stammgrund einer mächtigen Eiche hervorragt, hat in der Pilzwelt nicht ihresgleichen. Schon die pustelige Oberfläche erinnert an eine rauhe Ochsenzunge, weshalb er so auch genannt wird. Und das Innere sieht, wenn man den Pilz der Länge nach aufschneidet, erst recht wie Ochsenzungenfleisch aus. Der heraustropfende, blutrote Saft verstärkt diesen Eindruck nur noch mehr. Auch die Röhrenschicht ist in ihrer Art einmalig: Die Röhrchen sind seitlich nicht miteinander verwachsen. Sie lassen sich wie die Leitbündel in einem aufgeschnittenen Rhabarberstengel zertrennen. Das gibt es bei keinem Porling. Systematisch steht der Leberpilz damit auch sozusagen im Abseits. Er kann sogar als Sammelfrucht aufgefaßt werden: Die Röhrchen wären dann Einzelfruchtkörper, die durch den rotfleischigen Träger zusammengefaßt werden.

Der Leberpilz wird nur an Eichen gefunden. Wundstellen des Holzes ermöglichen die Infektion, die jedoch nur langsam fortschreitet.

Die Bänderung ist stets vorhanden; die Farben sind sehr variabel

Die Pilze sitzen meist reihig oder dachziegelartig verwachsen am Holz

Die nadelstichfeinen Poren werden bald gelblich

Getrocknet verändern sich Schmetterlingsporlinge kaum, sind dann aber durch Pilzkäferfraß bedroht

Schmetterlingsporling *Coriolus versicolor*

Der Pilz ist überaus häufig und sehr veränderlich. Deshalb sind Fehlbestimmungen nichts Ungewöhnliches. Seinen Namen verdankt er den bunten Zonen des seitlich in verschiedener Weise auf totem Holz sitzenden Huts. Sehr hübsch sehen Rosetten des Pilzes aus, wenn sie auf dem Hirnschnitt eines Baumstumpfes wachsen. Da sie sich getrocknet kaum verändern, werden sie gern für Trockenblumengebinde und Kränze verwendet. Charakteristisch sind die kahlen, dunklen Zonen, die mit helleren, samtigen oder filzigen abwechseln. Die kurzen Röhrchen der Unterseite nehmen bald einen gelblichen Ton an. Die Substanz ist korkig und so zäh, daß man sie kaum zerreißen kann. Der Pilz kommt so gut wie in jedem Wald vor, weil er sich auf jeder Art von Laub- und Nadelholz gleichermaßen leicht ansiedeln kann.

Zu den vielen Korkporlingen gehört auch der häufige Striegelige Porling, *C. hirsutus*, mit kurz-borstiger, hellgrauer, am Rand brauner Hutbekleidung und gräulichen Röhrchen. Er wächst an Laubholz, vor allem an Ästen von Buchen.

Ungenießbar		
Breite cm	Höhe cm	Monate
4–8	0,5–1	Jan.–Dez.

Die helle Randzone zeigt an, daß der Pilz im Wachstum begriffen ist

Die Gänge und Löcher der Unterseite sind bis zu 7 mm eingetieft

Die gleichen Schadbilder wie der Zaunblättling erzeugt der ganz dunkelbraune Tannenblättling, *G. abietinum*

Ungenießbar		
Breite cm	Höhe cm	Monate
5–10	1–2	Jan.–Dez.

Zaunblättling *Gloeophyllum sepiarium*

Der Zaunblättling gehört trotz der blättrigen Struktur der Unterseite zu den Porlingen. Querverbindungen an der Ansatzstelle des Huts erzeugen nicht selten ungleich große Löcher. Die Fruchtkörper sind von Beginn an zäh wie Kork. Anfangs rostgelb, werden sie langsam dunkelbraun; die Substanz bleibt aber lebhaft rostfarben.

Der Pilz ist kein Parasit, da er lebendem Holz nichts anhaben kann. Wo jedoch totes Nadelholz der Feuchtigkeit ausgesetzt ist, findet er sich ein.

Wenn das Holz zeitweise stark austrocknet, etwa an besonnten Waldrändern, auf Schlagflächen und Holzstapelplätzen, ist der Zaunblättling allen Konkurrenten weit überlegen, denn Myzel wie Fruchtkörper überdauern lange Trockenzeiten. Da er auch entrindete Bretter, Balken, Pfähle und Zaunlatten befällt, wird er auf Holzlagerplätzen zum Großschädling, wenn nicht für ausreichenden Trockenschutz gesorgt ist. Er verursacht die Lagerfäule des Bauholzes. Im Freien verarbeitetes Nadelholz muß durch chemische Imprägnierung geschützt werden.

Der Schnitt zeigt die Röhrenschichten eines mehrjährigen Fruchtkörpers

Vom Wurzelschwamm befallene Fichten sind im untersten Stammteil leicht angeschwollen

Die harten Konsolen lassen sich nur schwer ablösen

An den weißen Partien wächst der Fruchtkörper weiter

Ungenießbar		
Breite cm	Höhe cm	Monate
10–20	1–4	Jan.–Dez.

Wurzelschwamm *Heterobasidion annosum*

Der Wurzelschwamm gilt mit Recht als der schlimmste Schädling in Fichtenkulturen. Die konsolenförmigen Fruchtkörper erscheinen am Stammgrund stehender und auf der Schnittfläche gefällter, kranker Bäume, ebenso an den Stümpfen und im Wurzelbereich zu ebener Erde. In diesem Fall entstehen nur braungerandete Krusten mit aufwärtsgerichteten, weißlichen Röhrchen. Der Pilz ist äußerst zäh. Wo Fichten auf kalkarmem oder kalkfreiem Boden stehen, tritt der Pilz allenfalls als Wundfäuleparasit an einzelnen Stämmen auf, obwohl er im Bestand als Saprophyt auf Stümpfen verbreitet und dort sehr fruchtbar sein kann. Auf Kalkverwitterungsböden dagegen ist die Fichte höchst gefährdet, am meisten in Neupflanzungen auf Äckern, Wiesen und Schafweiden. Nachforstungen in bereits befallenen Beständen sind ebenfalls äußerst bedroht. Wenn die Jungpflanzen etwa 20 Jahre alt sind, dringt das Myzel des Pilzes durch die Feinwurzeln in sie ein, und der Stamm wird mehrere Meter hoch kernfaul. Diese Rotfäule kann in Extremfällen neun Zehntel eines Bestandes wertlos machen.

Der Name Rotrandiger Porling bezieht sich auf ausgewachsene Pilze, bei denen die Randzone ziegelrot geworden ist

Die orangefuchsige Zone ist je nach Wachstumsgeschwindigkeit verschieden breit

Die weiße Randzone zeigt Wachstum an

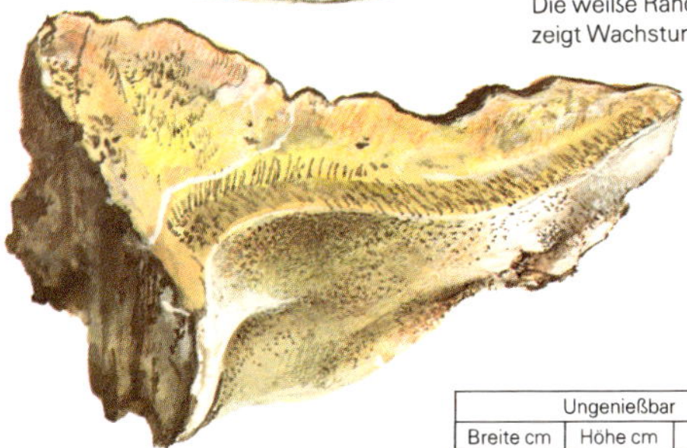

Schnitt durch einen zweijährigen Fruchtkörper

Ungenießbar		
Breite cm	Höhe cm	Monate
15–30	5–12	Jan.–Dez.

Rotrandiger Porling *Fomitopsis pinicola*

Je weiter man im Bergland hochsteigt, desto häufiger trifft man in den Nadelwäldern auf einen auffälligen Holzbewohner, den Rotrandigen Porling. Bei ganz jungen, kräftig wachsenden Stücken sitzen große Wassertropfen am weißlichen Hutrand und an den überaus engen Poren. Wenig später bildet sich, vom Ansatz ausgehend, die Oberhaut in eine fuchsrote, glänzende Kruste um, während der weiterwachsende Rand stets weiß aussieht. Die Kruste verliert schließlich ihren Glanz und wird schwarzbraun. Die sehr harte, weißliche bis ockerfarbene Substanz riecht essigähnlich. Der Geruch haftet den Fingern nach kräftigem Reiben lange an. Der Pilz befällt schwache Bäume, bringt sie zum Absterben und vegetiert auf ihnen jahrelang weiter. Auch Laubhölzer sind nicht sicher vor ihm. Schön geformte Konsolen sieht man oft in Bergbauernhöfen und Berggasthäusern als Wandschmuck, ebenso die meist von alten Buchen stammenden, oft riesigen Zunderschwämme, *Fomes fomentarius,* die allerdings immer seltener werden, weil geeignete Baumveteranen fehlen.

Zwei Röhrenschichten zeigen ein Alter von zwei Jahren an

Der Pilz sitzt in ganzer Breite fest am Holz

Die schmale, weiße Randzone wächst sehr langsam weiter

Die Poren der neuen Röhrenschicht sind noch nicht sichtbar

Der Abgeflachte Porling besiedelt Laubholzstümpfe. Mehrere Jahre lang setzt er jährlich eine neue Randzone an

Abgeflachter Porling *Ganoderma applanatum*

Dieser Porling überdauert viele Jahre – er perenniert. Alljährlich bildet sich eine neue Röhrenschicht, die von der vorangehenden durch eine millimeterdünne Zwischenzone getrennt ist. So läßt sich die Zahl der Jahre ermitteln, ähnlich wie bei Bäumen durch die Jahresringe. Da beim Abgeflachten Porling die rostbraune Substanz sehr dünn bleibt, bildet sich eine ganz flache Konsole. Sie kann an umgestürzten Buchen einen halben Meter Breite erreichen.

Die Poren schimmern etwas grausilbrig; die Röhren sind dunkelbraun. Der Pilz erzeugt enorme Massen von Sporen, die bei ruhiger Luft im Aufwind auf dem Hut abgelagert werden und auch die ganze Umgebung rostrot überstäuben können. Keine andere Porlingsart zeigt diesen Vorgang so deutlich. Bei manchen älteren Exemplaren ist die Röhrchenschicht mit wenigen bis zahlreichen zapfenartigen Erhebungen von etwa 1 cm Länge besetzt. Sie sind eng röhrenförmig und münden in einer Pore. Es handelt sich um Zitzengallen, in denen die Larven der Pilzfliege, *Agathomyia wankowizi*, leben.

Ungenießbar		
Breite cm	Höhe cm	Monate
20–35	3–7	Jan.–Dez.

Unregelmäßig rundliche Fruchtkörper fließen zu größeren Flächen zusammen

Der Pilz besiedelt die Äste erst, wenn sie abgestorben sind. (Der abgebildete grüne Zweig wächst nicht am dürren Aststück.)

Wertlos		
Breite cm	Höhe cm	Monate
3–8	0,1–0,2	Aug.–Nov.

So wie dieser Scheibling wachsen viele Pilze als weiße, graue oder braune Kruste auf Rinde und Holz

Blutroter Borstenscheibling

Hymenochaete mougeotii

Es gibt eine unübersehbare Masse krustenartig am Holz wachsender Pilze. Ein besonders schön gefärbter Vertreter ist der Blutrote Borstenscheibling. Er ist allerdings sehr spezialisiert und daher nur in wenigen Gegenden anzutreffen. Der Pilz wächst nur auf der Unterseite abgestorbener Weißtannenäste, die noch am Baum hängen. Wenn diese abfallen, verliert sich die schöne Farbe rasch, und der Pilz stirbt ab. Borstenscheibling heißt er, weil sich auf der Oberfläche mikroskopisch kleine Borsten – Zystiden – so dicht drängen, daß sie dieser ein samtiges Aussehen verleihen.

Wegen dieser Zystiden zählt man auch dickknollige Porlinge zur selben Familie, so etwa den knochenharten Feuerschwamm, *Phellinus igniarius*. Seine Fruchtkörper sind oben grau, werden später schwärzlich und rissig und haben einen wulstigen Rand und rostbraune Poren. Sie kommen in typischer Form besonders an Apfelbäumen und Weiden vor und erreichen 40 cm Breite bei 20 cm Dicke.

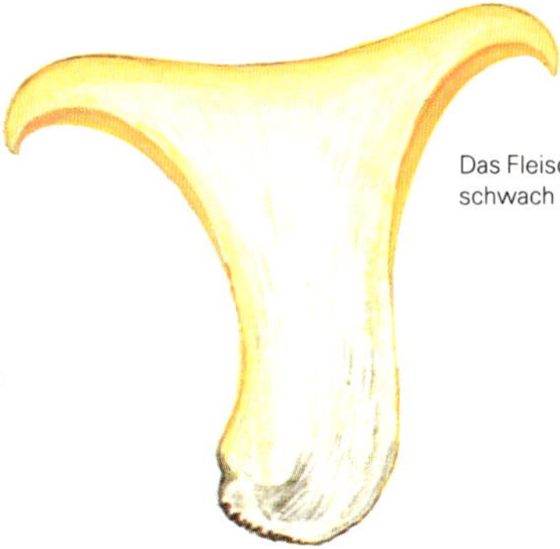

Der Pfifferling, der leichtestkenntliche und daher beliebteste aller Waldpilze, wird in Stadtnähe immer seltener

Eßbar		
Breite cm	Höhe cm	Monate
4–9	4–8	Juni–Sept. (Nov.)

Pfifferling *Cantharellus cibarius*

Die Zeiten sind längst dahin, da man in Tannendickichten kiloweise Pfifferlinge oder Eierschwämme sammeln konnte – zumindest dort, wo alljährlich Scharen von Pilzsuchern auch die kleinsten Pfifferlinge mit dem anhängenden Bodengeflecht ausreißen. Wegen des über Wochen sich hinziehenden Wachstums bleibt so leicht keiner der weithin sichtbaren Pilze unentdeckt. Hinzu kommt, daß der Pfifferling wegen seiner Haltbarkeit der beliebteste Marktpilz ist. So wurde er zum Prototyp jener Pilzarten, die in weiten Gebieten von der Ausrottung bedroht sind. Kalkdüngung der Wälder und Luftverschmutzung durch Abgase mögen diesen rapiden Rückgang mit verursachen. Wie empfindlich das Bodenmyzel auf solche Umweltveränderungen reagiert, weiß man noch nicht genau. Ganz junge und ganz alte Pfifferlinge sollte man stehenlassen und die anderen abschneiden, anstatt sie herauszureißen.

Zur Kennzeichnung des Pilzes genügt der Hinweis auf die gegabelten Leisten der Hutunterseite. Es gibt mehrere Varietäten, die sich verschiedenen Baumarten zuordnen lassen.

Die lamelligen Adern kommen auch ganz grau vor

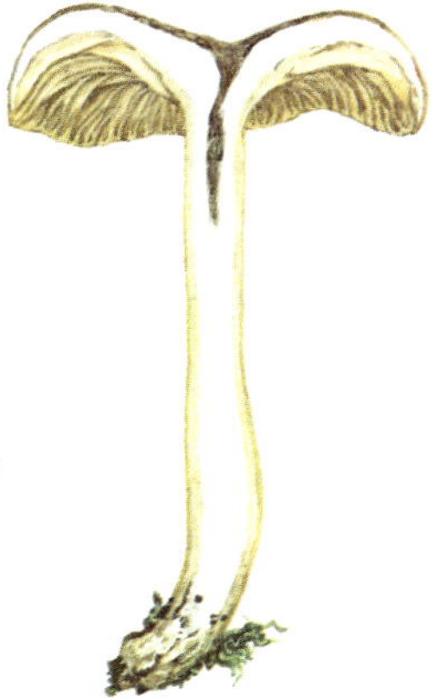

In der Hutmitte befindet sich oft ein Loch

Der Hut kann auch rein gelb sein

Von der Farbe abgesehen, ist die Art dem echten Pfifferling überaus ähnlich, nur lange nicht so schmackhaft

Eßbar		
Breite cm	Höhe cm	Monate
3–6	6–8	Sept.–Nov.

Trompetenpfifferling *Cantharellus tubaeformis*

Der olivbraune, runzelige Hut, der schlanke, hohle Stiel und die Geruchlosigkeit unterscheiden den Trompetenpfifferling deutlich vom echten Pfifferling. Doch gleicht die Hutunterseite mit ihren gegabelten Leisten weitgehend der des Pfifferlings. Der Pilz erscheint jedoch stets später im Jahr. Er kann dicht bestandene Hexenringe bilden, die aber nicht besonders auffallen, Man findet ihn in Nadel- und Laubwäldern, wobei er auf sauren Böden häufiger vorkommt. Wenn er auch nicht den spezifischen Pfifferlingsgeruch nach unreifen Pfirsichen hat, gehört er doch zu den guten Speisepilzen. Am einzelnen Pilz ist zwar nicht viel dran, aber hier macht es die Menge – und dazu wächst er bis weit in den November hinein.

Ähnlich ist der Gelbstielige Kraterpilz, *C. lutescens*, mit braunem Hut und orangefarbener Unterseite. Da die Leisten nur angedeutet sind, wurde er früher mit der Herbsttrompete (siehe Seite 236) in die Gattung *Craterellus* gestellt. Der Pilz riecht angenehm nach Aprikosen. Er steht gern auf Kalkböden und erfreut den Sammler mitunter durch Massenvorkommen.

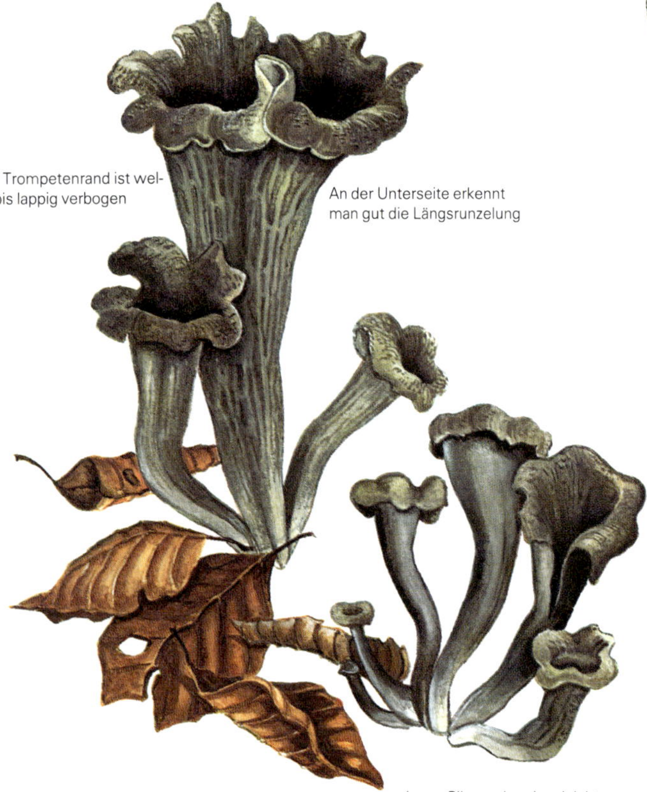

Der Trompetenrand ist wellig bis lappig verbogen

An der Unterseite erkennt man gut die Längsrunzelung

Junge Pilze zerbrechen leicht

Der Fruchtkörper ist so dünn, daß er sehr rasch austrocknet

Bei älteren Herbsttrompeten wird der Rand ganz schwarz und schrumpft ein. Solche Pilze sollte man nicht sammeln

Eßbar		
Breite cm	Höhe cm	Monate
3–5	6–9	Aug.–Okt.

Herbsttrompete *Craterellus cornucopioides*

Die Herbsttrompete ist ein Charakterpilz der Buchenwälder, in denen sie in manchen Jahren in riesigen Mengen auftritt. Dann kommen wieder Jahre, in denen man keine einzige sieht. Früher hieß sie Totentrompete. Der Name ist recht anschaulich, da er auf die düstere Farbe anspielt. Die Farbe und die Trompetenform reichen zum Erkennen aus. Hervorzuheben ist jedoch die glatte, ganz schwach runzelige Unterseite. Wenn auf ihr die Sporen reifen, nimmt sie eine graubläuliche Tönung an und sieht mehlig bestäubt aus. Die Herbsttrompete ist besonders als Trockenpilz empfehlenswert, denn die dünnfleischigen Fruchtkörper trocknen sehr rasch. Aber auch frisch gebraten schmeckt sie delikat.

Ihr Doppelgänger ist der Ganzgraue Pfifferling, *C. cinereus*. Er ist genauso gefärbt, bleibt aber kleiner. Er wächst ebenfalls in Büscheln und oft auch noch im selben Wald. Dreht man ihn um, sieht man aber sofort die wohlausgebildeten Pfifferlingsleisten. Eine Verwechslung wäre jedoch harmlos, denn der Pilz ist ebenfalls eßbar.

Eßbar		
Breite cm	Höhe cm	Monate
6–16	6–12	Juni–Okt.

Das Ocker des Hutes geht bei Trockenheit in Grau über

Das Fleisch ist im Anschnitt gelblichblaß und läuft langsam rostgelb an

Die Stacheln sind blaßgelb und brüchig

Junge Pilze können auch ganz blaßgelb sein

Stoppelpilze lassen sich meist leicht abbrechen. Um das Bodenmyzel zu schonen, sollten sie so geerntet werden

Semmelstoppelpilz *Hydnum repandum*

Der Semmelstoppelpilz ist überall wohlbekannt, da er leicht zu erkennen ist und sehr häufig vorkommt. Die Semmelfarbe des Hutes variiert von Tieforangeocker bis Gelblichweiß. Unterseite, Stiel und Fleisch sind gleichmäßig hellgelb, im Alter fast weiß. Die dicht stehenden Stacheln der Hutunterseite machen den Pilz unverwechselbar.

Er wächst unter Buchen und Eichen, Kiefern und Fichten, oft schon im jungen Bestand, und zwar meist in langen Reihen und Ringen. Zusammensetzung und Säuregrad des Humusbodens sind dabei unwesentlich. Nur Moorböden werden gemieden. Das Fleisch ist trocken und haltbar, läuft etwas rostig an und nimmt im Alter einen bitterlichen Geschmack an. Es gibt dunkler gefärbte Formen, die in dicht geknäuelten Buketts wachsen, und andere, die viel blasser sind und mehr einzeln stehen. Im Spätherbst ist eine gewisse Vorsicht angebracht: Stoppelpilze überstehen nämlich fast unverändert Trockenzeiten, Regenzeiten und Frost, sind dann aber überaltert und nicht mehr einwandfrei. Feinschmecker schätzen den Semmelstoppelpilz sehr.

Der Pilz kann mehrere Kilogramm schwer werden

Die Blättchen sind verschieden lang. Sie entspringen astartigen Verzweigungen des Strunks

Die Krause Glucke steckt mit einem knorpelfleischigen Strunk oft tief im morschen Holz

Die Eichenblätter auf dem Bild haben zum Pilz keine Beziehung: Die Krause Glucke wächst nur an Kiefern

Krause Glucke *Sparassis crispa*

Was im Eichenwald der Fund eines Eichhasen (siehe Seite 224), das bedeutet im Kiefernwald der einer Krausen Glucke. Beide erregen Bewunderung, sind sie sich doch in Größe, Gestalt und Farbe sehr ähnlich. Statt in Porlingshütchen wie beim Eichhasen enden die vielfachen Verästelungen der Krausen Glucke in verbogenen und verdrehten Lappen. Der Pilz ist Parasit an Kiefern. Die voluminösen Fruchtkörper entwickeln sich zwischen den Wurzelanläufen am Stammgrund, wo sie mit einer fleischigen „Wurzel" verankert sind. Die hellgelben Lappen sind auf beiden Seiten mit der sporenerzeugenden Schicht, dem Hymenium, überzogen. Im Alter wird die Farbe zu einem dunkleren Ocker. Das etwas knorpelige Fleisch riecht angenehm und schmeckt gut. Wird der befallene Baum gefällt, dann bringt das Myzel im Stumpf noch mehrere Jahre lang Pilze hervor, doch werden sie nicht mehr so mächtig groß. Die Tannenglucke, *S. nemecii,* wächst an Weißtannenstümpfen.

Die ähnlichen Ziegenbärte haben verzweigte, aufrecht stehende Endästchen und saftiges, nicht knorpeliges Fleisch.

Eßbar		
Breite cm	Höhe cm	Monate
10–22	10–18	Aug.–Okt.

Die Endästchen können stumpf bleiben oder in mehrere Zähnchen auswachsen

Neben locker verzweigten gibt es dicht buschige Exemplare

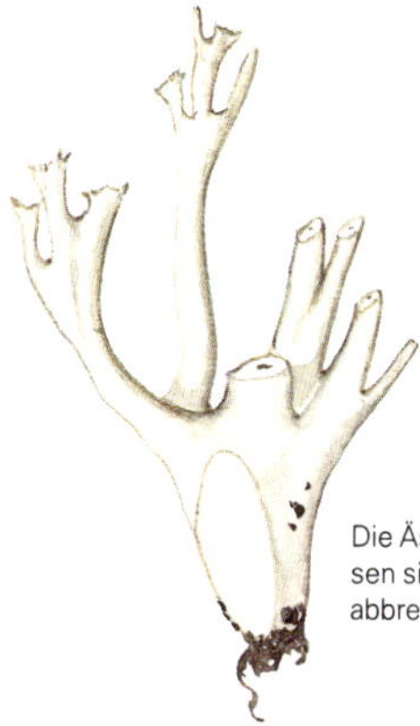

Die Ästchen lassen sich leicht abbrechen

Das Bild mit den gesellig zerstreut wachsenden Pilzen ist für den Kammziegenbart sehr typisch

Genießbar		
Breite cm	Höhe cm	Monate
2–7	5–8	Aug.–Nov.

Kammziegenbart *Clavulina cristata*

Unter den Ziegenbärten zählt der Kammziegenbart zu den kleineren Arten. Der Pilz tritt fast immer in großen Herden auf und gedeiht ebensogut im Laubwald wie im Nadelwald. Auch an den Boden stellt er keine besonderen Ansprüche. So erstaunt es nicht, daß man ihn überall antrifft. Seine zahlreichen Formen- und Farbenspielarten wurden in mehreren Varietäten unterschieden. Da gibt es ganz dicht verzweigte mit fein zugespitzten Astenden, andere mit stumpf-keuligen Enden, wieder andere mit lockerer Verzweigung, die auf zwei oder drei Ästchen reduziert sein kann. Neben schneeweißen findet man gelbliche, graue und lilagetönte Abarten. Nächstverwandte Arten sind oft schwierig abzugrenzen, und oft genug müssen dazu mikroskopische Merkmale herangezogen werden.

Von den ockergelben Arten gleicher Größe ist der Grünspitzige Ziegenbart, *C. abietina*, am leichtesten zu erkennen. Die frühzeitig einsetzende Grünverfärbung der Astenden kommt nur bei dieser Art vor. Der Pilz bildet Hexenringe, vorzugsweise in Nadelwäldern.

Die oben abgerundete Keule und der Wuchsort Laubwald reichen schon hin, um die Herkuleskeule zu erkennen

Ungenießbar		
Breite cm	Höhe cm	Monate
2–4	7–11	Aug.–Okt.

Herkuleskeule *Clavariadelphus pistillaris*

Wenn man die kleinen, schlanken Keulenpilze, die alle ziemlich selten sind, zum Vergleich heranzieht, hat die Herkuleskeule ihren Namen wahrhaftig zu Recht. Besonders reizvoll ist es, einen Buchenwald zu durchqueren, in dem immer wieder Gruppen dieses originellen Pilzes wie zu einem Kegelspiel aufgestellt dastehen, die jungen zylindrisch glatt, schwefelgelb, oben abgerundet, die älteren zu Keulen erweitert, runzelig, ockerfarben und mitunter deformiert. Das lockere, weiße Fleisch hält eine bittere Enttäuschung bereit: Es ist ungenießbar. Die Abgestutzte Keule (siehe Seite 241) schmeckt dagegen süß.

Für eine Überraschung kann die Röhrige Keule, *Clavaria fistulosa,* sorgen. Ihre Farbe hebt sich von der Laubdecke überhaupt nicht ab, so daß man diesen Pilz nur durch Zufall entdeckt. Blickt man dann aber um sich, gewahrt man plötzlich Dutzende, als ob sie in der Minute davor aus dem Boden geschossen wären – und alle sind so dünn, daß man meint, sie müßten gleich umfallen, denn sie werden zwar so lang wie die Herkuleskeule, aber nur 5 mm dick.

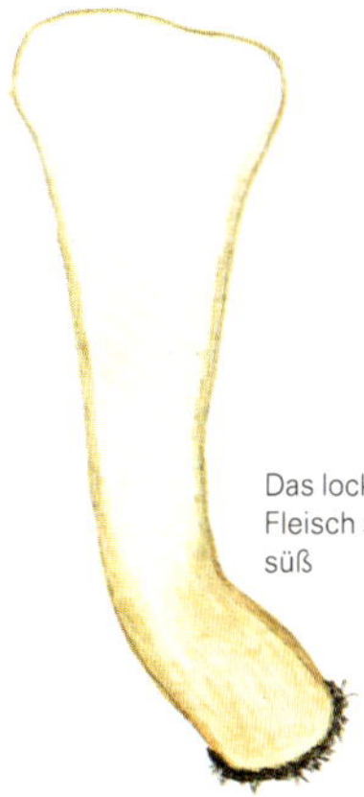

Die charakteristische Abflachung der Abgestutzten Keule kommt auf dem Foto besonders deutlich heraus

Genießbar		
Breite cm	Höhe cm	Monate
3–4	6–8	Aug.–Okt.

Abgestutzte Keule *Clavariadelphus truncatus*

Trifft man im Nadelwald auf Kalkboden Keulenpilze in der Farbe und Größe der Herkuleskeule (siehe Seite 240), die oben abgeflacht oder vertieft sind, dann hat man die Abgestutzte Keule vor sich. Zumeist stehen viele Pilze zu Hexenringen angeordnet. Im Zweifelsfall genügt eine Geschmacksprobe: Das Fleisch schmeckt ausgesprochen süß. Vom Verzehr sollte man gleichwohl absehen, da der Pilz wegen seiner Bindung an kalkhaltige Böden nur sehr zerstreut vorkommt und daher schutzbedürftig ist.

An den gleichen Orten und ebenfalls in Hexenringen wächst das Schweinsohr, *Gomphus clavatus,* dessen Fruchtkörper aber eher kreisel- als keulenförmig sind. Die Oberfläche ist olivgrün gefärbt, die Unterseite violett und deutlich geadert, womit der Pilz zur Verwandtschaft der Pfifferlinge gehört. Er gilt als guter Speisepilz, sollte aber ebenfalls geschont werden.

Im sauren Nadelwald tritt mitunter die zierliche Zungenkeule, *Clavaria ligula,* als Massenpilz auf. Die Keulen sind hellbraun, oft spindelig und stark gerunzelt.

Die zwei- bis dreizähnigen Endästchen sind gleichmäßig goldgelb

Die Verzweigungen entspringen stets einem gemeinsamen kompakten Strunk

Wässerige Schlieren durchziehen vor allem das Fleisch des Strunks

Der Goldgelbe Ziegenbart ist vornehmlich ein Pilz des Nadelwalds; er bevorzugt kalkhaltige Böden

Eßbar		
Breite cm	Höhe cm	Monate
7–13	8–12	Aug.–Okt.

Goldgelber Ziegenbart *Ramaria aurea*

Die Ziegenbärte gehören zu den auffälligsten Pilzgestalten unserer Wälder – vor allem, wenn sie so schön gefärbt sind wie der Goldgelbe Ziegenbart. Auf einem kompakten, weißen Strunk sitzen anfangs sehr kurze Äste mit Verzweigungsansätzen. Diese wachsen zu mehreren Zentimetern Länge heran, wobei sie sich unregelmäßig gabeln. Im Unterschied zu anderen Arten behalten die Endästchen lange Zeit eine gleichmäßig goldgelbe Farbe, die erst im Alter verblaßt; Faulstellen werden braun. Das weiße Fleisch ist von wässerigen Schlieren durchzogen und riecht säuerlich.

Die Ziegenbärte werden auch Korallenpilze genannt. Es ist nicht leicht, die Arten voneinander abzugrenzen, denn sie sehen im Alter alle gleich aus. Wer sie als Speisepilze sammeln will, sollte auf den Bleichen Ziegenbart (siehe Seite 243) achten: Abführend wie dieser wirkt auch der Dreifarbige Ziegenbart, *R. formosa.* Er ist kenntlich am weißen Strunk, an orangerosafarbenen Zweigen und schwefelgelben Endästchen. Alle genannten Arten kommen in Laub- und Nadelwäldern vor.

Die Endästchen sind stets stumpf gezähnt und anfangs lila

Der Strunk ist weiß, die Verzweigungen sind graugelblich

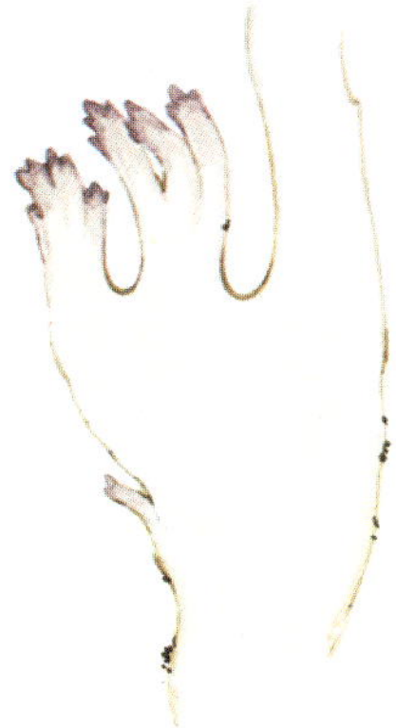

Das weiße Fleisch riecht stark säuerlich

Solange die Endästchen blaßlila sind, ist der Bleiche Ziegenbart kenntlich; schöne gelbe Farben fehlen völlig

Schwach giftig		
Breite cm	Höhe cm	Monate
8–14	9–13	Aug.–Okt.

Bleicher Ziegenbart *Ramaria mairei*

Einer der stattlichsten Ziegenbärte ist der Bleiche Ziegenbart, ein Pilz feuchtwarmer Spätsommer, der besonders in Buchenwäldern auf Kalkverwitterungslehm wächst, mitunter in geschlossenen Hexenringen. Von einem wenig ausgeprägten Strunk steigen sich mehrmals gabelnde Äste auf, die schon anfangs blaßgelb oder graugelblich sind und in lila getönten Spitzen enden. Das weiße Fleisch riecht säuerlich und schmeckt schwach bitter. Sein Genuß ruft kolikartige Zustände und starken Durchfall hervor, weshalb man den Pilz auch Bauchwehkoralle nennt. Manche Menschen scheinen allerdings unempfindlich zu sein, da sie unterschiedslos alle großen Ziegenbärte ohne nachteilige Folgen essen können. Wenn man die Pilze vor der Zubereitung überbrüht und das Brühwasser weggießt, wird zwar der Bitterstoff ausgewaschen, die abführende Wirkung jedoch nicht mit Sicherheit verhindert.

Mit dem Bleichen Ziegenbart wird oft die eßbare Bärentatze, *R. botrytes,* verwechselt; sie hat aber korallenrote Endäste und wächst gedrungen.

Korallig gebaute Keulenpilzverwandte

Zur sicheren Unterscheidung der korallig aufgebauten Arten benötigt man jüngere Pilze mit frischen Farben. Wenn sie ausgewachsen sind, sehen die meisten großen Ziegenbärte gleichmäßig schmutzig ledergelb aus.

Krause Glucke
Sparassis crispa Seite 238
Eßbar

Bleicher Ziegenbart
Ramaria mairei Seite 243
Schwach giftig

Goldgelber Ziegenbart
Ramaria aurea Seite 242
Eßbar

Getrocknete Pilze sind hornartig hart und dunkelorange. In Wasser gelegt, quellen sie wieder auf

Der ganze Pilz ist klebrig und biegsam wie Gummi

Bei Trockenheit wird der Pilz beinhart und dunkler orange. Sobald es regnet, quillt er wieder auf

Klebriges Schönhorn *Calocera viscosa*

Dieser hübsche Pilz sieht wie ein kleiner Ziegenbart (siehe Seite 242–243) aus und wird fälschlicherweise auch meist für einen solchen gehalten. Wo in Nadelwäldern Stümpfe vermodern, findet man das Klebrige Schönhorn. Biegt man die gelben Zweige um, brechen sie nicht ab, sondern richten sich nach dem Loslassen wieder auf. Ziegenbärte brechen dabei auseinander. In sehr mulmigen Stümpfen entstehen die Fruchtkörper manchmal so tief unten, daß zunächst ein blasser, gummiartig zäher Strang nach oben wächst und sich erst am Licht zum normalen Pilz entwickelt. Man kann dann eine bis zu 20 cm lange „Wurzel" herausziehen.

An Laubholz vertritt das viel kleinere Pfriemliche Schönhorn, *C. cornea,* die Gattung. Der Pilz ist spärlich oder kaum verzweigt, oft aber in großer Zahl anzutreffen.

Die Gallerttränen, *Dacrymyces*, nach denen die Familie benannt ist, bilden millimetergroße orangegelbe Klümpchen auf totem Holz. Sehr häufig findet man die Zerfließende Gallertträne, *D. stillatus*.

Wertlos		
Breite cm	Höhe cm	Monate
2–4	4–6	Juli–Nov.

Die Oberfläche sieht schließlich feinmehlig bestäubt aus

Die gelben Fruchtkörper brechen mit schmaler Basis aus dem Holz hervor

Die besten Fundorte für den Goldgelben Zitterling sind feuchte Waldtälchen mit Erlen, Eschen und Buchen

Goldgelber Zitterling *Tremella mesenterica*

Das Winterhalbjahr ist die Zeit der Zitterlinge. Wenn um Weihnachten Tauwetter einsetzt, brechen aus Rindenrissen am Boden liegender Laubholzzweige und -äste die auffallend gelben, gehirnartig gewundenen Fruchtkörper hervor. Sie sind gallertartig weich, schrumpfen in trockener Luft rasch zusammen und werden hornartig hart. Wenn es regnet, nehmen sie alsbald die frühere Farbe, Form und gallertige Beschaffenheit wieder an. Sie erzeugen auf der Oberfläche blasse Sporen.

Weniger häufig wächst an liegenden Eichenstämmen und -ästen der Lappige Zitterling, *T. frondosa,* der honigbraune, gelappt-gefaltete Fruchtkörper bildet. Von den nahverwandten Drüslingen, *Exidia,* erscheint die häufigste Art, der Kegelwarzige Drüsling, *E. glandulosa,* gleichzeitig mit dem Goldgelben Zitterling – nur außer an Ästen auch auf Stümpfen. Die fast schwarzen, im durchfallenden Licht olivfarbenen Pilze liegen flachwellig auf dem Holz und sind von verstreuten Drüsen punktiert. Gleiche Färbung, aber Kreiselgestalt zeigt der Abgestutzte Drüsling, *E. truncata.*

Wertlos		
Breite cm	Höhe cm	Monate
4–10	1–3	Dez.–Mai (Nov.)

Eßbar		
Breite cm	Höhe cm	Monate
4–7	6–8	Juli–Okt.

Der Rote Gallerttrichter kann nach Form, Farbe und gallertiger Substanz mit keinem Pilz verwechselt werden

Roter Gallerttrichter *Guepinia helvelloides*

Dieser eigenartige Pilz wächst büschelig im Randschotter von Waldfahrwegen, an offenen, locker begrasten Bodenstellen, auf geräumten Holzlagerplätzen und auf mulmigen Baumstümpfen. Er bevorzugt einen kalkhaltigen Untergrund. In dichten Waldbeständen wird man ihn vergeblich suchen. Der Einzelfruchtkörper gleicht einem breiten Spatel oder Löffel mit kurzem Stiel. Unten ist er nach innen eingerollt, im oberen Teil nach außen verbogen und wellig gelappt. Oft nimmt er fast Trichterform an, bleibt jedoch stets einseitig bis fast zum Grund gespalten. Die dunkelorangerote Farbe verblaßt mit der Zeit, wobei die Innenfläche weiß-flaumig wird. Die Sporen entstehen auf der Außenseite, die dadurch wie bereift aussieht. Das gelatineartige Fleisch verleiht dem Pilz Elastizität; es kann sogar ungekocht, z. B. als Salat, verwendet werden und erinnert dann an den in Süddeutschland beliebten Ochsenmaulsalat.

Eine gewisse Ähnlichkeit in der Form zeigen die Öhrlinge (siehe Seite 264): Auch sie können in Büscheln auftreten, sind aber nie rot und nie gallertig.

Genießbar		
Breite cm	Höhe cm	Monate
4–7	2–4	Aug.–Okt.

Feine Auswüchse machen die Oberfläche rauh

Die Fruchtkörper sitzen nur mit dem Mittelteil am Holz

Die Zähnchen sind mit der sporenbildenden Schicht überzogen

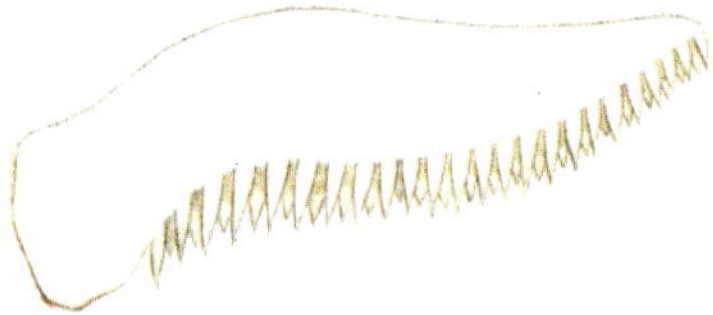

Hutfleisch und Zähnchen sind gallertartig elastisch

Ein gallertiger Pilz, der konsolenartig an Holz sitzt und unten Stacheln hat, kann nur der Eispilz sein

Zitterzahn *Pseudohydnum gelatinosum*

Der Zitterzahn heißt auch Eispilz, und beide deutschen Namen weisen auf Besonderheiten hin: Die gallertige Beschaffenheit des Fleisches macht den Pilz zum Zitterling. Er hat Zähne oder weiche Stacheln – das ist bei konsolenartig ansitzenden Pilzen ungewöhnlich und für einen gallertigen Pilz einzigartig. Und schließlich: Der Pilz sieht aus, als sei er aus bläulichem Firneis. Nicht selten ist der Zitterzahn in Bergwäldern, wo er an durchfeuchteten Stümpfen von Fichten, Kiefern und Tannen wächst. Wenn diese austrocknen, geht er ein. Neben der durchsichtig-weißen Form gibt es auch eine dunkelgraubraune, die aber sonst nicht verschieden ist. Die Oberseite ist feinkörnig und fühlt sich dadurch rauh an. Wie der Rote Gallerttrichter (siehe Seite 247) ist auch der Zitterzahn als Salatpilz verwendbar.

Die Stacheln an der Unterseite des Pilzes vergrößern die sporenerzeugende Oberfläche. Das gleiche ist beim Semmelstoppelpilz (siehe Seite 237) der Fall. Die Sporen werden bei diesem an keuligen Ständerzellen (Basidien), bei allen Zitterlingartigen aber an viergeteilten Basidien gebildet.

Die Oberseite ist feinsamtig

Der Pilz wächst vorwiegend an Holunder

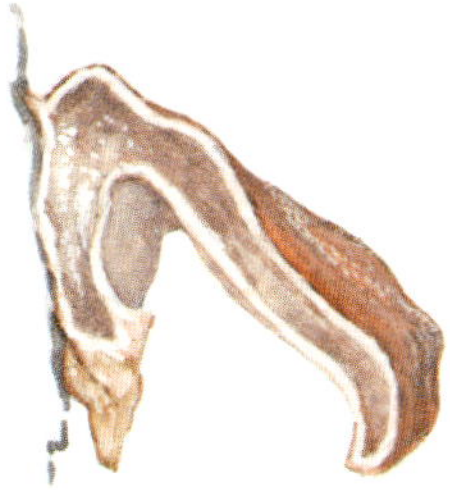

Die zäh-elastische Beschaffenheit macht den Pilz unverwechselbar

Das Judasohr heißt auch Holunderschwamm, wächst aber auch an Ahorn und anderen Laubhölzern

Eßbar		
Breite cm	Höhe cm	Monate
6–10	0,5–1	Okt.–März (Sept.)

Judasohr *Auricularia auricula-judae*

Das Judasohr ist bei feuchter Witterung während des ganzen Jahres zu finden. Die Periode, in der neue Fruchtkörper erscheinen, dauert vom Spätherbst bis zum Frühjahr; die Pilze halten sich aber mehrere Monate am Wuchsort. Besiedelt werden ältere, schattig stehende Stämme des Schwarzen Holunders, selten auch anderer Laubhölzer.

Zuerst entstehen kleine Becher oder flache Schalen, die bald ohrähnliche Formen annehmen. Dabei bilden sich auf der Innenfläche rippenartige Erhebungen. Die purpur- bis rotbraune Farbe wird im Alter oder beim Austrocknen immer dunkler. Durch eine feine, dichte Behaarung erscheint die Außenseite kurzfilzig. Der ganze Pilz ist knorpelig-elastisch; bei Trockenheit wird er jedoch beinhart. Beim nächsten Regen quillt er auf und lebt weiter. Obwohl er nicht besonders gut schmeckt, wird er dort, wo man ihn häufig antrifft, für Speisezwecke gesammelt. In Japan und China sind die Ohrlappenpilze von alters her sehr beliebt, und sie werden in zunehmendem Maße auch nach Europa ausgeführt.

Die kegeligen Stacheln sind von niedrigen, runden Körnchen umstellt

In der olivfarbenen Gleba reifen die Sporen

Das Stielinnere ist bei den Stäublingen unfruchtbar

Bei jungen Flaschenstäublingen läßt sich der fertile Kopf leicht vom sterilen an der Trennschicht abbrechen

Jung eßbar		
Breite cm	Höhe cm	Monate
3–5	5–7	Juli–Okt.

Flaschenstäubling *Lycoperdon perlatum*

Der Flaschenstäubling ist der häufigste Vertreter sowohl der Gattung Stäubling als auch der ganzen Familie. Außer in Wäldern auf moorigem Boden kommt er in allen Waldtypen vor, manchmal auf wenigen Quadratmetern zu Hunderten. Die kurzkegeligen Stacheln, die den Kopfteil des Fruchtkörpers bedecken, brechen sehr leicht ab und hinterlassen mehreckige Grundflächen, die durch kleine, fest haftende Warzen begrenzt werden. Die schneeweiße Innenmasse des Kopfteils besteht aus einem dichten Fadengeflecht, an dem die gelbbraunen Sporen entstehen. Die Außenhülle wird schließlich hellbraun und papierdünn, öffnet sich am Scheitel zu einem Loch, durch das die Sporen samt dem staubig zerfallenden Fadengeflecht ins Freie gelangen, sei es durch den Tritt eines Waldtieres oder durch auftreffende Regentropfen. Kinder lassen reife Stäublinge durch Zusammenpressen gern „rauchen“. Solange der Pilz innen noch rein weiß ist, kann man ihn essen.

Boviste sind den Stäublingen sehr ähnlich, sitzen aber ohne Stiel auf dem Boden (siehe Seite 252).

Die Stacheln sind zum Teil schon abgefallen

Der Fruchtkörper war anfangs innen schneeweiß

Mehrere Einzelstacheln sind oben geneigt und bilden auf diese Weise Kegel, die auf dem Foto zu sehen sind

Igelstäubling *Lycoperdon echinatum*

Dieser Stäubling kommt fast nur in Buchenwäldern auf Kalk- oder Lößböden vor. Die Stacheln der Außenhülle sind länger als bei ähnlichen Arten. Schneidet man einen jungen Pilz durch, dann glaubt man, eine mit Creme gefüllte Schokoladepraline in der Hand zu haben. Der Stielteil ist weniger ausgeprägt als beim Flaschenstäubling (siehe Seite 250). Die Entwicklung zum sporenreifen Pilz verläuft aber ebenso wie bei diesem.

Auch beim Igelstäubling ist der Stielteil nicht an der Sporenerzeugung beteiligt. Der Sporenstaub ist hier dunkelbraun, nicht gelbbraun. Die zähen Stacheln sind ziemlich dauerhaft, fallen aber vom überreifen, trocken gewordenen Pilz nach und nach ab und hinterlassen eine netzartige Zeichnung auf blassem Grund. Den Igelstäubling kann man, wie alle Stäublinge und Boviste, essen, solange das Fleisch noch rein weiß ist. (Die bestachelte Hülle wird nicht mitverwendet.) Eine Verwechslung mit anderen braunen Arten, die durchweg viel feiner bestachelt oder nur mehlig-körnig bekleidet sind, ist daher ohne praktische Bedeutung.

Jung eßbar		
Breite cm	Höhe cm	Monate
3–5	4–6	Aug.–Okt.

Jung eßbar		
Breite cm	Höhe cm	Monate
7–12	8–11	Aug.–Okt.

Die flachkegeligen Warzen bilden die Außenhülle

Die dicke innere Hülle schließt den fruchtbaren Innenkörper ein

Der Pilz wurde von oben aufgenommen. So sieht man, wie die Außenhülle (Exoperidie) in Felder zerlegt ist

Hasenbovist *Calvatia utriformis*

Wo Trockenrasen und Schafweiden in Fettwiesen verwandelt oder aufgeforstet werden, verschwinden die Pilze der Magerrasen. Zu solchen immer seltener werdenden Arten gehört auch der Hasenbovist. Als Rückzugsgebiete bleiben ihm grasige Waldränder und Lichtungen. Die Außenhülle des breit-birnenförmigen Fruchtkörpers zerreißt frühzeitig in zahllose rechteckige Felder, weshalb der Pilz auch Getäfelter Stäubling genannt wird. Seine Farbe verändert sich von Weißlich nach Dunkelolivbraun. Auch innen vollzieht sich ein solcher Farbwechsel, wobei die Sporen zu Millionen im dickeren Kopfteil entstehen. (Die einzelne Spore ist kugelig und mißt nur 1/200 mm im Durchmesser.) Die Hülle des oberen Teils zerfällt in Lappen, wodurch das pulverig gewordene Fadengeflecht samt Sporen ins Freie gelangt. Der untere Teil bleibt übrig und hält monatelang der Verwitterung stand.

Der weiße, kugelige Riesenbovist, *Langermannia gigantea,* ist mit über 50 cm Durchmesser der größte Stäubling. Der junge Pilz schmeckt, in Scheiben gebraten, recht gut.

Boviste täuschen von weitem Champignons vor

Jung eßbar		
Breite cm	Höhe cm	Monate
3–7	3–5	Juni–Okt.

Die ganze weiße Innenmasse wird durch die Sporenreifung dunkelpurpurbraun

Die Aufnahme zeigt nur ausgereifte Boviste. Die papierartig schwarze Innenhülle (Endoperidie) ist dauerhaft

Schwärzender Bovist *Bovista nigrescens*

Schon im Frühsommer kann man bei einem Gang über eine Viehweide auf schneeweiße, kugelige oder eiförmige Pilze stoßen. Wenn rotbraun oder teilweise schwärzlich verfärbte, also reifere Exemplare in der Nähe stehen, ist es mit Sicherheit der Schwärzende Bovist. Die anfangs schneeweiße, weiche und daher leicht zusammendrückbare Innenmasse wird dunkelpurpurbraun. In diesem Zustand trocknet der Pilz aus, löst sich vom Boden und wird von heftigen Windstößen über Wiesen und Felder verweht. Aus einer oben entstandenen Öffnung können dann die Sporen entweichen. Sie sind stets mit den Fadenresten der staubig gewordenen Innenmasse vermengt.

Auch beim Bleigrauen Bovist, *B. plumbea*, geht die Verbreitung auf dieselbe Weise vonstatten. Die jungen Pilze sind kaum von jungen Schwärzenden Bovisten zu unterscheiden. Die Außenhülle ist aber dicker und zerbricht unter Druck wie eine Eierschale. In der Natur blättert sie mit der Zeit von selbst ab und gibt die papierdünne, bleigraue Innenschicht frei. Der Pilz löst sich dann vom Boden, und die Luftreise kann beginnen.

Schon der junge Pilz färbt sich von Weiß über Lilagrau nach fast Schwarz um

Die grobe Felderung entsteht, wenn die Außenhülle zerreißt

Der Pilz bleibt lange sehr fest. Er gehört zu den Hartbovisten

Wie hier findet man oft ganze Nester mit Fruchtkörpern in allen Altersstufen, oft zu mehreren verwachsen

Giftig		
Breite cm	Höhe cm	Monate
5–8	4–6	Juli–Okt.

Dickschaliger Kartoffelbovist

Scleroderma citrinum

Der Pilz ist auf Sandboden in Laub- und Nadelwäldern sehr verbreitet. Die derben Knollen sehen tatsächlich wie rauhschalige Kartoffeln aus. Die gelbliche Oberfläche ist in mehr oder weniger ausgeprägte Schuppen zerklüftet. Neben feinkörnigen und kleingefelderten gibt es grobrissige Fruchtkörper. Ganz junge Pilze haben weißes Fleisch. Mit fortschreitender Reifung hebt sich die dicke Außenwand immer deutlicher ab. Das feste, unangenehm riechende Fleisch wird nämlich bald lilagrau, schließlich violettschwarz und ist von weißlichen Adern durchzogen. Am Scheitel reißt eine unregelmäßige Öffnung ein, durch welche die braunen Sporen samt dem flockig gewordenen Innengeflecht ins Freie gelangen. Löst man die oft gruppenweise verwachsenen Pilze vom Boden, sieht man weißliche Myzelstränge, die sich im umgebenden Erdreich verlieren.

Echte Boviste (siehe Seite 253) sind im Jugendstadium weichfleischig, riechen nicht aufdringlich und wachsen auf Grasflächen, gewöhnlich nicht im Wald.

Die Außenhülle hat sich vom Innenkörper gelöst

Die graue Innenhülle (Endoperidie) reißt zuletzt in der Mitte unregelmäßig auf

Die innerste Schicht der Außenhülle (Exoperidie) wird in eckige, abschuppende Felder zerlegt

Ungenießbar		
Breite cm	Höhe cm	Monate
6–9	3–4	Aug.–Okt. (alt: Mai)

Der Wetterstern ist nur bei feuchter Witterung ausgebreitet. Bei Trockenheit rollen sich die Lappen zur Mitte ein

Wetterstern *Astraeus hygrometricus*

Erdsterne sind recht malerische Pilze, auch wenn ihnen die bunten Farben fehlen. Schwerpunkte ihrer Verbreitung sind die warmen Steppengebiete der Erde, an deren Lebensbedingungen sie bestens angepaßt sind. In Mitteleuropa gibt es etwa 20 Arten, von denen die meisten sehr selten sind.

Auch der Wetterstern ist nirgends häufig. Lichte, wärmebegünstigte Wälder auf Sandböden sagen ihm besonders zu. Seine Entwicklung beginnt als eine im Boden verborgene Kugel. Ist sie auf 6 cm Durchmesser herangewachsen, springt die lederartige, zähe Außenschicht auf und zerteilt sich in mehrere länglich-dreieckige Lappen, die sich langsam zurückrollen. Dadurch heben sie den Innenkörper hoch und trennen ihn vom Bodenmyzel. Aus seiner endständigen Mündung gelangen nun die braunen Sporen nach draußen. Bei trockenem Wetter schließen sich die Lappen wieder um den Innenkörper, und bei Regen biegen sie sich von neuem nach außen und unten: Sie sind hygroskopisch. Die Erdsterne sind nicht genießbar; man sollte sie ohnedies wegen ihrer Seltenheit schonen.

Die Peridiolen liegen am Grund des Bechers

Die weiße Membran, das Epiphragma, zerreißt

Der junge Fruchtkörper ist noch geschlossen

Da der Pilz sehr gesellig wächst, kann man oft junge, geschlossene neben offenen mit Peridiolen antreffen

Gestreifter Teuerling *Cyathus striatus*

Teuerlinge sind biologisch sehr interessante Pilze. Die Außenwand des birnen- bis kreiselförmigen jungen Fruchtkörpers ist von rotbraunen Borsten bedeckt. Auffälliger wird der Pilz, wenn sich eine weiße Membran ausbildet, die ihn nach oben abschließt. Sie reißt bald auf, und man gewahrt im Grund des innen gerippten Bechers mehrere in Gallerte eingebettete weiße, linsenförmige Körperchen mit 3 mm Durchmesser. In diesen Teilfruchtkörpern, Peridiolen, die mit kurzen Stielchen an der Becherinnenwand angewachsen sind, reifen die Sporen heran. Beim nächsten Regenguß geschieht etwas Erstaunliches: Ein Regentropfen schlägt im Becher auf und spritzt zurück. Das eine oder andere der dabei entstandenen Teiltröpfchen reißt eine Peridiole von ihrem Stiel los und trägt sie nach draußen. An der Peridiole hängt aber ein feiner Faden, der im Peridiolenstielchen aufgerollt war. Streift nun der Faden zufällig einen Grashalm, schlingt er sich um den Halm – die Peridiole hängt fest. Sie zerfällt, und die Sporen kommen frei. Früher glaubte man, Teuerlinge zeigten eine kommende Teuerung an.

Wertlos		
Breite cm	Höhe cm	Monate
1–1,5	1–1,5	Juni–Nov.

Der Schnitt zeigt ein Hexenei kurz vor dem Aufbrechen

Der Strang dient dem Transport von Nährstoffen

Die meisten Stinkmorcheleier brechen nachts auf; der Fruchtkörper hat bis zum Morgen schon die volle Länge erreicht

Die Wabenfläche der Kappe erinnert an eine Morchel

Der kugelige Fruchtkörper wird in der Erde angelegt

Als Ei eßbar		
Breite cm	Höhe cm	Monate
3–5	11–15	Juni–Okt.

Stinkmorchel *Phallus impudicus*

Lästiger Aasgeruch im Wald läßt eine Stinkmorchel als Urheberin vermuten. Gewöhnlich stehen mehrere beisammen, und oft sind auch „Hexeneier“ in der Nähe. Bisweilen sind nur diese vorhanden. Ein Längsschnitt durch eines der Eier zeigt, daß kein Bovist (siehe Seite 254), sondern eine junge Stinkmorchel vorliegt. Der Pilz ist nämlich in der von zwei Häuten begrenzten Gallerthülle schon fertig vorgebildet. Der weißliche Kern ist der künftige Stiel, umfaßt von der oben mit ihm verbundenen Kappe, deren wabige Struktur allerdings nicht auszumachen ist, da die Wabenzellen von dem sporenbildenden Geflecht, der olivgrünen Gleba, ausgefüllt sind. Gewöhnlich nachts streckt sich der Stiel, durchbricht die Gallerthülle mit einem kleinen, flachen Ring und erreicht binnen zwei Stunden seine volle Länge. Dabei wird sein Gefüge immer lockerer und brüchiger. Die Gleba beginnt zu verschleimen und lockt mit ihrem starken Geruch viele Aasfliegen an. Sie nehmen mit jedem Schleimtröpfchen viele tausend Sporen auf und besorgen so die Verbreitung.

In der gelatineartigen Umhüllung ist der Pilz schon fertig vorgebildet

Das Stielende ist von der olivgrünen, verschleimten Fruchtschicht überzogen

Im Innern des Hexeneis hat die Streckung begonnen

Die sporenerzeugende olivfarbene Schicht verschleimt und lockt durch ihren Geruch Aasfliegen herbei

Hundsrute *Mutinus caninus*

Nahe verwandt mit der Stinkmorchel (siehe Seite 257) ist die wesentlich seltenere, aber doch über ganz Europa verbreitete Hundsrute. Sie wächst gern in der Nähe mulmiger Baumstümpfe. Die Entwicklung über das Eistadium zum fertigen Fruchtkörper verläuft genau wie bei der Stinkmorchel. Die Gestalt ist aber schmächtiger, und die Stielspitze trägt keine Kappe. Der sporenhaltige Schleim überzieht vielmehr die schön orangerote Spitze selbst. Die ausgewachsenen Pilze fallen oft schon vorzeitig um, da sie in der Eihülle wenig Halt finden. Sie riechen ähnlich wie die Stinkmorchel, aber weniger stark.

Wenn man noch geschlossene Hexeneier zu Hause unter einer Glas- oder Plastikglocke in feuchtes Moos legt, läßt sich nach einigen Tagen die Entwicklung vom Ei bis zum fertigen Pilz verfolgen.

Dieser Versuch gelingt mit allen verwandten Arten, wie Stinkmorchel, Gitterling, Tintenfischpilz (siehe Seite 257, 259, 260), denn sie brauchen keine Stoffzufuhr mehr, die bis zur Eireife durch die Myzelstränge besorgt wurde.

Ungenießbar		
Breite cm	Höhe cm	Monate
1–2	8–11	Juni–Okt.

Die roten Maschen sind quer gestreift

Der graugrüne Innenbelag verschleimt bei der Reife

Jeder Schleimtropfen enthält unzählige Sporen

Der Fruchtkörper entwickelt sich an einem verdickten Strangende

Ungenießbar		
Breite cm	Höhe cm	Monate
5–8	7–11	April–Nov.

Im aufgeschnittenen Hexenei sieht man die Anlage des Fruchtkörpers vor der Entfaltung

Das Myzel des in Mitteleuropa seltenen Gitterlings ist offenbar viel wärmebedürftiger als das der Stinkmorcheln

Scharlachroter Gitterling *Clathrus ruber*

Dieser Gitterling gehört der Pilzflora Südeuropas an, wo er in lichten Kiefern- und Eichenwäldern oder an gebüschreichen Orten wächst. Nach Mitteleuropa wird er zwar immer wieder eingeschleppt, kann sich hier aber auf die Dauer nicht halten, im Gegensatz zum Tintenfischpilz (siehe Seite 260), der sich immer weiter ausbreitet. Die prächtige Korallenfarbe und die eigenartige Gitterstruktur dieses Sonderlings begeistern jeden Naturfreund. Der Gitterling entfaltet sich nach Art der Stinkmorchel. Das Hexenei zerreißt jedoch in tiefer geteilte Lappen, da sich der Pilz mehr in die Breite entwickelt. Die graugrüne Fruchtschicht kleidet die Innenfläche des Gitterwerks aus, das ebenso zerbrechlich ist wie der poröse Stiel der einheimischen Stinkmorchelverwandten.

Gitterlinge, Boviste, Erdsterne, Teuerlinge, Stinkmorcheln sehen zwar sehr unterschiedlich aus, doch faßt man sie wegen der bis zur Sporenreife geschlossenen Fruchtkörper als Bauchpilze zusammen. In Mitteleuropa gibt es etwa 200 Arten, zu denen noch 100 unterirdische Hypogäen hinzukommen.

Die Arme sind überaus zerbrechlich

Der kurze röhrenförmige Teil steckt locker in der oben lappig zerrissenen Hülle

Das Ei, der noch geschlossene Fruchtkörper, entsteht halb unterirdisch

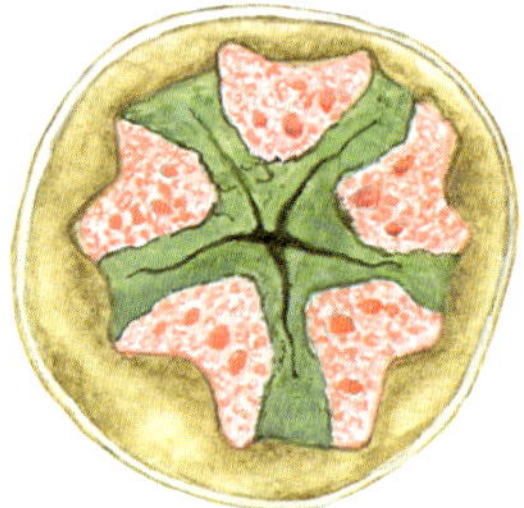

Wenn sich der Pilz entfaltet, wird der olivgrüne Belag zu einem übelriechenden Schleim, in den die Sporen eingebettet sind

Nach seiner Entdeckung in Europa wurde der Tintenfischpilz zu einem der am häufigsten fotografierten Pilze

Ungenießbar		
Breite cm	Höhe cm	Monate
10–15	5–8	Juli–Nov.

Tintenfischpilz *Anthurus archeri*

Der Pilz erregte beträchtliches Aufsehen, als er bald nach seiner Entdeckung im Jahre 1921 von Ostfrankreich aus seinen Siegeszug vor allem nach Osten antrat. Als seine Heimat gilt Australien, und man vermutet, daß Sporen mit australischer Wolle eingeschleppt wurden. Am Ende der 70er Jahre hatte er die DDR und Österreich erreicht. Gefunden wird er in Wäldern der verschiedensten Art, sogar in Pflanzungen amerikanischer Roteichen. Auf Böden mit guter Laubstreuzersetzung wächst er zu Hunderten. Im Eizustand gleicht er der Hundsrute (siehe Seite 258). Ein Querschnitt zeigt aber die randständigen Anlagen der späteren Arme. Diese schieben sich, gebündelt zu 5 bis 13, aus der Eimitte heraus und biegen sich dann auseinander. So entsteht ein strahlenförmiges Gebilde, das der mit Fangarmen besetzten Trichteröffnung eines Tintenfisches nicht unähnlich ist. Die olivgrüne Fruchtschicht zerteilt sich in unregelmäßige Flecken über die Innenseite der Arme. Ihr übler Geruch übertrifft noch den der Stinkmorchel (siehe Seite 257). Der ausgewachsene Pilz ist überaus zerbrechlich.

Die dunkle Schlauchschicht unterscheidet sich stets deutlich von ihrer Unterlage

Der Fruchtkörper ist wachsartig zerbrechlich

Kleiige Körnchen lassen die Außenseite blaß erscheinen

Die anfangs enge Öffnung erweitert sich mit welligem Rand

Es gibt mehrere ähnliche braune Becherlinge, für deren genaue Unterscheidung man das Mikroskop braucht

Eßbar		
Breite cm	Höhe cm	Monate
7–12	2–4	April–Juni

Ausgebreiteter Becherling *Peziza repanda*

Der Ausgebreitete Becherling ist ein Vertreter aus der riesengroßen Zahl der in Mitteleuropa vorkommenden Schlauchpilze, *Ascomycetes*. Die meisten von ihnen sind so unscheinbar, daß sie nur mit dem Mikroskop untersucht und bestimmt werden können.

Der Ausgebreitete Becherling ist ein Pilz des Laubmischwalds, wo er auf lehmigem Boden in kleinen Trupps schon im Frühjahr erscheint. Das Becherinnere, Scheibe genannt, ist haselnuß- bis milchkaffeebraun, der Rand gezähnt bis gekerbt, die Unterseite weißlich und kleiig-körnig. Der Becher sitzt ungestielt oder mit nur kurzem Stiel auf dem Boden. Streicht man beim sporenreifen Pilz leicht über die Scheibe, entsteigt ihr nach einer Sekunde eine farblose Staubwolke. Sie besteht aus Sporen, die aus der Schlauchschicht geschleudert werden. Wenn man den Pilz durchschneidet, sieht man, daß sich die Schlauchschicht deutlich vom helleren Fleisch abhebt.

Der Pilz ist zwar eßbar, aber unergiebig, da er selten einmal in großer Zahl zu finden ist.

Im Schnitt sieht man, daß das Fleisch durchwässert ist

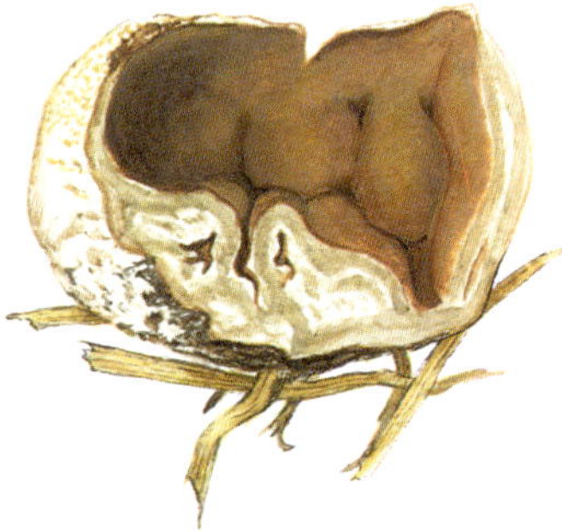

Die braune Becherinnenfläche entläßt die Sporen

Der gebogene Becherrand reißt mehrfach ein

Arttypisch ist, daß die Pilze dicht gedrängt wachsen

Der Blasige Becherling lebt auf feucht lagernden Pflanzenabfällen und verschwindet, wenn sie zersetzt sind

Blasiger Becherling *Peziza vesiculosa*

Auf Erde, die reichlich mit Pflanzenresten durchsetzt ist, auf Kompost- und Dunghäufen erscheinen die Becher des Blasigen Becherlings manchmal so dicht gedrängt, daß sie sich kaum normal entfalten können und deshalb in vielfältiger Weise deformiert werden. Der stark einwärts gebogene Rand läßt anfangs nur eine kleine Öffnung frei, reißt dann an mehreren Stellen ein und weitet sich krugförmig aus. Im Gegensatz zu der glatten, gelbbraunen Scheibe ist die Außenseite flockig aufgerauht und viel blasser braun, zur Basis hin weißlich. Das äußerst brüchige, glasig durchwässerte Fleisch ist fast geruch- und geschmacklos. Wie bei allen größeren Becherlingen reagieren die sporenbildenden Zellen, die Schläuche, auf Berührung, Wärme, Erschütterung oder plötzliche Belichtung, indem sie die Sporen ausschleudern. Die Sporenwolke kann mehrmals ausgelöst werden, da ständig weitere Schläuche heranreifen. Selbst vom Substrat getrennte Fruchtkörper bleiben eine Zeitlang reaktionsfähig, wenn man sie nicht austrocknen läßt. Einsammeln zum Essen lohnt sich nur bei reichlichem Vorkommen.

Genießbar		
Breite cm	Höhe cm	Monate
5–8	3–5	April–Nov.

Bei Berührung oder Lichteinfall werden die Sporen in ganzen Wolken plötzlich ausgeschleudert

Farbe, Größe und geselliges Auftreten machen den Orangebecherling zu einem der auffälligsten Becherlinge

Eßbar		
Breite cm	Höhe cm	Monate
4–8	1–3	Aug.–Nov.

Orangebecherling *Aleuria aurantia*

Mit seiner leuchtenden Orangefarbe ist dieser Becherling ein Schmuckstück des Waldes. Neuangelegte Forstfahrwege, die nicht geteert, sondern gewalzt wurden, können schon im übernächsten Jahr auf Hunderten von Metern von vielen Tausenden dieser Pilze gesäumt sein – ein unvergeßlicher Anblick. In kleineren Gruppen trifft man den Orangebecherling im Laub der Buchenwälder, an Grabenrändern, auf Holzlagerplätzen, doch nur selten außerhalb des Waldes. Alte Fruchtkörper sind so stark verflacht, daß sie ganz auf dem Boden liegen. Die Pilze zerbrechen überaus leicht. Wenn man sie für die Küche sammeln will, müssen sie vorsichtig in gesonderten Behältern befördert werden.

Becherlinge von orange-, korallen- oder mennigroter Farbe gibt es eine ganze Menge. Unter ihnen erreicht der Orangebecherling die größte Becherbreite. Der ebenfalls rote, aber nur etwa 1 cm breite Schildborstling, *Scutellinia scutellata*, fällt durch den mit abstehenden schwarzen Borsten besetzten Rand auf. Er wächst auf altem Holz.

Die wellig-unebene Außenseite ist glatt

Der Pilz stellt einen einseitig verformten Becherling dar

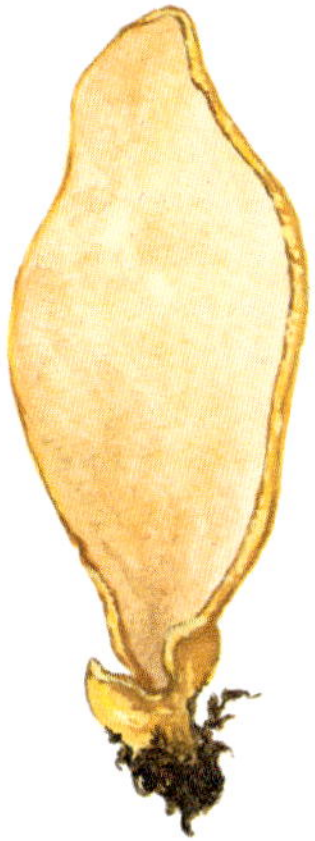

Die Innenschicht wird vom Hymenium gebildet. Die Sporen werden auf Außenreize hin aktiv ausgeschleudert

Wenn man sacht über die Innenfläche eines Öhrlings streicht, steigt ein Wölkchen aus Sporen auf

Eßbar		
Breite cm	Höhe cm	Monate
2–4	5–9	Aug.–Okt.

Eselsohr *Otidea onotica*

Von den Öhrlingen, *Otidea*, ist das außen schön dottergelb gefärbte Eselsohr die häufigste Art. Die Innenfläche hat einen Stich ins Fleischrosafarbene. Während die eine Seite ohrförmig verlängert hochgezogen erscheint, ist die Gegenseite bis zum Grund eingeschnitten. Der Pilz wächst in Buchen- und Eichenwäldern, und zwar öfter in kleinen Büscheln, aber kaum einmal so reichlich, daß sich das Sammeln lohnt.

Nur halb so groß wird das Hasenohr, *O. leporina*, ein außen blaßbrauner, innen hellbrauner Öhrling von der gleichen Gestalt wie das Eselsohr. Er wächst lieber in Nadelwäldern, in denen auch der seltenere Umbrabraune Öhrling, *O. umbrina*, vorkommt. Sein Fruchtkörper ist nicht einseitig verlängert, wohl aber an einer Stelle des Umfangs tief eingeschnitten. Eine große Seltenheit ist der Lederige Öhrling, *O. auricula*, ein gesellig wachsender Nadelwaldpilz des Kalkbodens. Kastanienrote Farbe, langgezogene, schmale Ohrform und knorpelige Konsistenz sind seine Kennzeichen. Getrocknet und luftdicht aufbewahrt, riecht er jahrelang intensiv nach Honig.

Der erwachsene Pilz ragt nur wenig aus dem Boden heraus

Die Aufnahme zeigt den Kronenbecherling, wie er im Begriff steht, von der Mitte aus aufzureißen

Das weiße Fleisch ist wachsartig brüchig

Die Pilze sitzen meist in Nestern beisammen

Schwach giftig		
Breite cm	Höhe cm	Monate
9–15	6–10	Mai–Juli

Kronenbecherling *Sarcosphaera eximia*

Sarcosphaera bedeutet Fleischkugel, und in der Tat entwickelt sich der Pilz einige Zentimeter unter der Nadelstreu im Kiefern- oder Fichtenwald zu einer fleischigen Hohlkugel, die mit etwa 6 cm Durchmesser gerade eben noch die Nadeldecke durchbricht. Danach erst reißt die Mitte radial auf, und die so entstehenden dreieckigen Lappen biegen sich nach außen. Dieser Vorgang erinnert etwas an die Entfaltung des Wettersterns (siehe Seite 255). Die Innenfläche des Bechers ist zunächst weißlich, wird aber bald schön violett. Nur wenige Becherlinge werden so groß und so dickwandig wie der Kronenbecherling. Für jeden Pilzfreund ist der Erstfund dieses prächtigen Pilzes ein besonderes Erlebnis, und der Pilzfotograf wird kaum der Versuchung widerstehen können, ihn aufzunehmen. Dem passionierten Pilzesser muß allerdings zur Vorsicht geraten werden, da der Kronenbecherling giftig wirken kann, wenn das erste Kochwasser nicht weggegossen wird. Auf keinen Fall darf man ihn in rohem Zustand verzehren, da er ernsthafte Verdauungsstörungen hervorrufen kann.

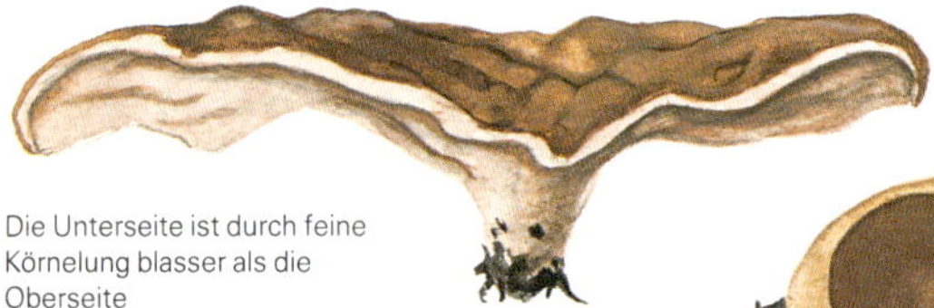

Die Unterseite ist durch feine Körnelung blasser als die Oberseite

Der Rand ist anfangs etwas nach innen eingerollt, beim älteren Pilz nach unten gebogen

Eßbar		
Breite cm	Höhe cm	Monate
6–12	1–3	März–Mai

An Fichtenholz gibt es im Frühjahr keine andere braune Art, die dem Breitesten Becherling ähnlich ist

Breitester Becherling *Discina perlata*

Die letzten Schneereste sind noch kaum weggeschmolzen, da regt sich schon auf durchfeuchteten Fichtenstümpfen das Pilzleben. Am Holz und knapp daneben wachsen flache, kakaobraune Schalen mit etwas nach oben eingerollten Rändern heran. Die größeren sind in der Mitte der Scheibe schwach erhaben gerunzelt und mit kurzem, rinnenartig gefurchtem Stiel angewachsen. Es sind die Fruchtkörper des Breitesten Becherlings. Wie bei den meisten Becherlingen ist das Fleisch wachsartig und daher sehr brüchig. Sicherheitshalber sollte man die Pilze kurz überbrühen und das Brühwasser weggießen, da nahe verwandte Arten das Lorchelgift Gyromitrin enthalten.

Der Aderige Scheibenbecherling, *Disciotis venosa*, ist ähnlich gefärbt, behält aber eine breite Krugform bei, und die Aderung ist innen wie außen stärker ausgeprägt. Der Pilz erscheint erst im Spätfrühling, und zwar auf lockerem Mullboden in Auwäldern und Quellfluren, auch außerhalb des Waldes. Das beste Kennzeichen ist sein Geruch nach Chlor; aber dieser Geruch verschwindet beim Erhitzen.

Im Längsschnitt erkennt man die farbige Schlauchschicht über der weißen Bechersubstanz

Die Zinnoberfarbe rührt von Farbkörpern her, die in fädigen Zellen zwischen den Schläuchen eingelagert sind

Der Pilz sitzt mit seinem weißlichen, zottigen Stiel fest am Holz

Eßbar (schutzbedürftig)		
Breite cm	Höhe cm	Monate
3–7	3–5	März–Mai

Der Zinnoberrote Kelchbecherling erscheint schon Ende Februar auf den Ästchen, die als erste schneefrei werden

Zinnoberroter Kelchbecherling

Sarcoscypha coccinea

Das prachtvolle Rot dieses seltenen Pilzes leuchtet einem schon im Vorfrühling entgegen. Am Boden liegende Ästchen von Erlen, Eschen und anderen, an sickerfeuchten Waldstellen wachsenden Laubhölzern bieten eine wahre Augenweide, wenn sie mit Dutzenden von Kelchbecherlingen geschmückt sind. Die meisten von ihnen sitzen mit einem weißlichen, unten kurzzottigen Stiel am Holz. Der Becher ist nicht so brüchig wie bei andern Becherlingen.

Die toten Ästchen werden vom Myzel des Pilzes abgebaut und zerfallen allmählich. Soll die Art von ihrem ohnehin begrenzten Wuchsort nicht ganz verschwinden, dann müssen frisch herabgefallene Ästchen neu besiedelt werden – und das kann nur durch Sporen geschehen. Diese werden zwar in ungeheurer Zahl erzeugt und ausgeschleudert, aber nur wenige finden die erforderlichen Bedingungen zum Keimen vor. Deshalb sollte man die Pilze möglichst vollzählig und unbeschädigt am Wuchsort lassen und nicht zu Speisezwecken einsammeln.

Die helle Oberseite der Hutlappen ist von der sporenerzeugenden Schlauchschicht überzogen

Der Längsschnitt zeigt die unregelmäßig angeordneten Höhlungen im Stiel

Die Oberfläche der bizarr geformten Lorchelkappen schleudert bei Belichtung oder Berührung Sporenwölkchen ab

Eßbar		
Breite cm	Höhe cm	Monate
4–6	6–9	Sept.–Nov.

Herbstlorchel *Helvella crispa*

Die Herbstlorchel meidet das Waldinnere. Sie erscheint vielmehr dort, wo sich Pilze des offenen Bodens zusammenfinden, wie z.B. der Stinkschirmling (siehe Seite 118), vor allem an Weg- und Straßenrändern, die beschattet sind und dadurch länger feucht bleiben, ohne daß sich eine Fallaub- oder Nadelstreu anhäufen kann. Gräser und Kräuter in lockerem Verband begünstigen die Ansiedlung solcher Arten. Der weiße Stiel der Herbstlorchel ist tief gefurcht und mit länglichen Kammern durchsetzt. Er geht nach oben in mehrere verbogene, aufwärts oder abwärts umgeschlagene Lappen über, die stellenweise mit ihm verwachsen sind. Die gelbliche bis hellbräunliche Oberfläche der Lappen besteht aus der sporenerzeugenden Schlauchschicht. Wie bei den Becherlingen läßt sich bei den Lorcheln das Ausstäuben der Sporen besonders schön beobachten.

Früher galten mit Ausnahme der Speiselorchel genannten Frühjahrslorchel (siehe Seite 272) sämtliche Lorcheln als eßbar. In neuerer Zeit wird allgemein angeraten, alle Lorcheln vorsichtshalber vor der Zubereitung abzubrühen.

Auch die Hutlappen sind hohl

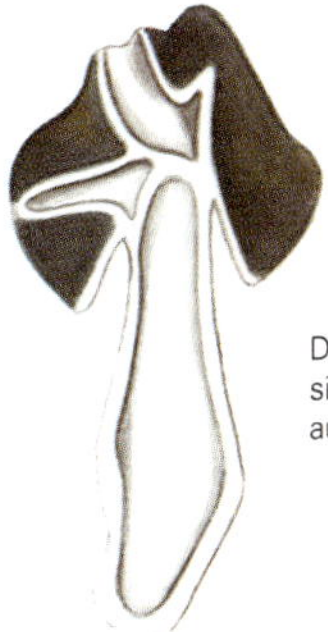

Der hohle Stiel sieht meist wie aufgeblasen aus

Bei keiner andern Lorchel sind Hut und Stiel so gegensätzlich gefärbt

Die Hutlappen sind weit über den Stiel herabgeschlagen

Die seltene Weißfüßige Lorchel ist durch den Gegensatz zwischen schwarzer Kappe und weißem Stiel ausgezeichnet

Eßbar (schutzbedürftig)		
Breite cm	Höhe cm	Monate
3–6	7–12	Juni–Sept.

Weißfüßige Lorchel *Helvella albipes*

Zu den seltenen Arten der Gattung *Helvella* gehört die Weißfüßige Lorchel. Sie kommt an den gleichen Orten wie die Herbstlorchel (siehe Seite 268) vor. Die zwei oder drei Hutlappen sind bei ihr weniger stark verbogen gefaltet und außen fast schwarz. Der weiße Stiel ist fein flaumig und vom Grund an aufwärts schwach gefurcht, in der oberen Hälfte aber ohne Furchen.

Bei der sehr ähnlichen Schwarzen Lorchel, *H. atra*, ist auch der Stiel ganz schwarz. Nicht ganz so schwarz, sondern rauchgrau gefärbt ist die Grubenlorchel, *H. lacunosa*, ein ziemlich häufiger Sommer- und Herbstpilz der Laubwälder. Der graue Stiel ist wie bei der Herbstlorchel stark rippenartig gefurcht, und auch die Lappen der Kopfpartie sind ähnlich geformt und angeordnet.

Obwohl der Pilz gesellig wächst, wird er leicht übersehen. Man kann ihn wohl kulinarisch verwerten, aber der Stiel ist knorpelig und somit schwer verdaulich, so daß nicht viel Verwertbares übrigbleibt. Besser ist es auf jeden Fall, den Pilz wegen seiner Seltenheit ganz vom Küchenzettel zu streichen.

Die braune Lappenoberfläche erzeugt die Sporen

Der blasse Stiel ist ungefurcht

Der hohle Stiel erweitert sich zu den Hutlappen

Die herabgeschlagenen Hutlappen brechen leicht ab, während der Stiel bemerkenswert elastisch ist

Geringwertig		
Breite cm	Höhe cm	Monate
2–4	6–12	Aug.–Okt.

Elastische Lorchel *Leptopodia elastica*

Diese Lorchel wächst in kleinen Gruppen, manchmal auch in größeren Scharen an Waldstraßenrändern und auf unbefestigten Waldwegen. Die gelblichbraunen Hutlappen sind seitlich spitz hochgezogen oder über den Stiel herabgebogen. So entstehen die unterschiedlichsten Formen. Der schlanke Stiel ist ungefurcht, allenfalls uneben wellig, und röhrig hohl. Für Lorcheln ungewöhnlich ist seine Elastizität, auf die sich der Artname bezieht.

Im Buchenwald trifft man im Sommer ab und zu auf den Grauen Langfüßler, *Macropodia macropus*. Sein Stiel sieht wie eine Miniatur des Stiels der Elastischen Lorchel aus, trägt aber nur einen einfachen Becher. Man kann ihn als Ausgangsform aller Lorchelartigen betrachten. Wird sein Becher zu Falten und Lappen verändert, dann hat man eine Glattstiellorchel, *Leptopodia*. Erhält sein Becher einen durch Längs- und Querrippen verstärkten Stiel, dann wird er zum Rippenbecherling, *Paxina*. Werden Rippenstiel und Lappenhut kombiniert, ergibt das eine Rippenlorchel, *Helvella*.

Eßbar		
Breite cm	Höhe cm	Monate
4–7	5–8	Mai–Juli

Die Adern der Becheraußenseite sind nicht immer so kräftig entwickelt

Der außen stark gerippte Stiel ist mit Höhlungen durchsetzt

Das Foto zeigt den ähnlichen Rotbraunen Rippenbecherling mit kurzem Stiel und schwächeren Rippen

Pokalrippenbecherling *Paxina acetabulum*

Die Rippenbecherlinge stehen zwischen den Becherlingen und den Lorcheln: Sie sind gleichsam Becherlinge mit Lorchelstielen. Der Pokalrippenbecherling erscheint vom Frühsommer an im Laubwald an Wegrändern und an lichten Stellen. Gewöhnlich stehen mehrere beisammen. Die Rippen des gut entwickelten Stieles greifen mehr oder weniger auf den Becher über und gabeln sich hier zum Teil. Der ganze Pilz ist stets in einem Braunton gefärbt. Die Becherinnenfläche kann gelbbraun bis dunkelolivbraun sein, während die Außenseite und auch der Stiel blasser und schwach mehlig-körnig sind.

Ein etwas kleinerer, nur 4 cm Breite und Höhe erreichender Verwandter ist der Schwarzweiße Rippenbecherling, *P. leucomelas*. Man findet ihn schon von Mai an und oft in großer Zahl besonders im Randschotter von Waldfahrwegen. Einen mehr rotbraun gefärbten Becher mit schwächer ausgebildeten Rippen zeigt der Rotbraune Rippenbecherling, *P. queletii*. Er wächst an ähnlichen Orten wie der Schwarzweiße Rippenbecherling. Die genannten Arten sind sehr brüchig.

Charakteristisch sind die gehirnartigen Windungen

Die Stiele sind oft ganz im Sandboden versenkt

Die Stielhöhlung setzt sich bis in die Wülste des hütigen Kopfteils fort

Mit der Anemonenblüte beginnt die Zeit der Frühjahrslorcheln. Die wulstige Oberfläche unterscheidet sie von Morcheln

Giftig		
Breite cm	Höhe cm	Monate
5–8	5–9	März–April

Frühjahrslorchel *Gyromitra esculenta*

Die Frühjahrslorchel ist Massenpilz in den sandigen Kiefernwäldern Nord- und Osteuropas und kommt auch im Norden Deutschlands häufig vor, seltener dagegen im Süden. Die Pilze wachsen in dichten Gruppen. Bleiben ihre Stiele kurz, dann erheben sich die Fruchtkörper kaum über den Boden. Die rotbraunen Hüte werden im Alter viel dunkler und sind dann in bezeichnender Weise wulstig gefaltet und gehirnartig gewunden. Dadurch unterscheiden sie sich von den zellenartig gekammerten Hüten der zur gleichen Zeit, aber in anderen Biotopen wachsenden Morcheln (siehe Seite 273–276). Frische Frühjahrslorcheln können tödlich giftig sein. Fast 100 Jahre lang galt deshalb als Regel, die Pilze abzukochen und das Kochwasser wegzuschütten oder aber sie zu trocknen, um sie zu entgiften.

Beide Maßnahmen haben sich jedoch in Einzelfällen als unwirksam erwiesen. Der Pilz wurde daher in der Bundesrepublik Deutschland vom Markt ausgeschlossen. Das gleiche gilt für die viel größere, zimtgelbe Riesenlorchel, *G. gigas*.

Der Hut sieht aus, als sei er aus unregelmäßig geformten Bechern zusammengesetzt

Die Einzelzellen sind mit der Fruchtschicht ausgekleidet

Der hohle Stiel ist unten oft verdickt und rinnenartig gerieft

Die Innenfläche des Kopfteils ist körnig rauh

Unregelmäßig zellige Gruben auf dem rundlichen Kopfteil kennzeichnen die Speisemorchel

Eßbar		
Breite cm	Höhe cm	Monate
4–8	8–13	April–Mai

Speisemorchel *Morchella esculenta*

Morcheln findet man am sichersten in der ersten Aprilhälfte. Gut durchfeuchteter, aber nicht sumpfiger Boden in lichten, kräuterreichen, mit Eschen durchsetzten Laubholzbeständen, wie sie besonders in Auwäldern zu finden sind, bietet den Pilzen die besten Wachstumsbedingungen. Aber auch unter Pappeln und selbst im Gras unter Obstbäumen und in Gärten können Speisemorcheln gedeihen. Ob es sich dabei jedoch immer um dieselbe, sehr veränderliche Art oder um mehrere verschiedene Arten handelt, ist noch nicht geklärt. Es gibt Sippen mit stets kugelrunden, andere mit kegeligen Kappen; man findet Gruppen mit konstant braungelber, orangegelber oder olivbrauner Farbe, wobei die olivbraunen oft sehr weite, unregelmäßig geformte Zellen an der wabenartigen Oberfläche aufweisen. Manche Fundorte liefern im einen Jahr reiche, im nächsten sehr spärliche Ernten. Und manchmal bleiben die als Speisepilze hochgeschätzten Morcheln leider ganz aus. Es ist ratsam, das erste Brühwasser wegzugießen, da sonst leichte Schwindelzustände eintreten können.

Die Längsrippen treten stärker hervor als die Querwände

Der Stiel ist unten oft wie aufgeblasen verdickt

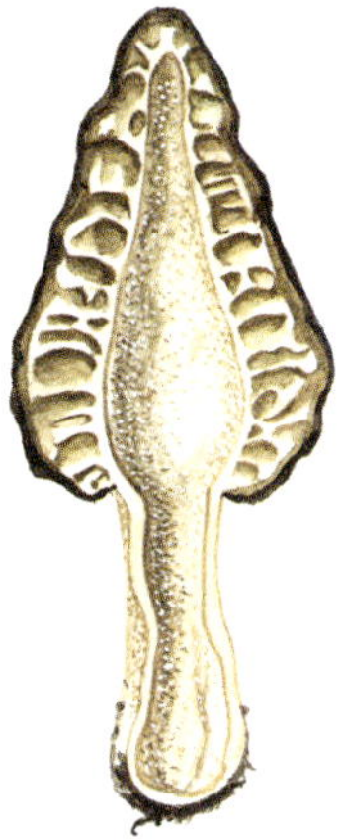

Die Stielhöhlung ist körnig ausgekleidet

Junge Spitzmorcheln sind hellgrau, ältere olivbraun. Obwohl sehr variabel, sind sie doch an der Kegelform gut kenntlich

Eßbar		
Breite cm	Höhe cm	Monate
3–8	7–13	März–Mai

Spitzmorchel *Morchella conica*

Noch beliebter als die Speisemorchel (siehe Seite 273) ist die Spitzmorchel. Ein paar lauwarme Regentage im März genügen schon, um die ersten ans Licht zu locken. Esche, Ahorn und Linde werfen leicht zersetzliches Laub ab, so daß sich ein lokkerer Mullboden bilden kann, und den lieben Spitzmorcheln. Am besten gedeihen sie aber in jüngeren Weißtannenbeständen auf Kalkboden: Spitzmorcheln, so weit das Auge reicht, auf dem dunklen Waldboden wie hingezaubert – das erste große Pilzerlebnis des Jahres. Die ganze Herrlichkeit dauert aber keine acht Tage. Die jungen, erst ein paar Zentimeter langen Pilze sind hellgrau oder blaßfleischrötlich, werden aber bald olivgrau bis olivbraun. Dabei erweitern sich die Zellen der Hutoberfläche: Ihre Längswände treten nun stärker hervor und werden zu erhabenen, längs verlaufenden Rippen. Der Stiel ist schwach längsgrubig und mit weißen oder gelblichen Körnchen bedeckt.

Die Hohe Morchel, *M. elata*, ist von sehr großen Spitzmorcheln nur schwer zu unterscheiden.

Eßbar (schutzbedürftig)		
Breite cm	Höhe cm	Monate
2–4	8–12	April–Mai

Verpeln sind zwar ziemlich selten, können aber an günstigen Wuchsorten in großen Scharen auftreten

Glockenverpel *Verpa conica*

An Standorten, wo man Speisemorcheln (siehe Seite 273) findet, trifft man auch auf Glockenverpeln, aber wesentlich seltener, da sie mehr Wärme brauchen. Der Hut dieser auch Fingerhutverpeln genannten Pilze hängt, einer Glocke gleich, über den Stiel herab. Die Hutoberfläche ist zum Unterschied von der der Morcheln nicht wabenartig aufgebaut, sondern nur flach gerunzelt. Am Stiel fallen die gelben Flöckchen auf, die in Querreihen und Ringen angeordnet sind. Der ganze Pilz ist recht zerbrechlich. Die Sporen entstehen in den Schlauchzellen der Fruchtschicht, die die Hutaußenseite bedeckt. Verpeln sind sehr selten; man sollte sie deshalb schonen und nicht zum Essen sammeln.

Die etwas größere Böhmische Verpel, *Ptychoverpa bohemica*, unterscheidet sich von der Glockenverpel durch den von verschlungenen und verästelten Wülsten bedeckten Hut; außerdem ist ihr Stiel mit feinen, weißlichen Körnchen bekleidet. Auch diese Verpel scheint wie viele Morcheln besonders dort gut zu gedeihen, wo Eschenlaub am Boden verwest.

Die Längsrippen haben nur wenige Querverbindungen

Der Stiel ist blaß bis gelb geflockt

Das wichtigste Merkmal ist der bis zur Hälfte der Hutlänge überstehende freie Hutrand

Neben kurzstieligen gibt es Halbfreie Morcheln, deren Stiellänge mehr als das Fünffache der Kappenhöhe beträgt

Eßbar		
Breite cm	Höhe cm	Monate
3–4	8–11	Mai–Juni

Halbfreie Morchel *Mitrophora semilibera*

Früher glaubte man, langgestielte Formen der Halbfreien Morchel mit olivbraunem Hut von kurzstieligen mit ockergelbem Hut als Arten unterscheiden zu können. Zwischen diesen Extremen findet man aber alle Übergänge. Kennzeichnend für die Art ist der weit über das Stielende heruntergezogene Hutrand, ein Merkmal, das durch das Wort halbfrei ausgedrückt wird. Die auch Käppchenmorchel genannte Halbfreie Morchel kommt stets etwas später als die anderen Morcheln zum Vorschein – mit Vorliebe unter Gebüsch an Bachufern, in Feldgehölzen und in Beerenobstanlagen. Doch sagen ihr auch das Laub unter alten Birnbäumen und der daraus entstandene Humus zu; hier erscheint der Pilz nämlich besonders oft und mitunter in größerer Zahl. Daß Morcheln mit den Holzgewächsen ihrer Umgebung in Symbiose leben können, ist ungeklärt. Sicher ist, daß sie sich auch weitab von Gehölzen ansiedeln, wenn ihre Myzelien günstige Bodenverhältnisse vorfinden. Säuretests an Morchelwuchsorten ergeben schwach alkalische bis schwach saure Reaktion.

Eßbar		
Breite cm	Höhe cm	Monate
1–3	4–8	Aug.–Okt.

Der Pilz ist ziemlich zerbrechlich

Der sporenbildende Spatelteil umfaßt den flachen Stiel

Der Fruchtkörper ist innen mit lockerem Fleisch ausgefüllt

Bei aller Vielfalt an Wuchsformen erkennt man den Spatelpilz am flachen, beidseitig den Stiel säumenden Spatel

Dottergelber Spatelpilz *Spathularia flavida*

Das Schwefel- bis Dottergelb dieses originell gestalteten Pilzes kommt ziemlich genau der Farbe des Pfifferlings gleich. Spatel- oder Zungenformen gibt es auch sonst bei Pilzen; aber nur die Arten der Gattung *Spathularia* haben Stiele, die im oberen Drittel von der unteren Hälfte des Spatelteils umfaßt werden. Die sporenbildende Schlauchschicht überzieht beide Seiten des Spatels. Jede der etwa ¼ mm langen Schlauchzellen enthält acht ungewöhnlich geformte Sporen: Sie sind ⅕ mm lang, aber nur $\frac{1}{500}$ mm breit, so daß sie wie dünne Fäden aussehen. Die acht Sporen liegen deshalb nicht wie üblich hintereinander, sondern parallel in der Schlauchzelle. Der Pilz kommt besonders gern unter Lärchen vor, oft an grasigen Stellen und stets gesellig. Er ist wohl eßbar, doch lohnt sich das Sammeln kaum. Als schlanke, etwa 8 cm lange Keulen auf kurzem Stiel präsentieren sich die seltenen Erdzungen, von denen die Grüne Erdzunge, *Microglossum viride*, aus dem Laubwald am leichtesten zu erkennen ist. Mehrere Erdzungenarten sind schwarz, so die Rauhe Erdzunge, *Trichoglossum hirsutum*.

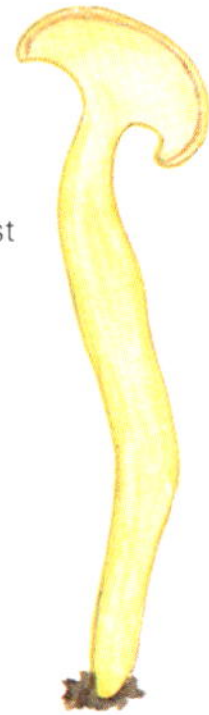

Das junge Grüne Gallertkäppchen fühlt sich schlüpfrig an. Es ist nicht gerade selten, fällt aber kaum auf

Grüngelbes Gallertkäppchen *Leotia lubrica*

Die gallertige Beschaffenheit des ganzen Pilzes könnte dazu verleiten, ihn zu den Zitterlingartigen, *Tremellaceae*, zu zählen. Daß er dort nicht hingehört, beweist ein Blick ins Mikroskop: Wenn man einen Schnitt durch die wellige Oberfläche der Kappe unter das Objektiv legt, erkennt man schon bei 500facher Vergrößerung die Außenschicht aus schlauchförmigen Zellen mit je acht Sporen darin. Bei einem Zitterling (siehe Seite 246) wären viergeteilte, rundliche Zellen zu sehen, die auf ihren vier schnabelartigen Fortsätzen je eine kugelige Spore tragen. Das Grüngelbe Gallertkäppchen gehört zu den Sommerpilzen des Laubwaldes, kommt aber auch in moosigen Nadelwäldern vor. Der Pilz ist ziemlich häufig, kann aber doch leicht übersehen werden, es sei denn, er tritt in Mengen oder in außergewöhnlich großen, luxurierenden Formen auf. Sein Speisewert ist gering.

Daneben gibt es eine kleinere Form, das Schwarzgrüne Gallertkäppchen, *L. atrovirens*, die im mikroskopischen Bereich nicht wesentlich verschieden ist und daher wohl nur eine dunkle Varietät der grüngelben Art darstellt.

Genießbar		
Breite cm	Höhe cm	Monate
1–2	4–6	Aug.–Sept. (Okt.)

Zweigeteilte Keulen sind nicht selten

Die winzigen Einzelfruchtkörper sind in die Außenfläche des keulenförmigen Trägers eingesenkt

Der Pilz wächst nur langsam heran und überdauert mehrere Monate. Deshalb ist er ganzjährig zu finden

Ungenießbar		
Breite cm	Höhe cm	Monate
1–3	5–8	Jan.–Dez.

Vielgestaltige Holzkeule *Xylaria polymorpha*

Die kohlschwarzen, rauhen, keuligen Gebilde sehen auf den ersten Blick gar nicht wie Pilze aus. Schneidet man sie längs oder quer durch, dann überrascht zunächst eine reinweiße, feste, aber nicht allzu harte Substanz. Am Rand bemerkt man eine Unzahl schwarzer Kügelchen, von denen man viele durchgeschnitten hat. Unter der Lupe sieht man, daß sie hohl sind und eine winzige Öffnung nach außen haben, die etwas über die Oberfläche hinausragt. Jedes dieser Kügelchen stellt einen sehr kleinen Fruchtkörper dar, der innen von der Fruchtschicht mit den Schläuchen ausgekleidet ist. Die schwarze Keule ist nur der Träger dieser Tausenden von Einzelfruchtkörperchen und wird Stroma genannt. Das Stroma wächst aus dem in einem Baumstumpf wuchernden Substratmyzel hervor. Die millimetergroßen Einzelfruchtkörper behalten ihre Kugelgestalt bei. Es sind Gehäuse, Perithezien, aus deren Mündungen die reifen Sporen austreten. Die Becherlinge haben dagegen becher- oder scheibenförmige Fruchtkörper, Apothezien. An Ahornästen wächst die Langstielige Holzkeule, *X. longipes*.

Alte Fruchtkörper sind braun und unscheinbar

Die Pilze sind während des langsamen Wachstums roströtlich

Angebrochene Exemplare zeigen einen schwärzlichen Innenkörper, an dessen Rand rundliche Einzelfruchtkörperchen stehen

Das Foto läßt die Kugelpilzchen auffälliger erscheinen, als sie in der Natur tatsächlich sind

Rötlicher Kugelpilz *Hypoxylon fragiforme*

Der Rötliche Kugelpilz ist eine unter vielen Kugelpilzarten, die so ziemlich die häufigsten Bewohner abgefallener Laubholzäste sind. Auch wenn sie einen Ast in großer Zahl besetzt halten, fallen sie kaum auf. Jeder von ihnen haftet als eine wenige Millimeter messende Halbkugel fest am Holz. Über ihre Oberfläche sind zahlreiche Pusteln verteilt, die nichts anderes als die Mündungen eingesenkter Gehäuse darstellen. Die kleine Halbkugel ist also ein Stroma, Träger vieler Perithezien und entspricht damit voll und ganz dem vergleichsweise riesigen Stroma der Vielgestaltigen Kernkeule (siehe Seite 279).

Groß ist die Zahl auch derjenigen Arten, die kein Stroma bilden, sondern unmittelbar im Substrat sitzen, so daß sie nur mit einer starken Lupe auffindbar sind. Sie treten als Saprophyten (siehe Abschnitt Fachausdrücke) und Parasiten in Blättern, Stengeln und am Holz der verschiedensten Pflanzen auf. Es gibt Tausende solcher Kleinpilzarten, die schwer aufzufinden sind und nur mit Hilfe des Mikroskops untersucht und bestimmt werden können.

Ungenießbar		
Breite cm	Höhe cm	Monate
0,4–0,6	0,3–0,5	Jan.–Dez.

Grobkantige Warzen bedecken den ganzen Fruchtkörper

Die mäandrierenden Gänge sind von der Schlauchschicht ausgekleidet

Trüffeln leben in der Erde. Um sie nicht nur zufällig zu finden, bedarf es genauer Kenntnis ihrer Lebensweise

Eßbar		
Breite cm	Höhe cm	Monate
8–12	7–11	Aug.–Febr.

Sommertrüffel *Tuber aestivum*

Mit den Trüffeln hat es seine eigene Bewandtnis: Sie leben und bilden Fruchtkörper unter der Erdoberfläche, sie sind als Würzpilze überaus begehrt, man kann sie mit Schweinen und abgerichteten Hunden suchen, und einige von ihnen lassen sich sogar züchten. Zu den wertvollen Speisetrüffeln gehört die Sommertrüffel. Sie kommt nicht allzu selten auch in mitteleuropäischen Laubwäldern vor, wo sie zwischen den Baumwurzeln, mit denen sie Mykorrhizen bildet, in 5–15 cm Tiefe wächst. Der unregelmäßig-rundliche, derb-knollige Fruchtkörper hat eine braunschwarze Außenrinde, die durch tiefe Risse in Felder zerlegt wird. Wenn man die Trüffel durchschneidet, erkennt man die feinadrige Marmorierung, ein Kennzeichen aller echten Trüffeln. Bei starker Vergrößerung erweisen sich die Adern als enge Gänge, deren Wände von der Schlauchschicht ausgekleidet sind.

Das starke Aroma der Trüffeln lockt viele Waldtiere zum Mahl. Die Sporen überstehen den Verdauungsvorgang vermutlich, ohne ihre Keimkraft einzubüßen.

PRAKTISCHE PILZKUNDE

Pilze sammeln und verwerten

Eine Leidenschaft fürs Pilzesammeln beginnt wohl immer damit, daß einem Pilze in freier Natur auffallen. Das Interesse wendet sich dann meist sofort der Frage zu, ob diese fremdartigen Wesen auch eßbar sind, erst recht, wenn man einen schon kundigen Begleiter hat. Nur Kinder, von dem Gedanken an Zweck und Nutzen noch nicht so stark beeinflußt wie Erwachsene, pflücken Blumen oder Pilze, weil sie ganz einfach schön sind oder angenehm duften.

Es bedarf eines langwierigen Lernprozesses, um dieses Kosten-Nutzen-Denken wieder abzulegen und sich wie ein Kind an der belebten Natur zu erfreuen, ganz gleich, ob das Schöne eßbar, bitter oder giftig ist. Doch davon auf Seite 290–291 mehr.

Niemand will dem Leser den Genuß einer schmackhaften Pilzmahlzeit verleiden, und deshalb sollen hier einige Hinweise gegeben werden, die Enttäuschungen vermeiden helfen. Ob ein Pilzgericht nach erfolgreicher Ausbeute ein ungetrübtes Vergnügen wird, entscheidet sich schon bei richtigem Sammeln, sachgerechtem Transport und eventueller Lagerung.

Ausrüstung

Pilze sammeln ist zunächst ein preiswertes Hobby. Für den Waldgang braucht man nur einen festen Korb, ein nicht zu spitzes Messer, ein paar Plastikbecher oder Alufolie, Block und Bleistift, eventuell eine Lupe und natürlich waldgerechte Kleidung.

Trotz aller Aufklärung wird immer noch in Plastikbeuteln gesammelt, meistens mit der Begründung, es solle nicht jeder sehen, was man im Wald vorhat. Gerade das sollte man aber auf keinen Fall tun. Pilze in luftdichten Gefäßen verderben sehr schnell, und auch die schönsten Maronenröhrlinge werden in kürzester Zeit durch Selbsterhitzung und Zersetzung giftig. Offene Plastikbecher, Holzschachteln oder aus Alufolie geformte Behälter dienen dazu, Pilze auszusondern, die man nicht gleich an Ort und Stelle bestimmen kann, um sie dann zu Hause in Ruhe zu studieren oder in der Pilzberatung gesondert vorzulegen. Für solche Funde sind auch Block und Bleistift gedacht. Kein Mensch kann sich im Kopf merken, wo welcher Pilz gestanden hat. Das ist aber für die Bestimmung, auch für den ausgebildeten Pilzberater, wichtig.

Wie bei den Beschreibungen der einzelnen Arten im Hauptteil des Buches ausgeführt, wachsen viele Pilze nur mit bestimmten Bäumen oder Sträuchern zusammen, manche nur auf Kalkboden, manche nur auf Buntsandstein und anderen sauren, nährstoffarmen Böden usw. Deshalb werden Notizen über die Begleitflora und das Substrat (z. B. Holz oder Stroh) die Bestimmungsarbeit wesentlich erleichtern.

Eine Lupe ist dann wichtig, wenn man schon tiefer in die Materie eingedrungen ist und Feinstrukturen an Ort und Stelle feststellen und notieren will. Es kann von Bedeutung sein, ob ein feiner Reif den Stiel zu einem Drittel oder zu zwei Dritteln überzieht. Durch häufiges Anfassen oder durch den Transport können solche Bestimmungsmerkmale zerstört werden.

Es ist nicht immer sinnvoll, ein Pilzbuch im Wald mit sich herumzutragen. Wenn man seine vertrauten Sorten sammelt, braucht man es nicht. Und wenn man einen noch fremden Pilz findet, birgt der flüchtige Bildvergleich im Wald das Risiko von Fehlbestimmungen und tödlichen Gefahren in sich, wenn man sich auf das spontan gefällte Urteil verläßt. Eine Fotografie oder Zeichnung mag noch so gut sein; nur Bild und Text lassen eine sichere Bestimmung zu.

Richtiges Sammeln

An erster Stelle steht natürlich das Gebot, nur solche Pilze zu sammeln, die man auch wirklich als eßbar und schmackhaft erkannt hat, oder solche, die man glaubt zu Hause identifizieren zu können. Am sichersten ist es jedoch, die Funde der örtlichen Pilzberatung vorzulegen. Außerdem ist es wichtig, keine zu kleinen oder zu alten Pilze in den Korb zu nehmen. Die zu kleinen bergen sogar bei den leicht erkennbaren Pfifferlingen die Gefahr einer Verwechslung mit zumindest übel schmeckenden Arten in sich.

Alte Pilze, speziell Röhrlinge, denen man zunächst vor lauter Leidenschaft im Wald noch Eßbarkeit andichten möchte, sehen spätestens zu Hause wie ein unförmiger, matschiger Klumpen aus und landen bestenfalls im Mülleimer. Würde man noch Teile davon essen, wäre eine Lebensmittelvergiftung nicht auszuschließen.

Feste, gesunde Fruchtkörper werden vorsichtig herausgedreht oder vom Substrat (z. B. Holz) abgelöst. Bodenwunden, die manchmal unvermeidlich sind, werden wieder zugedeckt, damit die Fundstelle nicht austrocknet. Röhrlinge und andere bereits am Standort ganz sicher erkannte Arten können auch an der Basis abgeschnitten werden. Die so gesammelten Pilze werden schon im Wald vorgesäubert. Schleimige Teile, z. B. die Huthaut, werden abgezogen oder abgeschabt. Bei Stoppelpilzen und Flaschenbovisten werden die leicht abwischbaren Teile entfernt, weil sie sonst das ganze Sammelgut bekrümeln. Gruppen, die erfahrungsgemäß leicht von Maden befallen werden, wie Champignons, Wulstlinge, Reizker, Röhrlinge oder Täublinge, werden durch einen Längsschnitt auf Madenbefall kontrolliert. Oft ist die abgeschnittene Stielbasis madenfrei, beispielsweise beim Butterpilz und Sandröhrling, zwischen Fruchtlager und Hutfleisch jedoch tummeln sich die ungeliebten Tierchen in Mengen und versuchen noch rechtzeitig vor dem Vergehen des Pilzes, Käfer oder Fliege zu werden. Bekanntlich „arbeiten" solche Larven viel schneller in geernteten als in den noch mit dem Myzel verbundenen Pilzen. Das mag damit zusammenhängen, daß sich auch vorschriftsmäßig in Körben transportiertes Sammelgut leicht erwärmt und langsam Wasser verliert.

Schneckenfraß hingegen braucht ebensowenig ausgeschnitten zu werden wie Lamellen oder Röhren. Sehen Röhren oder Lamellen wegen Farbe oder Konsistenz unästhetisch alt aus, dann ist der ganze Pilz zu alt und zum Essen nicht mehr geeignet.

Pilze, die ganz oder teilweise von Schimmel überzogen oder durch Bakterienbefall in Fäulnis übergegangen sind, dürfen auch nicht mehr verwertet werden.

Pilzberatung

Fast in jeder Großstadt und vielfach auch in den Landkreisen gibt es Pilzberatungsstellen, in denen geprüfte Pilzberater zu festgelegten Zeiten zur Verfügung stehen. Die Adressen kann man über die zuständigen Ordnungsämter oder Polizeidienststellen bekommen.

An dieser Stelle soll auch einmal ausdrücklich vor den allgegenwärtigen „Fachleuten" im Wald gewarnt werden. So hart es klingen mag: Viele Waldläufer, die seit Jahren oder Jahrzehnten ihre gewohnten 5–20 Arten sammeln, glauben, die Pilze schlechthin zu kennen. Verläßt man sich darauf, wird so mancher schmackhafte Pilz für giftig erklärt und aus Unkenntnis oder gelegentlicher Selbstüberschätzung eine übelschmeckende Art oder sogar ein Giftpilz plötzlich zu den eßbaren gerechnet. Bei dieser Gelegenheit darf auch erwähnt werden, daß in der Bevölkerung die Pilzkunde – wissenschaftlich die Mykologie – mit einer dunklen Mythologie des Hörensagens mehr zu tun hat als irgendein anderer Wissensbereich.

Auf die Pilzberatungsstellen dagegen kann man sich verlassen. Der ausgebildete Pilzberater kennt die häufigsten heimischen Arten so gut, daß er es sich auch leisten kann, eine seltene Art einmal nicht zu kennen. Er weiß, daß von den über 5000 mitteleuropäischen Großpilzarten über die Hälfte ohne chemische und mikroskopische Hilfsmittel gar nicht bestimmbar ist und daß zur Kenntnis der übrigen, selteneren Arten jahrzehntelange Erfahrung gehört.

Der Gang zur Pilzberatungsstelle soll hier mit einigen Hinweisen versehen, erleichtert und empfohlen werden. Die Beratungsstelle legt Wert darauf, daß das gesamte Sammelgut vorgelegt wird, am besten sortiert in bereits bestimmte und in unklare Arten. Wer hätte nicht ein Gefühl der Unsicherheit, wenn ein paar Pilze, vielleicht auch eßbare, vorgelegt werden und der Ratsuchende sagt, die Steinpilze und Perlpilze habe er schon zu Hause oder noch im Auto? Ist nicht doch ein Gallenröhrling oder sogar ein Pantherpilz darunter?

Ein anderes Problem stellt das wilde, willkürliche Sammeln dar. Daher sollte man seinen Waldgang immer nach den Öffnungszeiten der Pilzberatungsstelle richten. Pilze dürfen nie ein paar Tage bis zur nächsten Beratungszeit im Keller stehen. Man sollte sauber sammeln, aber „mit Stumpf und Stiel". Die Stielbasis kann nämlich für die Bestimmung wichtig sein, so z. B. bei Knollenblätterpilzen und gilbenden Champignons.

Soweit möglich, wird der Standort notiert. Damit ist nicht etwa gemeint, daß der Pilz bei Köln gefunden wurde, sondern z. B. bei einer Birke. Man sollte nie mehr als drei bis fünf fremde Arten in die Beratung bringen. Mehr kann man auf einmal nicht kennenlernen.

Man sollte auch unbedingt die Anmerkungen des Pilzberaters über seltene, vom Aussterben bedrohte Arten und über waldgerechtes Verhalten respektieren. Er ist nicht derjenige, der nur das Eßbare vom Ungenießbaren oder Giftigen trennt, er ist auch für den Naturschutz mitverantwortlich.

Man sucht die Beratungsstelle immer wieder mit neu gelernten Arten auf. Erst, wenn man die ganze Bandbreite der Erscheinungsformen eines Pilzes kennt, darf man behaupten: Ich kenne die Art. Beispiele sind Breitblättriger Holzrübling, Seifenritterling oder manche Champignons, die oft schon erfahrene Pilzkenner genarrt haben. Wenn man diese Regeln beherzigt, steht mit oder ohne Pilzberatung der Zubereitung einer schmackhaften Mahlzeit nichts mehr im Wege.

Speisepilze frisch verwerten

Dies ist kein Pilzkochbuch mit den verschiedensten Rezepten aus der Pilzküche. Hier sollen nur einige grundsätzliche Regeln der Pilzzubereitung genannt werden, darunter auch die Spezialbehandlung, die bei einigen Arten nötig ist.

Zu Mischgerichten geeignet sind alle häufigen, als eßbar angegebenen Pilzarten aus den Gruppen:

	Seite
Röhrlinge	52– 76
Gelbfüße	79– 80
Täublinge	81– 94
Egerlingartige	108–114
Dachpilzartige	132–133
Ritterlingartige	134–168
Wachsblättler	172–179
Schleierlingartige	180–199
Träuschlingartige	200–208
Tintlingartige	210–215
Porlinge	223–227
Keulenpilzartige	238–243
Stäublingartige	250–253

Grundrezept Die Pilze, möglichst sauber gesammelt, werden im allgemeinen ungewaschen fein aufgeschnitten. Bei Krauser Glucke und einigen anderen Pilzen wird man auf kurzes Waschen unter lauwarmem, fließendem Wasser nicht verzichten können.

Im Mengenverhältnis 1:10 werden Zwiebeln fein gehackt. In einer tiefen Pfanne erhitzt man Fett oder Öl und gibt die Zwiebeln hinein. Sobald die Zwiebeln glasig werden, kommen die Pilze dazu, die schnell erheblich Wasser ziehen. Das Ganze wird ohne Deckel gedünstet, bis die Flüssigkeit zu drei Vierteln verdampft ist (7–15 Minuten). Erst jetzt wird je nach Geschmack gewürzt und gesalzen. (Curry oder weißen Pfeffer nicht verwenden, da sie das zarte Pilzaroma überdecken.)

Pilzsuppe

Feingehackte Mischpilze oder am besten Stockschwämmchen werden in glasig gebratenen Zwiebeln, zusammen mit Suppengrün, fünf bis zehn Minuten gedünstet, mit etwas Mehl bestäubt und mit Fleischbrühe oder Wasser abgelöscht. Eine halbe Kaffeetasse Pilze entspricht etwa der Suppenmenge pro Person. Mit einer entsprechenden Zugabe von Wasser wird die Suppe fertiggekocht und nach Belieben gewürzt.

Für Pilzsuppen besonders geeignet sind Trockenpilze. Eine ganz spezielle Delikatesse sind hier Shiitake, die allerdings einige Stunden eingeweicht werden müssen. Bei geringeren Pilzmengen kann man das Rezept zum Aufwürzen aller nicht süßen Suppen und Soßen verwenden.

Bratpilze

Als reine Bratpilze gelten rotmilchende Milchlinge (Reizker), Brätling und Riesenschirmpilz (Parasol). Die Reizker und der Brätling werden auf die gleiche Weise zubereitet:

Pilze in 5 mm dicke Streifen schneiden, kleine Hüte ganz lassen. In einer flachen Pfanne bei großer Hitze Fett schmelzen (fast sieden) und die Pilze jeweils nur in einer Lage dazugeben und knusprig braten. Nach Geschmack würzen und salzen. Gegebenenfalls werden dann noch separat Röstzwiebelringe zubereitet.

Der Riesenschirmpilz ist das Schnitzel des Pilzgourmets. Man nimmt dazu den Safranschirmling oder andere leider zum größten Teil im Rückgang begriffene Großschirmlinge. Ausgebreitete, fast reife Hüte werden vom Stiel getrennt. Noch geschlossene Hüte, sogenannte Paukenschlegel, werden gar nicht erst geerntet. Die Hüte werden leicht abgebürstet, nicht gewaschen und mit der grobschuppig aufgerissenen Huthaut und den Lamellen in geschlagenem Ei gewälzt und wie ein Schnitzel paniert. Es ist vorteilhaft, der Panade die gewünschte Würzmischung beizugeben. Die so vorbereiteten Schnitzel bei großer Hitze goldbraun braten.

Dieses Rezept eignet sich auch für noch geschlossene, halbierte Schopftintlinge. Auf die gleiche Weise angerichtete Stockschwämmchenhüte sind auf Käsetoast mit milden Käsesorten eine Delikatesse.

Shiitake und Morcheln

Während man den ostasiatischen Shiitake züchten oder kaufen kann, sind die meisten Morchelarten selten geworden oder sogar vom Aussterben bedroht.

Für gekaufte, gesammelte oder selbst gezüchtete Ware gilt der Grundsatz, daß frische Pilze erst getrocknet werden sollten. Dadurch wird das Aroma verbessert und intensiviert. Die getrockneten Pilze werden drei bis zwölf Stunden eingeweicht. Danach gießt man das Einweichwasser in eine Schüssel und dünstet die Pilze kurz an. Mit den vorgedünsteten Pilzen werden Suppen und Saucen verfeinert, aber auch die Einweichbrühe kann man mit dazu verwenden, wenn es die gewünschte Flüssigkeitsmenge erlaubt. Als Einzelgericht sind diese Pilze einfach zu selten, zu teuer und zu schade.

Steinpilze, Zuchtchampignons und Becherlinge

Fast alle Pilzarten sind roh unbekömmlich oder sogar sehr giftig wie beispielsweise Perlpilz, Hallimasch, Hasenröhrlinge u. a. Steinpilze und Zuchtchampignons können aber roh gegessen werden, und mancher Feinschmecker schwört auf das einzigartige Aroma. Auch alle Becherlinge, die als eßbar angegeben sind, darf man roh essen. Sie besitzen zwar nahezu keinen Eigengeschmack, doch lassen sich mit ihnen z. B. Rohkostsalate individuell und hübsch garnieren.

Stäublinge

Alle Stäublinge, die noch schnittfestes, weißes, ungezontes Fleisch haben, sind eßbar.

Die Pilze wie Pommes frites in Streifen geschnitten zu verarbeiten ist die beste Zubereitungsmethode.

Pilze konservieren

Das wohl älteste Verfahren, Pilze zu konservieren, ist das Trocknen. Man nimmt dazu: Feste junge Röhrlinge, Ritterlinge, Schwindlinge, Samtfußrüblinge, Stockschwämmchen, Reifpilze, Maggipilze (Bruchreizker), Zichorienmilchlinge, Herbsttrompeten, Morcheln, Trüffeln.

Ausdrücklich nicht zum Trocknen geeignet sind Wulstlinge, Täublinge, eßbare Milchlinge und Pfifferlinge.

Dünnfleischige Hüte können bei den oben angegebenen Arten ganz getrocknet werden. Die übrigen Pilze werden in ca. 3 mm dicke Streifen geschnitten und an der Luft (aber nicht in der prallen Sonne), auf der Heizung oder in einem Trockengerät, z. B. einer Gemüsedarre, getrocknet. Die Unterlage sollte luftdurchlässig oder wasseraufsaugend sein. Auf wasserabweisender Unterlage, wie Alufolie oder Plastik, schwitzen die Pilze und faulen schneller, als sie trocknen. Der Trockenprozeß ist abgeschlossen, wenn die Pilze rascheln oder klappern, wenn man sie in ein Glas abfüllt.

Zu feucht aufbewahrte Pilze schimmeln oder riechen faulig. Schimmelbefall erkennt man an weißen, grünen oder rosa bis violetten Verfärbungen. Richtig hergestelltes Trokkengut ist in fest verschlossenen Gefäßen fast unbegrenzt haltbar.

Einige Pilzarten dienen getrocknet auch als Gewürz. Nach Knoblauch schmecken Knoblauchschwindling und Saitenstieliger Lauchschwindling. Das Aroma von Maggi enthalten der Zichorienmilchling und der in größeren Mengen leicht giftige Bruchreizker oder Maggipilz.

Silieren

Besonders in den Ländern Osteuropas werden Pilze schon von alters her siliert. Dazu braucht man Sauermilch, Salz, Zucker, einen Steinguttopf und einen kühlen Raum für die Aufbewahrung.

Nach kurzem Aufkochen und Abtropfen werden die Pilze mit etwa 15 g Salz und 10 g Zucker pro kg Frischware untermischt, in ein irdenes Gefäß gefüllt und mit 150 ml Sauermilch pro kg übergossen. Auf das Siliergut legt man ein Leinentuch, darauf eine Holzscheibe, die etwas kleiner als die Öffnung sein muß, und beschwert sie mit einem Stein. Die bei der Gärung entstehende Lake muß die Pilze stets bedecken.

Die Milchsäuregärung dauert bei Zimmertemperatur 8–14 Tage. Danach kann die Silage bei 0 bis +8 °C einige Monate aufbewahrt werden.

Da bei dieser Konservierungsmethode das pilzeigene Aroma völlig verlorengeht, eignen sich besonders jene ungiftigen Arten dazu, die ohne Eigengeschmack sind, und solche, die sonst nicht gern gegessen werden, weil sie ohne diese Behandlung etwas scharf oder bitter schmecken. Vor dem Verzehr muß die Silage natürlich gewässert werden.

Pilze einfrieren

Das modernste und zugleich beste Mittel, Pilze haltbar zu machen, ist sicher die Tiefkühltruhe oder der Tiefkühlschrank. Pilze roh einzufrieren kann allerdings, außer bei den winterharten Austernseitlingen und Samtfußrüblingen, überhaupt nicht empfohlen werden, da die meisten Arten dann schwammig oder zäh werden, an Aroma verlieren, ja sogar oft bitter schmecken.

Die Pilze werden ohne Zwiebeln, aber sonst wie zum sofortigen Verbrauch nach den angegebenen Grundrezepten angerichtet, aber nicht gewürzt und gesalzen, nach dem Abkühlen in Tüten portioniert und wie Fleisch eingefroren. Selbst angewürzt panierte Riesenschirmlinge können fertig gebraten, ähnlich wie Fischstäbchen, ohne Aromaverlust monatelang in der Gefriertruhe aufbewahrt werden.

Lediglich Pfifferlinge, ernährungsphysiologisch ohnehin recht minderwertige Pilze, eignen sich überhaupt nicht zum Einfrieren. Sie werden dabei zäh und meistens bitter.

Auf das Sterilisieren (Einwecken) von Pilzen wird hier nicht näher eingegangen: Das Verfahren ist aufwendig, der Geschmacksverlust erheblich und ein Mißerfolg häufig.

Pilzschutz – Naturschutz

Während uns die Schutzbedürftigkeit seltener grüner Pflanzen wie Orchideen, Aronstab, Enzian und vom Aussterben bedrohter Tiere wie Greifvögel, Birkhuhn, Murmeltier seit langem bewußt ist, werden Pilze selten unter dem Gesichtspunkt des Arten- und Biotopschutzes betrachtet. Deshalb soll hier etwas Grundsätzliches darüber gesagt werden.

Um die Frage zu klären, welche Pilzarten selten werden oder gar vom Aussterben bedroht sind, müssen zunächst Bestandsaufnahmen gemacht und die möglichen Ursachen dafür geprüft werden. Für einigermaßen gesicherte Aussagen ist ein sehr langer Beobachtungszeitraum notwendig.

Von Pfifferlingen z. B. ist bekannt, daß sie ständig im Rückzug begriffen und in stadtnahen Gebieten vielfach schon ausgestorben sind. Riesenschirmpilze gehen in vielen Gebieten seit Jahren zurück, während Safranschirmlinge und vor allem Schopftintlinge sich immer mehr ausbreiten. Die Ursachen lassen sich in vier Themengruppen zusammenfassen:

1. Rücksichtsloses Sammeln, massenhaft gezieltes Sammeln weniger Speisepilzarten
2. Wald- und weidewirtschaftliche Einflüsse, Wegebau, rationelle Kulturbaumarten, Düngung
3. Großindustrielle Immissionseinflüsse
4. Altersstufen der Wälder und Heidelandschaften, Jahresklima

In den letzten zehn Jahren tauchten immer wieder Meldungen auf, daß das wachsende Heer der Pilzsammler bald alle Pilze ausgerottet haben werde. Die Folge davon war, daß gebietsweise Sammelverbote, Mengenbeschränkungen und andere staatliche Eingriffe zum Pilzschutz erprobt wurden. Mit generellen Verboten, die außerdem kaum zu überwachen sind, ist aber dem Problem kaum beizukommen.

Durch Aufklärung über richtiges Sammeln und durch eine Art rote Liste der gefährdeten Arten, die ständig durch neue Erkenntnisse ergänzt werden müßte, wäre sicherlich mehr zu erreichen.

Auf der roten Liste müßte dann auch der beliebte Pfifferling erscheinen, denn er gehört zu den Arten, die massenhaft und gezielt gesammelt werden. Wird von immer mehr Speisepilzsammlern eine einzige Art gesammelt, ist es leicht erklärlich, daß kaum noch reife Fruchtkörper die Chance haben, Sporen abzuwerfen. Eine Pilz-, Pflanzen- oder Tierart produziert aber nur so viele Sporen, Samen oder Nachkommen, wie im biologischen Gleichgewicht zur Arterhaltung nötig sind, zumindest solange der Mensch nicht eingreift oder großklimatische Veränderungen nicht völlig neue Lebensgemeinschaften in der Natur, neue Ökosysteme, hervorbringen. Beim Pfifferling ist es sicher der Sammler, der die Art bedroht. Denn oft werden auch noch die kleinsten Pilzchen aus dem Moos gegraben, und sogar halb verdorbene, alte Hüte wandern noch wie eine Trophäe in den Korb – und später in den Mülleimer. Damit wird der Art sicher der Garaus gemacht.

Zu den Arten, die durch das Sammeln bedroht werden, gehören zumindest nahe den Ballungsgebieten auch Steinpilze, Wiesenchampignons sowie einige andere Champignonarten und der Parasol.

Wohl die bedeutendste Ursache für Veränderungen in der Pilzflora ist die moderne Wald- und Landwirtschaft. Moderne Erntemaschinen erfordern eine künstliche Parzellierung der gesamten Landschaft. Wo noch vor wenigen Jahrzehnten ein grasbewachsener Weg ausreichte, finden wir heute eine geschotterte oder gar geteerte Feld- oder Waldstraße. Solche Erntestraßen sind teuer. Deshalb werden sie zumindest auf der Hangseite durch einen tiefen Graben gegen Überflutung oder Unterspülung gesichert. Steile künstliche Böschungen und der anschließende Graben beschleunigen den Wasserabfluß. Naßstellen und Druckwasserhänge trocknen aus oder werden zu einem erbärmlichen Rinnsal zusammengefaßt. Der Grundwasserspiegel sinkt, und dies kann zusammen mit der veränderten Ventilation – Waldschneisen und -wege sind regelrechte Windleitlinien – verheerende Folgen für Pilze, aber auch Moose und Bärlappe haben. Wenn man trotzdem am Weg oder am Rand einer Lichtung oft die meisten Pilze sieht, so liegt es daran, daß in der Traufe der Bäume auch die feinen Haarwurzeln zur Lebensgemeinschaft Pilz–Baum liegen und daß dort – wie der Name sagt – das Regenwasser abläuft. Am Waldrand hingegen findet man meist nur wenige, auf den Bruch zwischen offenem Land und Wald mehr spezialisierte Arten. Breite Waldstraßen, Holzabfuhrwege, haben fast den Charakter von Waldrändern.

Ein weiterer Faktor, der die Pilzflora verändert, sind in diesem Zusammenhang die zur Aufforstung verwendeten Baumarten. Jeder Landschaftstyp hat seine natürlichen Baumarten: die ausgedehnten Kiefernwälder der küstennahen Sandböden, die Tannen-Buchen-Wälder der süddeutschen Mittelgebirge, die Birkenbestände der Feuchtgebiete und Flachmoore und die Erlengründe langsam fließender Waldbäche, um nur einige zu nennen. Bis auf die erwähnten Kiefern gelten aber alle Baumarten als unwirtschaftlich. Neben der amerikanischen Douglasie gilt die Fichte als wirtschaftlichste Baumart. Sie wächst schnell und bietet drei Erntephasen. Schonungen werden so angelegt, daß Christbäume geschlagen werden können, junge Stangenwälder liefern Papierholz, und nach 80–120 Jahren gilt ein Fichtenwald – keineswegs ausgewachsen – als erntereif. Um wirtschaftlich zu arbeiten, werden meist keine landschaftsgerechten Bäume gepflanzt, sondern die Landschaft wird der Fichte angepaßt, trockengelegt und gegebenenfalls künstlich gedüngt.

Kein Wunder, daß dabei die vielen tannen- oder buchenbegleitenden Pilzarten, ja Laubwald-Pilzarten überhaupt, verschwinden.

Die künstliche Düngung schließlich bringt durch die erhebliche Veränderung der oberen Bodenschichten das ganze natürliche Pflanzensystem durcheinander. Während die Verwendung von Naturdung eine weitgehend gleichmäßige Bodenverbesserung bewirkte, verursachen Dungkonzentrate, fossile und synthetische Dünger meist einseitige Bodenveränderungen. Sie sind eine Folge der gezielt auf die eine oder andere Kulturpflanze zugeschnittenen Maßnahmen.

Auf Wiesen, die mit künstlichen Nitraten und fossilem Kalium gedüngt wurden, wird man schon nach kurzer Zeit kaum mehr einen Champignon finden. Kommt aber noch Jauchekonzentrat hinzu, wachsen statt der hier ausgerotteten Champignons nur noch Schopftintlinge.

Die Langzeitwirkung dieser intensiven Land- und Forstwirtschaft kann kein Mensch genau vorausbestimmen. Aber eines ist sicher: Die Vielfalt an Pilzen und grünen Pflanzen wird durch wenige Arten, die sich der Mensch gefügig machen kann, ersetzt. Daß dabei auch die wohlschmeckenden Schopftintlinge als Kulturfolger ungewollt vermehrt werden, ist kein ausreichender Trost.

Bei Flechten weiß man, daß sie äußerst empfindlich auf schwefelsaure Niederschläge, erhöhten CO_2- und CO-Gehalt der Luft und andere Immissionseinflüsse reagieren. Das Tannensterben z. B. im westlichen Nordschwarzwald ist zweifellos auf die sauren Niederschläge zurückzuführen. Sicher ist auch, daß die schwefelsauren Niederschläge mit dazu beitragen, kalkliebende Pilze aus den zum Rheintal hin vorgelagerten Gebieten mit besseren Böden zu vertreiben. Im übrigen weiß man aber noch zu wenig darüber, ob und welche Pilzarten im einzelnen durch die industrielle Immission geschädigt werden.

Der Schwermetallgehalt von Pilzen ist jedenfalls nicht ganz allgemein durch die mehr oder weniger große Umweltbelastung bedingt, sondern artspezifisch oft sehr unterschiedlich.

Außer diesen Schäden, die durch die Industriegesellschaft oder den Einzelmenschen den Pilzen zugefügt werden, gibt es auch einige ganz natürliche Faktoren, die dafür verantwortlich sind, daß viele zum Ergebnis kommen, es gebe keine Pilze mehr – wobei jeder Pilzfreund die ihm vom Standort her bekannten Arten meint.

Als Beispiel dafür eignet sich ein künstlich angepflanzter Fichtenwald im Mittelgebirge auf saurem Boden. Das ist der häufigste Waldtyp im nördlichen Mitteleuropa. Im Christbaumalter, sechs bis zwölf Jahre nach der Aufforstung, wird der Adlerfarn unterdrückt, und man findet, sofern nicht schon ausgerottet, Pfifferlinge und auch Steinpilze. Alte Stümpfe sind mit verschiedenen Porlingen und Schwefelköpfen besetzt. Nach dem ersten Aufasten und Stangenschlagen – forsttechnische Maßnahmen zur Verbesserung der Holzqualität – sind die Pfifferlinge verschwunden, und die Steinpilze gehen stark zurück. Wenige Jahre später sind die kleinen Stümpfe des Stangenholzes, aber auch scheinbar gesunde Bäume, in der zweiten Septemberhälfte von Hallimasch übersät. Nadelschwindlinge und einige Helmlingarten überziehen den nunmehr fast krautfreien Waldboden. An lichteren Stellen wagen sich zaghaft die ersten olivgestiefelten Schnecklinge, Pustelschnecklinge und sogar Maronenröhrlinge hervor. An Böschungen und auf alten Waldwegen trifft man den Semmelstoppelpilz an und auch wieder Pfifferlinge.

Im Alter von ca. 20 bis 40 Jahren erscheint der Wald ausgesprochen pilzarm. Denn er wird in regelmäßigen Zeitabständen durchforstet, und die hie und da auftretenden Rotbraunen Reizker erwecken beim Speisepilzsammler kein Interesse (zum Silieren sind sie aber gut geeignet). Ansonsten erscheint der Hallimasch noch wie gewohnt, auf Stümpfen machen sich die ersten Rauchblättrigen Schwefelköpfe breit und mehr an liegendem Stangenholz der Gesellige Schwefelkopf.

Immer wieder, und besonders im Herbst, findet man harte, schwarzrote Konsolen mit weißem Rand: Der Rotrandige Porling hat Einzug gehalten. Einige, meist durch den Einschlag verletzte Bäume zeigen zur Wetterseite hin eine bauchige, 0,5–2 m Höhe erreichende Stammverdickung. Wenn der Baum die ersten Anzeichen von Krankheit aufweist oder wenn der Sturm ihn gefällt hat, findet man im oberflächlichen Stammwurzelbereich den Wurzelschwamm.

Nach 40 Jahren, je nach Kulturstärke aber auch später, folgen die Hochwaldpilze. Moospolster bilden sich, und an lichten Stellen tritt wieder Bodenverkrautung mit Heidelbeere, Rotem Holunder, Preiselbeere, Faulbaum u. a. ein.

In den Moospolstern ist im Herbst der Amiantkörnchenschirmling allgegenwärtig. Maronenröhrlinge und die beiden erwähnten Schnecklinge treten verstärkt auf. An Böschungen, aber auch im lichten Wald, erscheint das Kuhmaul (Großer Gelbfuß), an feuchteren Stellen werden der Rotbraune Reizker, Tannenreizker und einige Täublinge, wie Orangeroter Graustieltäubling, Speitäubling, Zitronentäubling und Apfeltäubling, oft Massenpilze. Als Streuzersetzer findet man kleine Trichterlinge in Bögen und Kreisen, spät im Jahr Graukappen und sogar Violette Rötelritterlinge, ab September auch gelegentlich Mönchsköpfe.

Auf den schon älteren Stümpfen siedeln sich drei bis vier verschiedene Schwefelkopfarten an und lösen den Klebrigen Hörnling ab.

Maronenröhrlinge, an den Waldrändern und lichten Stellen auch Rotfußröhrlinge, sind die vorherrschenden Speisepilze. Die ersten Steinpilze kommen wieder – und an moosigen Rändern auch Pfifferlinge.

Leider wird der Wald, jetzt 80–100jährig, aus wirtschaftlichen Gründen geerntet. Es ist daher unmöglich, den weiteren Verlauf der Sukzession zu verfolgen.

Natürlich spielt auch das Jahresklima eine erhebliche Rolle, welche und wie viele Pilze es gibt. Schließlich entwickelt sich das Myzel über Monate – die Fruchtkörperbildungsphase dauert aber meist nur wenige Wochen oder, über Monate verteilt, zwei bis dreimal wenige Tage.

Giftpilze – Pilzgifte: Erste Hilfe bei Pilzvergiftungen

Seit Jahrtausenden werden Pilze gegessen, und wir müssen annehmen, daß die Kenntnis der giftigen Arten über Leichen gegangen ist. Galt doch noch bis ins 18. Jahrhundert die volkstümliche Ansicht, daß Pilze „Ausschwitzungen des Bodens“ seien. Viel mehr war landläufig nicht bekannt. Der Grüne Knollenblätterpilz, *Amanita phalloides,* verantwortlich für die meisten tödlichen Vergiftungen in Europa, wurde erst zu Beginn des 20. Jahrhunderts eindeutig als Urheber identifiziert. Der Orangefuchsige Schleierling, *Cortinarius orellanus,* wurde erst als tödlich giftig erkannt, nachdem 1954 in Polen Massenvergiftungen auftraten. Auch andere gelbe Schleierlinge, die in den wärmeren Gegenden Frankreichs gebietsweise häufig vorkommen, haben sich erst neuerdings als sehr giftig erwiesen, nachdem durch Verwechslungen mit dem Grünling, *Tricholoma auratum,* schwere Erkrankungen auftraten. Das gleiche gilt für den Dottergelben Klumpfuß, *Cortinarius vitellinus.*

Es gibt in Mitteleuropa rund 160 giftige Pilzarten. Die meisten verursachen Magen-Darm-Erkrankungen oder führen zu Störungen im Zentralnervensystem und im Verdauungstrakt, die ohne Spätfolgen geheilt werden können, wenn man sie rechtzeitig behandelt.

Die giftigsten Arten, Grüner Knollenblätterpilz, *Amanita phalloides,* und seine weiße Abart, *Amanita phalloides var. verna,* Kegelhütiger Knollenblätterpilz, *Amanita virosa,* Orangefuchsiger Schleierling, *Cortinarius orellanus,* Spitzgebuckelter Schleierling, *Cortinarius speciosissimus,* Gifthäubling, *Galerina marginata,* Pantherpilz, *Amanita pantherina,* Riesenrötling, *Entoloma sinuatum,* Tigerritterling, *Tricholoma pardinum,* und Ziegelroter Rißpilz, *Inocybe patouillardi,* sind im Hauptteil des Buches abgebildet. Auch weniger bekannte Arten, z. B. der Rosahütige Rettichhelmling, *Mycena pura var. rosea,* sind wegen ihres geringen Gehalts an Knollenblätterpilzgiften nicht zu unterschätzen.

Die Pilzgifte können grob in vier Gruppen eingeteilt werden:

1. Die magen-darm-wirksamen Gifte

Sie führen nach 15 Minuten bis vier Stunden je nach Genußmenge und körperlicher Verfassung zu mehr oder weniger starker Übelkeit, Brechdurchfall sowie Kreislaufstörungen und Krämpfen infolge hohen Wasserverlustes. Die Gifte sind größtenteils noch nicht bekannt, wohl aber die Verursacher.

In erster Linie sind hier Tigerritterling, Riesenrötling, Karbolegerlinge, Spitzschuppiger Schirmling sowie einige Schleierlinge, Flämmlinge, Fälblinge, Schwefelköpfe, Täublinge, Milchlinge sowie weniger bekannte Rötlinge und scharfe Ritterlinge zu nennen.

2. Die Nervengifte

Diese Gifte bewirken Zittern, Pulsverlangsamung oder -beschleunigung, Bewußtseinstrübung, bei bestimmten Arten auch Hochgefühle oder Depressionen, selten Halluzinationen, und oft gehen gleichzeitig heftige Magen-Darm-Störungen damit einher. Bei schweren Vergiftungen kann der Kreislauf zusammenbrechen. Die Pilzgifte sind größtenteils bekannt: Muscarin in Rißpilzen und vielen Trichterlingen, Ibotensäure und Muscimol im Fliegenpilz, Psilocin und Psilocybin in unscheinbaren Kahlköpfen und im Krönchenträuschling. Die giftigen Wirkstoffe im Pantherpilz, mit ähnlichem Krankheitsverlauf, sind noch nicht geklärt.

3. Die Langzeitgifte, die Leber und Nieren schädigen

Nach 6–24 Stunden, im Extremfall aber erst nach mehr als zwei Wochen, treten die ersten Symptome auf. Zunächst kommt es meist zu Bauchschmerzen, Erbrechen und wäßrigem oder sogar blutigem Durchfall. Bei ärztlicher Untersuchung lassen sich schon bald schwere Leberschäden feststellen, gefolgt von Nierenversagen. Magen- und Darmblutungen erschweren die Behandlung. Die weitaus meisten tödlichen Pilzvergiftungen sind hier festzustellen.

Die Pilzgifte sind hauptsächlich Phalloidin und Amanitine im Grünen und Kegelhütigen Knollenblätterpilz sowie in der weißen Varietät des Grünen Knollenblätterpilzes.

Das Orellanin und seine giftigen Zerfallsprodukte im Orangefuchsigen Schleierling und Spitzgebuckelten Schleierling sind noch unzureichend erforscht, aber nicht minder gefährlich. Außerdem rufen möglicherweise weitere Schleierlinge der Untergattungen Rauhköpfe und Gürtelfüße sowie auch Hautköpfe ähnlich schwere Vergiftungen hervor.

Vergiftungen mit der Frühlingslorchel und der Riesenstocklorchel verlaufen ähnlich.

4. Unverträglichkeitsreaktionen

Sicher die meisten, nicht immer harmlosen Pilzvergiftungen sind auf falschen Umgang mit Pilzen oder auf eine erworbene oder angeborene Überempfindlichkeit zurückzuführen. Was da jeweils als Gift wirkt, ist meist nicht zu klären, aber einige Ursachen seien hier genannt:

Verdorbene Pilze Ob zu alt, in Plastiktüten gesammelt, verschimmelt oder zu lange gelagert: Solche Pilze führen zu einer oft heftigen Magen-Darm-Erkrankung im Sinne einer Lebensmittelvergiftung. Es sind sogar Todesfälle bekannt geworden.

Überempfindlichkeit Es gibt Menschen, die einfach keine Pilze vertragen. Schon kleine Mengen führen zu einem unerträglichen Völlegefühl, größere Mengen zu den eben beschriebenen Symptomen. Diese Überempfindlichkeit stellt sich manchmal erst nach Jahren oder Jahrzehnten ungestörten Pilzgenusses ein. Hier muß eine Sensibilisierung gegen das pflanzliche Eiweiß in den Pilzen angenommen werden. Vergleichen könnte man diese Erscheinung mit Heuschnupfen, der die meisten Menschen gar nicht, manche aber früher oder später befällt und gelegentlich angeboren ist.

Der erwähnten Sensibilisierung liegt eine Antigen-Antikörper-Reaktion zugrunde. Irgendwann beginnt der Körper, das Eiweiß in den Pilzen als Fremdkörper zu empfinden, und bildet Abwehrstoffe dagegen. Die Verbindung von Antigen und Antikörper hat wiederum krank machende Nebeneffekte.

Besonders drastisch ist diese Erscheinung beim Kahlen Krempling. Bei Personen, die an einer Kremplingsallergie erkranken, klumpen die roten Blutkörperchen zusammen, roter Blutfarbstoff tritt in das Serum aus und wirkt so als schweres Nieren- und Lebergift. An dieser Kremplingsreaktion sind nachweislich einige Menschen gestorben.

Die hier erwähnten Giftpilze, Pilzgifte und deren Wirkung werden nicht genannt, um dem Pilzsammler Angst zu machen. Ihre Aufschlüsselung soll vielmehr dazu beitragen, daß im Falle einer tatsächlichen Erkrankung rechtzeitig geeignete Gegenmaßnahmen ergriffen werden können.

Grundsätzlich muß man bei den ersten Krankheitssymptomen nach einer Pilzmahlzeit einen Arzt zu Rate ziehen. Auch wenn der Arzt die verzehrten Pilze nicht kennt, ist er in der Lage, aufgrund der Symptome der Erkrankung therapeutisch richtig einzugreifen. Die Reste einer Pilzmahlzeit, Putzabfälle und eventuell Erbrochenes sollten unbedingt aufbewahrt werden, damit sie der Sachverständige untersuchen kann. Bei schnell eintretender Magen-Darm-Erkrankung mag man eine Vergiftung mit dem Riesenrötling vermuten, wenn aber dann in den Abfällen Reste vom Grünen Knollenblätterpilz oder vom Weißen Knollenblätterpilz gefunden werden, kann dagegen behandelt werden, noch bevor ein Leberschaden eintritt.

Bei schnell eintretendem Unwohlsein nach einer Pilzmahlzeit kann man vor dem Eintreffen des Arztes Erbrechen einleiten, z. B. mit warmem Salzwasser, und anschließend Tierkohletabletten einnehmen. Sie absorbieren eventuell einen Teil des Gifts. Treten die ersten Symptome erst 6 bis 24 Stunden oder später nach der Mahlzeit ein, ist nur Tierkohle oder ein Abführmittel angezeigt. Jetzt noch eingeleitetes Erbrechen würde nur zu Wasserverlust führen, da die Giftstoffe den Magen größtenteils schon verlassen haben.

Treten die ersten Krankheitserscheinungen erst nach Tagen auf oder muß eine allergische Reaktion, wie beim Kahlen Krempling, angenommen werden, ist keine Selbstbehandlung möglich.

Pilzzucht im eigenen Haus und Garten

Schon seit über 2000 Jahren wird in Japan der Shiitakepilz, *Lentinus edodes*, erwerbsmäßig und in der Hobbykultur auf Holz angebaut.

Doch seit man vor einigen Jahrzehnten mit der Stockschwämmchenzucht große Erfolge hatte, seit die unsterile Züchtbarkeit des Riesenträuschlings auf Stroh entdeckt wurde und weitere Arten, wie Austernseitlinge, Samtfußrüblinge und andere als züchtbar bekannt geworden sind, hat auch bei uns so manche Familie ihren Speisezettel, über Champignons verschiedener Art und Rasse hinaus, durch Zuchtpilze erweitert.

Dieser Abschnitt soll helfen, das Interesse an der Pilzzucht überhaupt zu wecken, Pilze selbst zu züchten (Stockschwämmchen sind halt wertvoller als Pfifferlinge) – er soll aber auch dazu beitragen, die Grenzen des bis jetzt Machbaren zu zeigen.

Für die erfolgreiche Zucht geeignet sind grundsätzlich nur solche Pilzarten, die sich von totem Material ernähren und es zerset-

Pilzzucht auf Holz

Sommerausternseitling	*Pleurotus ostreatus fm. florida*	
Winterausternseitling	*Pleurotus ostreatus*	
Stockschwämmchen	*Kuehneromyces mutabilis*	
Shiitakepilz	*Lentinus edodes*	
Samtfußrübling	*Flammulina velutipes*	
Südlicher Schüppling	*Agrocybe aegerita*	Züchtbarkeit nicht gesichert
Rauchblättriger Schwefelkopf	*Hypholoma capnoides*	Züchtbarkeit nicht gesichert

Pilzzucht auf Stroh

Sommerausternseitling	*Pleurotus ostreatus fm. florida*
Winterausternseitling	*Pleurotus ostreatus*
Kulturträuschling	*Stropharia rugosoannulata*

Pilzzucht auf anderen Substraten

Stadtchampignon	*Agaricus bitorquis*	Züchtbarkeit nicht gesichert
Violetter Rötelritterling	*Lepista nuda*	Züchtbarkeit nicht gesichert

zen: Man nennt sie Folgezersetzer oder Saprophyten. Dazu gehören die erwähnten Arten.

Alle Pilze, die eine grüne Pflanze, einen Baum, Strauch oder auch nur Gräser und Kräuter als Partner brauchen, um die schmackhaften Fruchtkörper auszubilden, gelten bisher als nicht züchtbar. Dazu gehören die wohlbekannten Pfifferlinge, Steinpilze, Rotkappen und vermutlich auch der Parasol, der mächtige Riesenschirmpilz.

Unter den Folgezersetzern haben sich bisher auch nur die wenigen im folgenden beschriebenen Arten in das Korsett der Zucht zwingen lassen.

Zuchttechniken

Züchtbare Arten, die auf Holz wachsen, werden auf Laubholz, am besten auf Rotbuche, Weide, Pappel, Eiche, Edelkastanie, Birke oder Ahorn, aber nicht auf Feldahorn, *Acer campestre,* kultiviert. Die einzige Ausnahme bildet der Rauchblättrige Schwefelkopf: Ihn zieht man auf Fichte.

Ca. 0,5 cm dick wird die Pilzbrut auf dem im Boden eingegrabenen Stammstück verteilt, dann setzt man ein zweites Stammstück darauf und verschließt die Impffläche mit einem Streifen Plastikfolie. Man kann die Folie nach Belieben mit Schnur oder Draht festbinden oder auch mit breitköpfigen Nägeln annageln

Stirnseitenbeimpfung – Keilbeimpfung

Man längt Hölzer mit 15 cm Durchmesser und mehr auf 50 cm ab und gräbt ein Stück zur Hälfte in die Erde ein. Geeignete Orte dafür sind schattige, feuchte, aber nicht nasse Plätze, beispielsweise an der Nordschattenseite von Gartenbäumen, etwa in der Traufe, jedenfalls nicht zu dicht am Stamm, da dort kaum Regenwasser eindringt.

Nun wird die Stirnseite auf der ganzen Fläche etwa 0,5 cm dick mit Pilzbrut belegt und ein zweites, gleich langes Holzstück daraufgesetzt. Die Impfstelle wird dann mit einer 10–20 cm breiten Plastikfolie gegen Schneckenfraß und Austrocknung umwickelt. Dann bleibt die Impfanlage sechs Monate sich selbst überlassen. Danach wird die Plastikfolie entfernt, das obere Stammstück abgesetzt und mit der Impffläche nach oben ebenfalls ca. 25 cm tief eingegraben. Man gewinnt somit, vorausgesetzt, die Impfflächen sind von weißem Myzel überwuchert, aus der Anlage zwei tragende Hölzer, die je nach Pilzart im ersten oder zweiten Jahr nach Beimpfung die ersten Fruchtkörper erwarten lassen.

Erfahrungsgemäß tragen Samtfußrüblinge und Austernseitlinge oft schon im ersten Jahr, Stockschwämmchen dagegen, je nach Dicke des Holzes, oft erst nach zwei bis drei Jahren. Shiitake bringen meist 18 Monate nach dem Beimpfen die ersten Fruchtkörper. Alle ge-

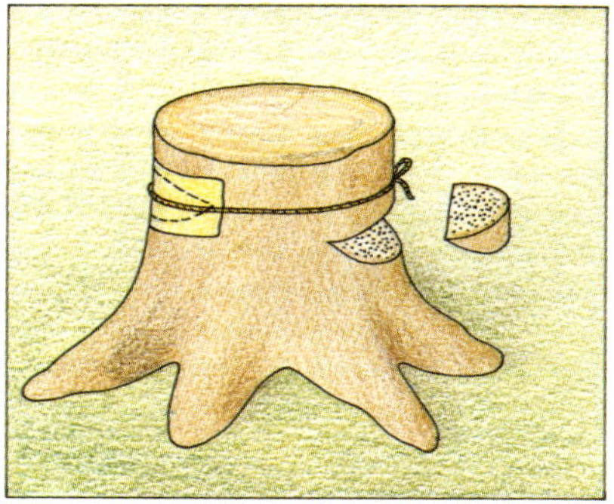

Die Keilimpfmethode führt man am besten an Baumstümpfen durch, die mit den Wurzeln noch im Boden stecken

Durch ein wasserdurchlässiges Dach kann man Stümpfe an sonnenexponierten Stellen schützen. Seitliche Sonneneinstrahlung hält eine Plastikfolie ab

nannten Arten tragen aber so lange, bis das Holz weitgehend zerstört ist: Das dauert fünf bis sieben Jahre. Auf dem morschen Holz, vom Zuchtpilz sozusagen vorverdaut, siedeln sich oft fremde Konkurrenten, wie Schmetterlingstramete oder Angebrannter Rauchporling, an, die man nicht essen kann. Umgekehrt sind diese und andere Arten oftmals auch Erstbesiedler und bereiten beispielsweise den Stockschwämmchen das Holz vor, so daß diese später Fruchtkörper bilden können.

Bei der Keilbeimpfung, die man meist an natürlichen Stümpfen anwendet, werden Spitzkeile aus dem Holz gesägt. Dann belegt man die untere Schnittfläche und die obere Keilfläche mit Pilzbrut, schiebt die Keile zurück und verschließt die Impfstelle.

Bohrlochbeimpfung

Hölzer mit weniger als 12 cm Durchmesser werden durch Bohrlöcher beimpft. Dazu werden sechs bis acht Löcher spiralförmig und gleichmäßig verteilt in die etwa 1 m langen Stücke gebohrt. Die Löcher sollten 16–20 mm Durchmesser haben und bis zum Holzkern reichen. Sie werden mit Pilzbrut gefüllt und mit Korken, Stanniol, Holzdübeln oder etwas Ähnlichem verschlossen. Dabei darf die Brut etwas gedrückt werden, jedoch nicht so stark, daß Flüssigkeitstropfen rund um den Verschlußpfropfen austreten. Derart beimpfte Hölzer werden liegend zur Hälfte in Holz, Torf oder Sägemehl eingebettet; eine weitere Behandlung ist nicht nötig.

Eine Ausnahme bilden Shiitakehölzer. Sie werden genauso beimpft, aber zum Durchwachsen sechs Monate lang in feuchtes, frisches Stroh eingebettet und danach schräg so gegen eine horizontale Auflage, ein Brett oder Rundholz gestellt, daß sie nicht umfallen können.

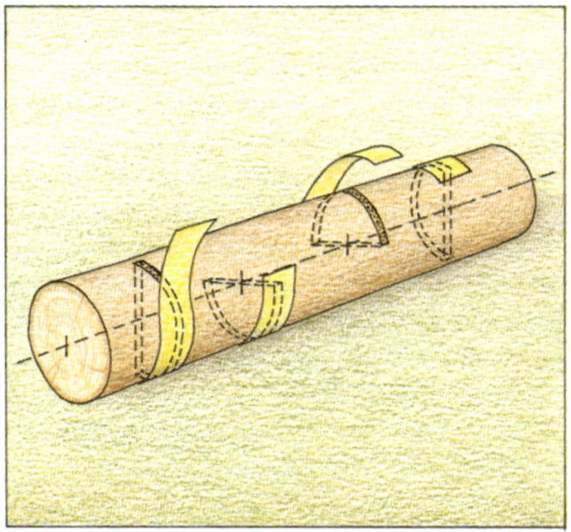

Man macht in die Shiitakehölzer mit der Kettensäge vier um 90° versetzte Einschnitte, stopft Brut hinein und verschließt sie mit Plastikstreifen

Bei beiden Methoden ist es wichtig, daß die Pilzbrut auf dem ganzen Querschnitt der Hölzer verteilt ist, denn die Myzelien neigen dazu, immer längs der Holzfaser zu wachsen.

Der Südliche Schüppling, als nicht gesichert züchtbar angegeben, bevorzugt Pappelholz und braucht, wie der Name andeutet, viel Wärme und dazu ausreichend Luftfeuchtigkeit. Sein natürliches Verbreitungsgebiet ist der nördliche Mittelmeergürtel, obgleich die Art auch in Deutschland gelegentlich vorkommt, z. B. in der Oberrheinischen Tiefebene.

Der Rauchblättrige Schwefelkopf – ebenfalls als nicht durchkultiviert angegeben – benötigt Fichtenholz. Die Methodik für beide Arten entspricht aber der der Züchtbaren.

Pilzzucht auf Stroh – unsteril

Der Kulturträuschling, früher als Rotbrauner Riesenträuschling bezeichnet, läßt sich auf frischem, unsterilem Stroh, das man ausreichend bewässert hat, kultivieren. Die Strohmenge etwa eines Ballens wird gründlich aufgeschüttelt und auf einer nicht wasseraufsaugenden Unterlage befeuchtet. Heißes Wasser erleichtert und beschleunigt die Arbeit, weil damit die natürliche, die Halme umschließende Wachsschicht gelöst wird. Anschließend wird das Stroh auf ca. 1 m^2 Fläche in einem Formkasten oder Frühbeet oder an einem anderen nicht zu schattigen Ort verteilt und auf ca. 20 cm Schichtdicke festgetreten. Wenn man nun eine Handvoll Stroh aus dem Beet in der Faust preßt, sollten einige Wassertropfen

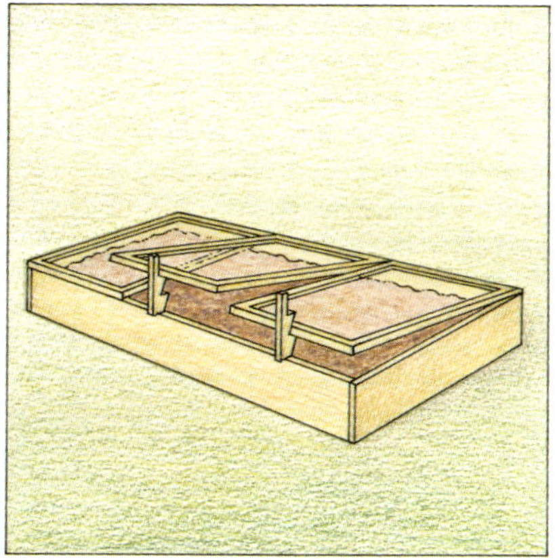

Ein einem Frühbeetkasten ähnlicher Formkasten kann aus Brettern und Plastikfolie hergestellt werden, oder ein nicht mehr benutztes Frühbeet wird umgerüstet

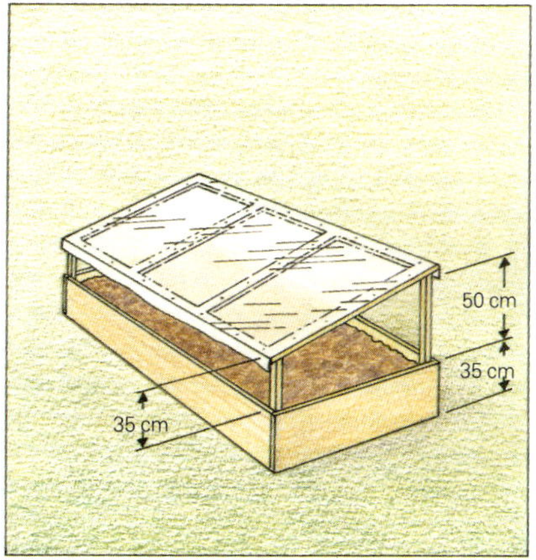

zwischen den Fingern erscheinen. Ist dieser Feuchtigkeitsgrad (ca. 70%) nicht erreicht, muß nachgewässert werden. Wenn das Stroh tropfnaß ist, muß man es einige Tage unter Abdeckung abtropfen lassen.

In dem so vorbereiteten Beet werden dann Brutstücke von Walnußgröße 5–7 cm tief und im Abstand von 15–20 cm im Quadrat verteilt und noch mal angedrückt. Das beimpfte (bespickte) Beet wird jetzt mit durchsichtiger Plastikfolie abgedeckt und bleibt vier bis sechs Wochen sich selbst überlassen. Danach zeigt sich weißes Myzel in großen Flächen an den Impfstellen, was gleichzeitig als Erfolgsgarantie angesehen werden darf. Sollten inzwischen kleine Tintlinge oder ähnliches wachsen, beeinträchtigt das den Erfolg nicht wesentlich. Finden sich aber graue oder grüne Flächen im Beet, die beim Aufschütteln stauben, ist die Anlage von Schimmel befallen und ganz oder teilweise verdorben.

Das durchwachsene Beet wird nun von der Plastikplane befreit und mit einer 5 cm dicken Erdschicht bedeckt. Die Bodenqualität spielt keine Rolle, jedoch sollte die Deckerde nicht zu leicht sein, also kein Torf, aber auch nicht schnell verschlammen wie stark tonige Böden. Nach weiteren sechs bis acht Wochen kann man die ersten Fruchtkörper erwarten. Wird das Beet im Spätsommer bzw. Herbst angelegt, erscheinen die Fruchtkörper im späten Frühjahr. Häufige Konkurrenzpilze sind neben den erwähnten Tintlingen der Goldmistpilz und kleine trichterlingsähnliche oder ackerlingsähnliche Folgezersetzer, die aber mit dem Kulturträuschling keine Ähnlichkeit haben.

Eine Anlage sollte nicht breiter sein als 1 m, damit man von der Seite ernten kann. Wird das Beet betreten, zerstört man unweigerlich kleine Fruchtkörperanlagen, aus denen dann mißgebildete oder gar keine Pilze kommen, weil diese Pilze, einmal angelegt, fast nur durch Wasseraufnahme wachsen.

Der Ertrag wird mit 5–7 kg je m^2 in zwei bis vier Fruchtkörperschüben kalkuliert. Dann ist das Stroh weitgehend verbraucht, und man muß das Beet frisch anlegen.

Pilzzucht auf Stroh – halbsteril

Austernseitlinge lassen sich, außer auf Laubholz, auch auf Stroh züchten. Das Stroh, am besten gehäckselt, muß jedoch ausgekocht oder mit Wasserdampf behandelt werden, damit es keimarm wird. Im völlig unsterilen Stroh kann sich das Myzel, im Gegensatz zum Kulturträuschling, nicht gegen Konkurrenzpilze durchsetzen.

Das Stroh wird mindestens fünf Minuten lang ausgekocht oder mit einem Dampfstrahlgerät behandelt. Dann läßt man das Wasser abtropfen, bis das Stroh noch ca. 70% Feuchtigkeit enthält. Nun füllt man das Stroh in Plastiksäcke und verteilt alle 10 cm eine kleine Handvoll Brut. Die Säcke werden fest verschlossen, an 10 bis 15 Stellen mit einem Nagel durchlöchert und in einem sauberen Raum bei 18–25 °C und hoher relativer Luftfeuchtigkeit (85–98%) zum Durchwachsen aufbewahrt. Nach zwei bis vier Wochen ist das gesamte Stroh von weißem Myzel überzogen. Jetzt werden die Säcke aufgeschnitten und die vom Myzel zusammengehaltenen Substratblöcke auf einem Lattengerüst zur Fruchtkörperbildung gelagert. Die Temperatur- und Feuchtigkeitsansprüche sind die gleichen, jedoch sollten Durchwachsraum und Ernteraum getrennt sein.

Das Wichtigste auf einen Blick

Art	Substrat	Impfzeit	Anwachszeit	Ertragszeit
Sommeraustern-seitling	Laubholz	März–Sept.	ca. 1 Jahr	Sept.–April
Sommeraustern-seitling	Stroh (halbsteril)	jederzeit	2–4 Wochen	1–3 Wochen später
Winteraustern-seitling	Laubholz	März–Sept.	ca. 1 Jahr	Okt.–März
Stockschwämm-chen	Laubholz	März–Sept.	1–3 Jahre	Mai–Sept.
Shiitake	Laubholz	März–Sept.	ca. 1½ Jahre	Sept.–April
Samtfußrübling	Laubholz	März–Sept.	ca. 1 Jahr	Okt.–März
Südlicher Schüppling	Laubholz (Pappel)	April, Mai	ca. 1 Jahr	April, Mai
Rauchblättriger Schwefelkopf	Nadelholz (Fichte)	März–Sept.	ca. 1 Jahr	Okt.–März
Kulturträuschling	Stroh (unsteril)	April–Sept.	6 Wochen	Sommer/Frühjahr

Die Plastikhülle wird vom Stroh genommen

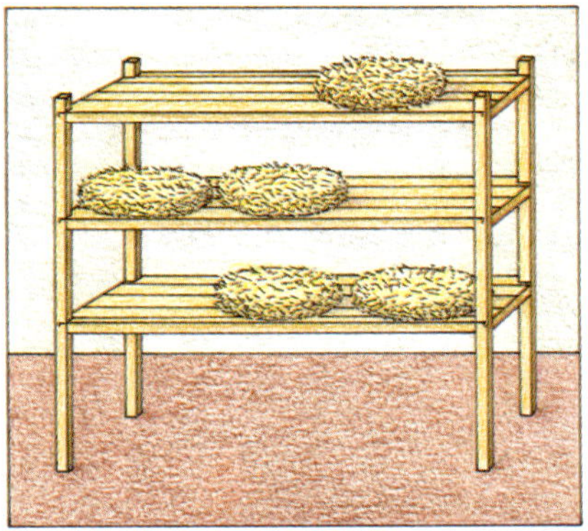

Die Substratblöcke bilden mit der Zeit Pilze

Die Technik erscheint etwas aufwendig: Andererseits ist der Ernteerfolg von bis zu 140% des Strohgewichts durchaus reizvoll und sogar in der Intensivzucht rentabel.

Bei unserem heimischen Winterausternseitling muß zwischen der Durchwachsphase und der Fruchtkörperbildungsphase ein Kälteschock liegen, das heißt, die Säcke werden einige Tage bei 5–10 °C gelagert. Die Fruchtkörperbildung ist schon bei 12–15 °C zufriedenstellend.

Violetter Rötelritterling

Wie bereits erwähnt, ist die rentable Züchtbarkeit der Art nicht gesichert. Doch sind sowohl steril als auch unsteril im überdüngten Substrat Erfolge möglich. So wuchsen bei Versuchen im Pilzgarten auf stark verrotteten, beimpften Holzabfällen nach 18 Monaten tatsächlich recht viele Pilze. Da aber bei solchen Versuchen im Freiland auch Fremdsporen für die Myzelbildung verantwortlich sein können, kann man hier noch nicht von einem gesicherten Zuchterfolg sprechen.

Da aber der Violette Rötelritterling im überalterten Brutglas Fruchtkörper bildet, ist es reizvoll, seinen optimalen Wachstumsbedingungen auf die Spur zu kommen.

Stadtchampignon

Der Stadtchampignon ist bereits unter gleichen Bedingungen wie der Zuchtchampignon kultiviert worden. Die mäßigen Erfolge ließen aber kaum eine erwerbsmäßige Zucht zu. Andere Versuche gehen dahin, geeignete Unsterilsubstrate zu finden, um die aus dem Wildvorkommen als besonders robust bekannte Art in Form der Nestkultur im Freiland anbauen zu können.

Fachausdrücke

Art →Taxonomie
Ascomycetes Pilzklasse der Schlauchpilze
Ascosporen Die im Ascus gebildeten Sporen
Ascus Schlauchförmige Mutterzelle der Schlauchpilze, in der die Ascosporen gebildet werden
Azidiphil Säureliebend bzw. -ertragend
Basidie Zelle der Ständerpilze, die Basidiosporen erzeugt
Basidiomycetes Pilzklasse der Ständerpilze
Basidiosporen Einzellige Sporen der Ständerpilze am Ende der Basidie
Chitin Die stickstoffhaltige Hauptsubstanz der Zellwände höherer Pilze
Chlorophyll Grüner Blattfarbstoff
Cortina Teilhülle, die als schleierartiges Gespinst Hutrand und Stiel verbindet
Endoperidie Papierartig werdende Innenhülle bei Bovisten
Exoperidie Glatte oder rauhe Innenhülle bei Bovisten
Fadengeflecht →Myzel
Familie →Taxonomie
Fruchtkörper Der Teil eines höheren Pilzes, der die sporenbildenden Zellen hervorbringt. Landläufig: die „Pilze"
Gattung →Taxonomie
Genus →Taxonomie
Geotropismus Erdwendigkeit: Lamellen und Röhrchen wachsen senkrecht; so können die Sporen herabfallen
Gleba Sporenbildendes Geflecht im Inneren geschlossener Fruchtkörper
Haarschleier →Cortina
Heterotroph In der Ernährung von organischen Kohlenstoff-, Stickstoff- und Schwefelverbindungen abhängig
Hexenring Ringförmiges Wachstum von Hutpilzen und Bovisten; entsteht dadurch, daß das Myzel sich vom Ursprungsort zentrifugal ausbreitet
Hülle →Velum
Humuszehrer →Saprophyt
Huthaut Äußerste Zellenschicht des Pilzhutes
Hygrophan Durchfeuchtet dunkler als trocken (z. B. wasserdurchlässige Huthaut)
Hygroskopisch Feuchtigkeit aufnehmend
Hymenium Sporenbildende Fruchtschicht, die aus länglichen, nebeneinanderstehenden Sporenträgern (Basidie, Ascus) zusammengesetzt ist
Hyphe Langgestreckte, fadenförmige Pilzzelle. Aus solchen Zellen bestehen das Myzel und die Fruchtkörper
Konidien Ungeschlechtlich erzeugte Sporen
Konvergenz Übereinstimmende Form bei Pilzen ohne systematische Verwandtschaft
Lamelle Blätterartige Ausbildung der Trägerschicht des Hymeniums
Lebensgemeinschaft →Symbiose
Lignin Holzstoff
Makroskopisch Ohne Mikroskop sichtbar
Manschette →Velum
Monotypisch Nur durch eine einzige Art vertretene Gattung
Mykorrhiza Pilzwurzel, Lebensgemeinschaft zwischen einem Pilz und einer höheren Pflanze
Mykozönose Pilzgesellschaft
Myzel Fadenförmiges Pilzgeflecht. Das Myzel ist die eigentliche Pilzpflanze. Es besteht aus vielen langgestreckten Zellen (Hyphen)
Neutrophil Neutrophil sind Pilze leicht saurer bis neutraler Böden
Obligat Verbindlich: bei Pilzen die Bindung an bestimmte Waldbäume
Ozonium Ein Luftmyzel von filzigem Aussehen, z. B. bei *Coprinus*-Arten
Papille Kleine, spitze Erhebung in der Hutmitte, z. B. bei *Lactarius rufus*
Parasit Schmarotzender Pilz, der lebende Pflanzen befällt und schädigt
Peridie Fruchtkörperhülle der Bauchpilze, *Gasteromycetes,* bei funktioneller Trennung werden Exo- und Endoperidie unterschieden
Peridiole Vielzelliges Körperchen, das durch Gleba-Abgliederung entstanden ist und der Verbreitung dient *(Nidulariaceae)*
Photosynthese Bildung von Traubenzucker aus Kohlendioxid der Luft und Wasser mit Hilfe der Energie des Lichtes. Für die Photosynthese sind Chlorophyll und andere Assimilationspigmente notwendig
Pilzwurzel →Mykorrhiza
Pore Mündung einer Röhre in der Trägerschicht des Hymeniums eines Röhrlings oder Porlings
Protoplasma Die lebende Substanz einer Zelle. Sie besteht aus Eiweißstoffen, Kohlenhydraten, fettartigen Stoffen und Milchsäuren
Rhizoide Wurzelartiges Hyphengebilde, das den Vegetationskörper eines Pilzes verankert und ernährt
Ruderalplatz Unkultivierte, öde Stelle, etwa ein Schuttplatz, Wegrand oder Steinbruch
Saprophyt Humuszehrer. Lebt auf Resten anderer Organismen
Säurezeiger Pilz, der nur auf saurem Boden wächst
Scheibe Die Oberseite des Fruchtkörpers bei Becherlingen
Schlauch Sporenbildende Zelle, z. B. bei Becherlingen und Morcheln
Sklerotium Harte Bildung des Myzels, die nußgroß und knollen- oder strangförmig sein kann. Aus dem Sklerotium können Fruchtkörper hervorwachsen
Spezies →Taxonomie
Spore Einzellige Vermehrungskörperchen von niederen Pflanzen und Pilzen
Sporenstaub sammelt sich unter oder neben Pilzfruchtkörpern während des Sporenausfalls
Ständerzelle →Basidie
Stroma Keule, die Tausende von Einzelfruchtkörperchen trägt, z. B. bei der Vielgestaltigen Kernkeule
Symbiont Partner in einer Symbiose
Symbiose Enges Zusammenleben zweier Lebewesen, aus dem beide Partner Vorteil ziehen
Taxonomie Die wissenschaftliche Systemlehre, die die Lebewesen bestimmten Gruppen zuordnet. Die Abteilung *(divisio)* der Pilze wird in Klassen *(classis),* Ordnungen *(ordo),* Familien *(familia),* Gattungen *(genus)* und Arten *(species)* unterteilt
Varietät Abart, die nur wenig, aber konstant von der Hauptart abweicht
Velum Hülle, die den Fruchtkörper ganz oder teilweise umgibt
Vikariierende Arten Einander in verschiedenen Wuchsgebieten ersetzende Arten
Volva Rest des häutigen Velums, eine lappig zerrissene Haut, die die Stielknolle anfangs ganz umschließt
Wurzelverpilzung →Mykorrhiza
Zystide Sterile Zelle in der sporenbildenden Fruchtschicht (Hymenium) oder anderswo an den Fruchtkörpern der Ständerpilze

Register

Halbfette Ziffern weisen auf den Haupteintrag hin

Bildnachweis

Illustratoren

Umschlag: G. Michel · 15, 18, 19, 30–51 W. Schöllhammer · 52 E. Ludwig · 53 L. Mailhé · 54 E. Ludwig · 55 L. Mailhé · 56 E. Ludwig, H. Marxmüller · 57 E. Ludwig · 58–62 L. Mailhé · 63 H. Marxmüller · 64–65 G. Michel · 66 L. Mailhé · 67 J. Campan · 68 F. Bonvoust · 69 E. Ludwig · 70 L. Mailhé 71 H. Marxmüller · 72–74 L. Mailhé · 75–78 E. Ludwig · 79 G. Michel · 80 E. Ludwig · 81 H. Marxmüller · 82 B. Katté · 83 E. Ludwig · 84 G. Michel · 85 B. Katté · 86 E. Ludwig · 87 E. Ludwig, B. Katté, L. Mailhé · 88 G. Michel · 89 F. Bonvoust · 90 E. Ludwig · 91 G. Michel · 92 E. Ludwig · 93 L. Mailhé · 94–95 H. Marxmüller · 96 G. Michel · 97 C. Guiloineau · 98 E. Ludwig · 99 L. Mailhé · 100–103 E. Ludwig · 104 F. Bonvoust · 105 C. Guiloineau · 106 E. Ludwig · 107–108 G. Michel · 109 E. Ludwig · 110 F. Bonvoust · 111 H. Marxmüller · 112 E. Ludwig · 113 H. Marxmüller, E. Ludwig, G. Michel · 114 E. Ludwig · 115 G. Michel · 116–117 E. Ludwig · 118–119 G. Michel · 120 L. Mailhé · 121 H. Marxmüller · 122 E. Ludwig · 123 G. Michel · 124 H. Marxmüller, E. Ludwig, G. Michel · 125–127 G. Michel · 128 P. Brochard · 129 G. Michel · 130 B. Katté · 131 H. Marxmüller · 132–133 E. Ludwig · 134–135 G. Michel · 136 E. Ludwig · 137 F. Bonvoust · 138 E. Ludwig · 139 L. Mailhé · 140 L. Mailhé, G. Michel, E. Ludwig · 141 H. Marxmüller · 142 B. Katté · 143–144 E. Ludwig · 145 E. Ludwig, F. Vitalis, G. Michel · 146 G. Michel · 147–148 L. Mailhé · 149–150 B. Katté · 151–152 F. Bonvoust · 153 H. Marxmüller · 154–156 L. Mailhé · 157 B. Katté · 158 E. Ludwig · 159 J. Campan · 160 G. Michel · 161 E. Ludwig · 162 G. Michel · 163 E. Ludwig · 164 L. Mailhé · 165 E. Ludwig · 166 L. Mailhé · 167 E. Ludwig · 168–169 G. Michel · 170 B. Katté · 171 G. Michel · 172 C. Guiloineau · 173 G. Michel · 174–175 E. Ludwig · 176 G. Michel · 177 L. Mailhé · 178 F. Bonvoust · 179 L. Mailhé · 180 H. Marxmüller · 181 P. Brochard · 182 B. Katté · 183–185 G. Michel · 186 E. Ludwig · 187–189 B. Katté · 190 B. Katté, E. Ludwig, P. Brochard · 191 F. Vitalis · 192–193 E. Ludwig · 194 L. Mailhé · 195 E. Ludwig · 196–197 G. Michel · 198–199 B. Katté · 200 H. Marxmüller · 201–202 E. Ludwig · 203 J. Campan · 204 B. Katté · 205 B. Katté, G. Michel · 206–207 G. Michel · 208 E. Ludwig · 209–210 L. Mailhé · 211 E. Ludwig · 212 G. Michel · 213 B. Katté · 214 L. Mailhé · 215–216 G. Michel · 217 F. Bonvoust · 218 G. Michel · 219 F. Bonvoust · 220 E. Ludwig · 221 G. Michel · 222–224 F. Bonvoust · 225 G. Michel · 226 L. Mailhé · 227 H. Marxmüller · 228–230 E. Ludwig · 231 F. Bonvoust · 232–234 J. Campan · 235 G. Michel · 236 H. Marxmüller · 237 F. Bonvoust · 238 G. Michel · 239 E. Ludwig · 240–241 B. Katté · 242–246 G. Michel · 247 L. Mailhé · 248 B. Katté · 249 G. Michel · 250 L. Mailhé · 251 E. Ludwig · 252 L. Mailhé · 253 E. Ludwig · 254–256 L. Mailhé · 257 G. Michel · 258 E. Ludwig · 259 B. Katté · 260 G. Michel · 261 F. Bonvoust · 262 E. Ludwig · 263 L. Mailhé · 264 G. Michel · 265–266 E. Ludwig · 267 L. Mailhé · 268 G. Michel · 269 C. Jacquinet · 270 E. Ludwig · 271 E. Ludwig · 272 F. Bonvoust · 273–274 E. Ludwig · 275 G. Michel · 276 L. Mailhé · 277 B. Katté · 278 L. Mailhé · 279 E. Ludwig · 280 G. Michel · 281 H. Marxmüller · 282–299 W. Schöllhammer

Fotografen

7 J. van de Kam · 8–9 Reinhard/Mauritius · 10–14 J. van de Kam · 15 G. Kost · 16–27 J. van de Kam · 28 li. H. Schrempp · 28 re. E. Staudt · 52 E. Staudt · 53 Petzold/Pitch · 54 E. Staudt · 55 H. Derbsch · 57 Chrile/Mauritius · 58 A. Bollmann · 59 E. Staudt · 60 Chaumeton-Lanceau · 61, 63 E. Staudt · 64 Rosiak/Photo-Center · 65 E. Gerhardt · 66, 67, 68 E. Staudt · 69 Verein der Pilzfreunde, Stuttgart · 70 G. Quedens · 71 E. Staudt · 72 Chrile/Mauritius · 73 H. Schrempp · 74, 75 A. Bollmann · 76 Weigl/Photo-Center · 77 K. Matwijow/Mauritius · 78 H. J. Romero · 79 E. Staudt · 80 Chaumeton · 81 E. Staudt · 82 E. Gerhardt · 83 Chaumeton · 84 H. Chaumeton/Jacana · 85 G. Redeuilh · 86 A. Bollmann · 88 C. Nardin/Jacana · 89 Chaumeton-Lanceau · 90 E. Gerhardt · 91 Chaumeton-Lanceau · 92 H. Schrempp · 93 G. J. Krieglsteiner · 94 Dr. D. Weiss · 95 Dr. K.-H. Willer/BHB-PHOTO · 96 H. Schrempp · 97, 98, 99 E. Staudt · 100 Schrempp/Photo-Center · 101 J. Heide · 102 E. Staudt · 103 E. Gerhardt · 104 R. König/Jacana · 105 A. Bollmann · 106 Dr. K.-H. Willer/BHB-PHOTO · 107 G. Quedens · 108 M. Gerhardt · 109 R. Dulhoste/Jacana · 110, 111 E. Gerhardt · 112 Pannhorst/Gooss · 114, 115 A. Bollmann · 116 E. Gerhardt · 117 G. Redeuilh · 118 A. Bollmann · 119 J. Heide · 120 E. Gerhardt · 121 G. Quedens · 122 A. Bollmann · 123 E. Gerhardt · 125 H. Schrempp · 126 E. Staudt · 127, 128 E. Gerhardt · 129, 130 H. Schrempp · 131, 132 E. Gerhardt · 133 H. Michaelis · 134 A. Bollmann · 135 H. Derbsch · 136 A. Bollmann · 137 K. Engelhardt · 138 Chaumeton · 139 Verein der Pilzfreunde, Stuttgart · 141 H. J. Romero · 142 O. Gruber · 143 Reinhard/Kinkelin · 144 A. Bollmann · 146 F. Waldvogel · 147 E. Staudt · 148 G. Quedens · 149 E. Staudt · 150 H. Ostrow · 151 Dr. B. Cetto · 152 E. Gerhardt · 153, 154 A. Bollmann · 155 E. Gerhardt · 156 H. Engel · 157, 158 A. Bollmann · 159 H. Schrempp · 160 A. Bollmann · 161 Weigl/Photo-Center · 162 Verein der Pilzfreunde, Stuttgart · 163 P. Hausmann · 164 E. Gerhardt · 165, 166, 167 A. Bollmann · 168 G. Quedens · 169 E. Staudt · 170 Chaumeton-Lanceau · 171 E. Staudt · 172 A. Bollmann · 173 G. Redeuilh · 174 A. Bollmann · 175 H. Schrempp · 176 Dr. K.-H. Willer/BHB-PHOTO · 177 P. Nief/Jacana · 178 Dr. B. Cetto · 179, 180 A. Bollmann · 181 E. Gerhardt · 182 A. Bollmann · 183 E. Gerhardt · 184 H. Lücke · 185 E. Staudt · 186 E. Gerhardt · 187 Chaumeton-Lanceau · 188 H. Lücke · 189 E. Staudt · 191 A. Bollmann · 192 H. Schrempp · 193 H. Derbsch · 194 M. Enderle · 195 K. Engelhardt · 196 A. Bollmann · 197 E. Gerhardt · 198 G. Quedens · 199, 200 A. Bollmann · 201 H. Lücke · 202, 203 A. Bollmann · 204 E. Staudt · 206 E. Gerhardt · 207 H. Schrempp · 208 Reinhard/Kinkelin · 209 E. Gerhardt · 210 H. Schrempp · 211 H. Michaelis · 212, 213, 214 E. Gerhardt · 215 A. Bollmann · 216 Verein der Pilzfreunde, Stuttgart · 217 E. Gerhardt · 218 P. Hausmann · 219 H. Ostrow · 220 Dr. Ewald/Photo-Center · 221 E. Staudt · 222 A. Bollmann · 223 H. Oester · 224 E. Staudt · 225 G. Quedens · 226 Dr. K.-H. Willer/BHB-PHOTO · 227 H. Michaelis · 228 A. Bollmann · 229, 230, 231 Dr. K.-H. Willer/BHB-PHOTO · 232, 233 E. Staudt · 234 Dr. Ewald/Photo-Center · 235 E. Staudt · 236 Schrempp/Photo-Center · 237 H. Schrempp · 238 Dr. D. Weiss · 239 Reinhard/Kinkelin · 240 Schrempp/Photo-Center · 241 Dr. Ewald/Photo-Center · 242 Chaumeton · 243, 245, 246, 247 E. Staudt · 248 Verein der Pilzfreunde, Stuttgart · 249 E. Staudt · 250 Meyer/Photo-Center · 251, 252, 253 Dr. K.-H. Willer/BHB-PHOTO · 254 Reinhard/Kinkelin · 255 H. Schrempp · 256 A. Bollmann · 257 Kratz/Photo-Center · 258 E. Staudt · 259, 260 Dr. Ewald/Photo-Center · 261 H. Engel · 262 H. Schrempp · 263 Reinhard/Kinkelin · 264 Chaumeton-Lanceau · 265, 266, 267 A. Bollmann · 268 E. Staudt · 269 Dr. B. Cetto · 270 H. Michaelis · 271 H. Schrempp · 272, 273 Schrempp/Photo-Center · 274 A. Bollmann · 275 E. Staudt · 276 E. Gerhardt · 277 Verein der Pilzfreunde, Stuttgart · 278 H. Schrempp · 279 Dr. K.-H. Willer/BHB-PHOTO · 280 E. Gerhardt · 281 S. C. Porter/B. Coleman